银领工程——计算机项目案例与技能实训丛书

AutoCAD 辅助设计

（第2版）

（累计第5次印刷，总印数18000册）

九州书源 编著

清华大学出版社

北 京

内 容 简 介

随着电脑绘图技术的不断发展，熟练掌握一门电脑辅助设计软件已成为建筑、机械、电子等行业的基本要求。本书迎合了这一时代趋势，介绍了 AutoCAD 2008 软件的使用，主要包括 AutoCAD 2008 的基础知识、绘图前的准备、绘制平面图形的方法、平面图形的基本编辑和高级编辑技巧、图层的管理方法、图块和图案的使用、标注图形尺寸的方法、注写文字和绘制表格的方法，以及绘制二维模型、绘制二维曲面、编辑三维对象和打印图形的方法，最后还介绍了综合应用 AutoCAD 的多种功能进行设计的一般过程。通过本书的学习，读者将全面掌握使用 AutoCAD 2008 绘制平面图形和三维模型的方法，提高电脑辅助设计的能力。

本书采用了基础知识、应用实例、项目案例、上机实训、练习提高的编写模式，力求循序渐进、学以致用，并切实通过项目案例和上机实训等方式提高应用技能，适应工作需求。

本书提供了配套的实例素材与效果文件、教学课件、电子教案、视频教学演示和考试试卷等相关教学资源，读者可以登录 http://www.tup.com.cn 网站下载。

本书适合作为职业院校、培训学校、应用型院校的教材，也是非常好的自学用书。

图书在版编目（CIP）数据

AutoCAD 辅助设计/九川书源编著. 2 版. 北京. 清华大学山版社，2011.12
银领工程——计算机项目案例与技能实训丛书
ISBN 978-7-302-26925-0

I. ①A… II. ①九… III. ①AutoCAD 软件-教材 IV. ①TP391.72

中国版本图书馆 CIP 数据核字（2011）第 194541 号

责任编辑：赵洛育
版式设计：文森时代
责任校对：柴 燕
责任印制：何 芊

出版发行：清华大学出版社　　　　　　　　　地　　址：北京清华大学学研大厦 A 座
　　　　　http://www.tup.com.cn　　　　　　邮　　编：100084
　　社　总　机：010-62770175　　　　　　　邮　　购：010-62786544
　　投稿与读者服务：010-62776969，c-service@tup.tsinghua.edu.cn
　　质　量　反　馈：010-62772015，zhiliang@tup.tsinghua.edu.cn
印　刷　者：三河市君旺印装厂
装　订　者：三河市新茂装订有限公司
经　　销：全国新华书店
开　　本：185×260　印　张：20　字　数：462 千字
版　　次：2011 年 12 月第 2 版　印　次：2011 年 12 月第 1 次印刷
印　　数：1～6000
定　　价：36.80 元

产品编号：042582-01

丛 书 序
Series Preface

本丛书的前身是"电脑基础·实例·上机系列教程"。该丛书于 2005 年出版，陆续推出了 34 个品种，先后被 500 多所职业院校和培训学校作为教材，累计发行 **100 余万册**，部分品种销售在 50000 册以上，多个品种获得**"全国高校出版社优秀畅销书"一等奖**。

众所周知，社会培训机构通常没有任何社会资助，完全依靠市场而生存，他们必须选择最实用、最先进的教学模式，才能获得生存和发展。因此，他们的很多教学模式更加适合社会需求。本丛书就是在总结当前社会培训的教学模式的基础上编写而成的，而且是被广大职业院校所采用的、最具代表性的丛书之一。

很多学校和读者对本丛书耳熟能详。应广大读者要求，我们对该丛书进行了改版，主要变化如下：

- 建立完善的立体化教学服务。
- 更加突出"应用实例"、"项目案例"和"上机实训"。
- 完善学习中出现的问题，更加方便学生自学。

一、本丛书的主要特点

1．围绕工作和就业，把握"必需"和"够用"的原则，精选教学内容

本丛书不同于传统的教科书，与工作无关的、理论性的东西较少，而是精选了实际工作中确实常用的、必需的内容，在深度上也把握了以工作够用的原则，另外，本丛书的应用实例、上机实训、项目案例、练习提高都经过多次挑选。

2．注重"应用实例"、"项目案例"和"上机实训"，将学习和实际应用相结合

实例、案例学习是广大读者最喜爱的学习方式之一，也是最快的学习方式之一，更是最能激发读者学习兴趣的方式之一，我们通过与知识点贴近或者综合应用的实例，让读者多从应用中学习、从案例中学习，并通过上机实训进一步加强练习和动手操作。

3．注重循序渐进，边学边用

我们深入调查了许多职业院校和培训学校的教学方式，研究了许多学生的学习习惯，采用了基础知识、应用实例、项目案例、上机实训、练习提高的编写模式，力求循序渐进、学以致用，并切实通过项目案例和上机实训等方式提高应用技能，适应工作需求。唯有学以致用，边学边用，才能激发学习兴趣，把被动学习变成主动学习。

二、立体化教学服务

为了方便教学，丛书提供了立体化教学网络资源，放在清华大学出版社网站上。读者登录 http://www.tup.com.cn 后，在页面右上角的搜索文木框中输入书名，搜索到该书后，单击"立体化教学"链接下载即可。"立体化教学"内容如下。

- **素材与效果文件**：收集了当前图书中所有实例使用到的素材以及制作后的最终效果。读者可直接调用，非常方便。
- **教学课件**：以章为单位，精心制作了该书的 PowerPoint 教学课件，课件的结构与书本上的讲解相符，包括本章导读、知识讲解、上机及项目实训等。
- **电子教案**：综合多个学校对于教学大纲的要求和格式，编写了当前课程的教案，内容详细，稍加修改即可直接应用于教学。
- **视频教学演示**：将项目实训和习题中较难、不易于操作和实现的内容，以录屏文件的方式再现操作过程，使学习和练习变得简单、轻松。
- **考试试卷**：完全模拟真正的考试试卷，包含填空题、选择题和上机操作题等多种题型，并且按不同的学习阶段提供了不同的试卷内容。

三、读者对象

本丛书可以作为职业院校、培训学校的教材使用，也可作为应用型本科院校的选修教材，还可作为即将步入社会的求职者、白领阶层的自学参考书。

我们的目标是让起点为零的读者能胜任基本工作！

欢迎读者使用本书，祝大家早日适应工作需求！

九州书源

前　言

Preface

　　电脑绘图是近年来发展较迅速且引人注目的技术之一，随着电脑的普及和电脑技术的迅速发展，电脑绘图已经被广泛应用于建筑、机械、电子、航天、造船、石油、化工、土木工程、冶金、农业、气象、纺织以及轻工业等众多领域。美国 Autodesk 公司开发的 AutoCAD 是当今主要的电脑辅助设计与绘图程序，自 1982 年问世以来一直深受世界各国、各专业工程设计人员的欢迎，它具有功能强大、操作简单、使用方便以及良好的系统开发性等特点。

📖 本书的内容

　　本书共 13 章，分为 8 个部分，各部分具体内容如下。

章　节	内　容	目　的
第 1 部分（第 1～2 章）	AutoCAD 2008 的主要功能、应用范围、工作界面和基本的文件管理方法，以及绘图前的相关设置和准备工作	了解 AutoCAD 2008 的工作界面和应用范围，掌握 AutoCAD 2008 的基本操作
第 2 部分（第 3 章）	运用点、线、面等绘制命令	掌握使用点、线、面等绘制命令绘制图形的方法
第 3 部分（第 4～5 章）	编辑图形的各种方法以及对特殊图形进行编辑等	掌握编辑图形的各种方法
第 4 部分（第 6～7 章）	图层、图块及图案的应用，以及图案填充等知识和操作方法	掌握图层、图块、图案以及图案填充图形的应用
第 5 部分（第 8～9 章）	使用尺寸标注命令对图形进行文字标注和绘制常见表格的方法	掌握尺寸标注、文字标注以及绘制表格的方法
第 6 部分（第 10～11 章）	使用 AutoCAD 创建三维模型的基础知识和操作方法	掌握创建三维模型和设置不同效果的实现方法
第 7 部分（第 12 章）	将 AutoCAD 图形打印到图纸上的各种操作方法	掌握对图形进行打印输出的方法
第 8 部分（第 13 章）	建筑平面图和机械模型两个综合实例的绘制	巩固前面所学知识，提高综合运用 AutoCAD 进行辅助绘图设计的能力

✍ 本书的写作特点

　　本书图文并茂，条理清晰，通俗易懂，内容翔实，在读者难于理解和掌握的地方给出了提示或注意，并加入了许多 AutoCAD 的使用技巧，能使读者快速提高自己的操作技能。另外，本书配置了大量的实例和练习，让读者在不断的实际操作中强化书中讲解的内容。

本书每章按"学习目标+目标任务&项目案例+基础知识与应用实例+上机及项目实训+练习与提高"结构进行讲解。

- **学习目标**：以简练的语言列出本章知识要点和实例目标，使读者对本章将要讲解的内容做到心中有数。

- **目标任务&项目案例**：给出本章部分实例和案例结果，让读者对本章的学习有一个具体的、看得见的目标，不至于感觉学了很多却不知道干什么用，以至于失去学习兴趣和动力。

- **基础知识与应用实例**：将实例贯穿于知识点中讲解，使知识点和实例融为一体，让读者加深理解思路、概念和方法，并模仿实例的制作，通过应用举例强化巩固小节知识点。

- **上机及项目实训**：上机实训为一个综合性实例，用于贯穿全章内容，并给出具体的制作思路和制作步骤，完成后给出一个项目实训，用于进行拓展练习，还提供实训目标、视频演示路径和关键步骤，以便于读者进一步巩固。

- **项目案例**：为了更加贴近实际应用，本书给出了一些项目案例，希望读者能完整了解整个制作过程。

- **练习与提高**：本书给出了不同类型的习题，以巩固和提高读者的实际动手能力。

另外，本书还提供有素材与效果文件、教学课件、电子教案、视频教学演示和考试试卷等相关立体化教学资源，立体化教学资源放置在清华大学出版社网站（http://www.tup.com.cn），进入网站后，在页面右上角的搜索引擎中输入书名，搜索到该书，单击"立体化教学"链接即可。

☺ 本书的读者对象

本书针对相关行业的专业人员及制图爱好者而编写，尤其适合于各类电脑辅助设计职业资格认证培训班及大中专院校作为教材使用。

✉ 本书的编者

本书由九州书源编著，成都航空职业技术学院卢炜主编，张良军副主编，卢炜编写 1～9 章，张良军编写 10～13 章。其他参与本书资料收集、整理、编著、校对及排版的人员有：羊清忠、陈良、杨学林、卢炜、夏帮贵、刘凡馨、张良军、杨颖、王君、张永雄、向萍、曾福全、简超、李伟、黄沄、穆仁龙、陆小平、余洪、赵云、袁松涛、艾琳、杨明宇、廖宵、牟俊、陈晓颖、宋晓均、朱非、刘斌、丛威、何周、张笑、常开忠、唐青、骆源、宋玉霞、向利、付琦、范晶晶、赵华君、徐云江、李显进等。

由于作者水平有限，书中疏漏和不足之处在所难免，欢迎读者朋友不吝赐教。如果您在学习的过程中遇到什么困难或疑惑，可以联系我们，我们会尽快为您解答。联系方式是：

E-mail：book@jzbooks.com。

网 址：http://www.jzbooks.com。

编 者

导　读

Introduction

章　名	操 作 技 能	课 时 安 排
第 1 章　AutoCAD 2008 概述	1. 认识 AutoCAD 2008 并掌握其启动和退出方法 2. 掌握设置 AutoCAD 2008 工作界面的方法 3. 掌握坐标系和坐标点的概念和输入方法 4. 掌握模型空间和图纸空间的不同	2 学时
第 2 章　绘图前的准备	1. 掌握管理图形文件的一般方法 2. 掌握设置绘图环境的方法 3. 掌握 AutoCAD 2008 辅助功能的设置方法 4. 掌握 AutoCAD 2008 命令的调用方法 5. 掌握调整视图的方法	3 学时
第 3 章　绘制平面图形	1. 掌握点的绘制方法 2. 掌握各种直线型与曲线型对象的绘制方法 3. 掌握矩形和多边形绘制方法	2 学时
第 4 章　平面图形的基本编辑	1. 掌握图形对象的选择方法 2. 掌握常用的绘图修改命令 3. 掌握其他的绘图修改命令	3 学时
第 5 章　平面图形的高级编辑	1. 掌握复制图形类编辑命令的使用方法 2. 掌握设置对象特性的方法 3. 掌握特殊图形对象的编辑方法 4. 掌握利用夹点和"特性"选项板编辑对象的方法	3 学时
第 6 章　图层管理	1. 认识图层并掌握创建图层的方法 2. 掌握图层管理的方法 3. 掌握保存与调用图层特性的方法	2 学时
第 7 章　使用图块和图案完善图形	1. 了解图块的应用 2. 掌握创建、插入和编辑图块的方法 3. 掌握创建属性图块的方法 4. 认识外部参照 5. 掌握填充图案的方法	2 学时
第 8 章　标注图形尺寸	1. 了解尺寸标注的规定及组成 2. 掌握标注尺寸和各种方法 3. 掌握尺寸标注样式的设置方法 4. 掌握编辑尺寸标注的方法	2 学时

续表

章　名	操 作 技 能	课 时 安 排
第 9 章　注写文字和绘制表格	1. 掌握文字样式的设置方法 2. 掌握创建与编辑单行和多行文本的方法 3. 控制文字的显示模式 4. 了解如何检查文本 5. 掌握表格的绘制方法	3 学时
第 10 章　绘制三维模型	1. 了解三维绘图的基础知识 2. 掌握绘制简单三维实体的方法 3. 掌握使用布尔运算创建复杂实体的方法	2 学时
第 11 章　绘制曲面与编辑模型	1. 掌握绘制三维曲面的方法 2. 掌握编辑三维实体的方法 3. 掌握编辑三维对象的方法 4. 掌握三维模型的处理方法	3 学时
第 12 章　打印图形	1. 掌握在 AutoCAD 2008 中设置打印参数的方法 2. 掌握预览打印效果的方法 3. 认识保存和调用打印设置 4. 掌握以指定的线宽打印图形的方法 5. 掌握从图纸空间出图的方法	2 学时
第 13 章　项目设计案例	1. 建筑平面图设计案例 2. 机械模型设计案例	4 学时

目 录

Contents

第 1 章　AutoCAD 2008 概述

学习目标

- ☑ 使用各种方法启动和退出 AutoCAD 2008 软件
- ☑ 使用"选项"对话框设置 AutoCAD 2008 的工作界面
- ☑ 使用 LINE 命令和输入坐标点，绘制简单的图形
- ☑ 综合利用本章知识绘制三角板和机械小零件图形

目标任务&项目案例

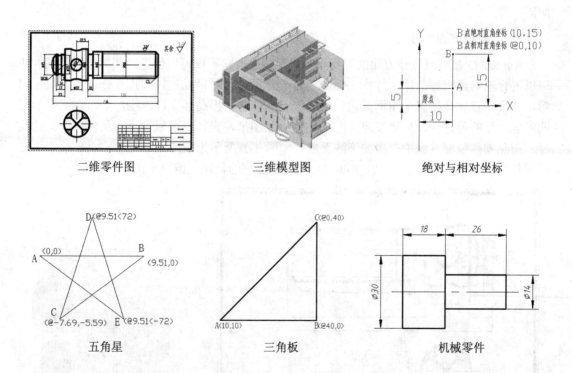

二维零件图　　　　　三维模型图　　　　　绝对与相对坐标

五角星　　　　　　　三角板　　　　　　　机械零件

　　通过上述实例效果的展示可以发现：在 AutoCAD 中不仅可以绘制二维图形，还可以绘制三维模型，在学习之前就应该了解与它相关的知识，为后面的学习打下坚实的基础。本章将具体讲解 AutoCAD 2008 的应用范围、启动与退出软件的方法、工作界面的认识与设置、帮助功能的使用以及坐标系与坐标点的使用方法。

1.1 AutoCAD 2008 的初步认识

AutoCAD 是一个常用的绘图设计软件，在使用之前应对它的应用范围、启动与退出方法及其工作界面有一个完整认识，下面分别进行讲解。

1.1.1 AutoCAD 2008 的应用范围

AutoCAD 是 Autodesk 公司开发的辅助绘图设计软件，从 1982 年推出至今，其版本由最初的 AutoCAD 1.0 经历了十几次升级，在电脑辅助设计领域中得到了极为广泛的应用。为帮助读者在最短的时间内学习更多的辅助设计知识，以及掌握最先进的绘图功能，本书将以 AutoCAD 2008 为例讲解它的具体应用。

AutoCAD 与传统的人工设计绘图相比有很大的优势，因此广泛应用于机械、建筑、电子、石油、化工和冶金等行业。随着 AutoCAD 功能的不断增强和演化，它在地理、气象、航海和广告等方面也得到了大规模的应用。

为帮助读者对 AutoCAD 有一个清晰全面的认识，下面主要讲解它在机械和建筑方面的应用。

1. 在机械方面的应用

AutoCAD 在机械设计方面的应用相当普遍。使用它不仅可以快速绘制二维零件图，还可以进行三维建模等工作，另外，AutoCAD 提供的许多辅助功能，如尺寸查询和图块使用等，使设计者完全摆脱了图板式设计的传统设计理念，提高了设计速度，从而有更多的时间考虑产品的可行性。只要按照 1:1 的比例绘制图形，设计者可以检查产品任意位置的尺寸，避免零件装配过程中产生的干涉现象。如图 1-1 所示为使用 AutoCAD 2008 绘制的二维零件图。如图 1-2 所示为使用 AutoCAD 2008 绘制的机械三维模型图。

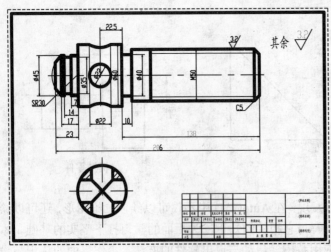

图 1-1 二维零件图

图 1-2 机械三维模型图

2．在建筑方面的应用

AutoCAD 在建筑方面的应用也非常广泛，使用它可以更方便地绘制所需的平面图、立面图和剖面图。目前，市面上出现了许多以 AutoCAD 作为平台的建筑专业设计软件，如天正、ABD、建筑之星、圆方、华远和容创达等。要熟练运用这些专业软件，首先必须熟悉和掌握 AutoCAD。如图 1-3 所示为使用 AutoCAD 2008 绘制的别墅平面图。如图 1-4 所示为使用 AutoCAD 2008 绘制的建筑三维模型图。

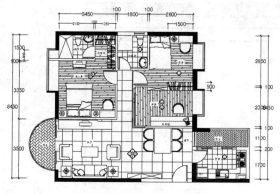

图 1-3　别墅平面图

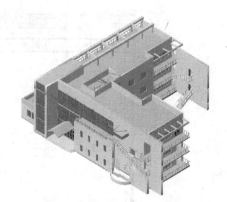

图 1-4　建筑三维模型图

1.1.2　启动与退出 AutoCAD 2008

使用一个软件，应先启动该软件；使用完之后，应退出该软件。这是软件操作的一般规律，AutoCAD 2008 也不例外，所以在学习使用 AutoCAD 2008 前，应先学习它的启动与退出方法。

1．启动 AutoCAD 2008

安装 AutoCAD 2008 后，就可以启动该软件并进行绘图操作了。启动 AutoCAD 的方法很多，主要有如下几种。

- ➥ **"开始"菜单方式**：选择"开始/所有程序/Autodesk/AutoCAD 2008-Simplified Chinese/AutoCAD 2008"命令启动 AutoCAD 2008。
- ➥ **桌面快捷方式**：双击桌面上的快捷方式图标 启动 AutoCAD 2008。
- ➥ **打开 AutoCAD 文件方式**：如果用户电脑中有扩展名为.dwg 的 AutoCAD 图形文件，则双击该文件图标，也可启动 AutoCAD 2008 并打开该图形文件。

2．退出 AutoCAD 2008

在 AutoCAD 2008 中绘制完图形文件后，若需退出，主要有如下几种方法：

- ➥ 选择"文件/退出"命令。
- ➥ 单击 AutoCAD 窗口右上角的 按钮。
- ➥ 单击 AutoCAD 工作界面标题栏左端的 图标，在弹出的菜单中选择"关闭"命令。
- ➥ 按 Alt+F4 键。

1.1.3　认识 AutoCAD 2008 的工作界面

启动 AutoCAD 2008 后，将打开其工作界面，并自动新建一个名称为 Drawing1.dwg 的文件，如图 1-5 所示。其工作界面主要由标题栏、菜单栏、工具栏、绘图区、十字光标、坐标系图标、模型与布局选项卡、命令行、状态栏和"面板"选项板等组成。下面根据 AutoCAD 2008 工作界面各组成部分的位置，依次介绍其功能。

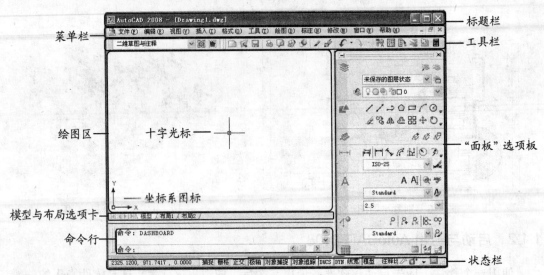

图 1-5　AutoCAD 2008 工作界面

1．标题栏

AutoCAD 2008 的标题栏位于工作界面最上方，与其他应用软件的标题栏结构及功能类似，可分为左右两部分。其中左侧的图标及文字分别代表软件的类型和文件名称，右侧的 3 个按钮可分别实现 AutoCAD 2008 窗口的最小化、最大化/还原和关闭操作。单击 ▬ 按钮，可将窗口最小化；单击 ▢ 按钮，可将窗口最大化，同时 ▢ 按钮将会变为 ▣（还原）按钮；单击 ⊠ 按钮，可退出 AutoCAD 2008 应用程序。

✍技巧：

如果用户在标题栏上单击鼠标右键，AutoCAD 2008 将自动弹出相应的快捷菜单，选择不同的命令也可对窗口进行移动、还原、最小化、最大化和关闭等操作。

2．菜单栏

菜单栏位于标题栏下方，其中包括"文件"、"编辑"、"视图"、"插入"、"格式"、"工具"、"绘图"、"标注"、"修改"、"窗口"和"帮助"11 个菜单项，每个菜单项中包含了与此菜单项相关的所有操作命令，所以菜单栏是使用 AutoCAD 执行各种绘图操作的命令集合。单击任意一个菜单项，将弹出对应的子菜单。各个菜单项的功能如下。

➲　**文件**：用于管理图形文件，如新建、打开、保存、打印、输入、输出及发布等。

➲　**编辑**：用于实现一些基本的编辑操作，如复制、剪切、清除、查找和替换等。

- **视图**：用于管理 AutoCAD 绘图时的工作界面，如缩放图形、平移图形、重画图形、着色、渲染及工具栏管理等操作。
- **插入**：用于在当前绘图状态下，插入图块或其他格式的文件，加快绘图的速度。
- **格式**：用于设置与绘图环境有关的参数，即采用何种格式的图层、颜色、线型、线宽、文字样式、标注样式、点样式和绘图单位等来进行 AutoCAD 绘图。
- **工具**：为用户提供了一些绘图过程中常用的辅助绘图工具，如拼写检查、尺寸查询、快速选择和设置 UCS 坐标系等。
- **绘图**：为用户提供了绘制二维或三维图形时所需的所有命令，是绘图的一个重要菜单项，也是 AutoCAD 辅助设计的核心。
- **标注**：用于对当前绘制的图形进行尺寸标注、公差及引线说明等。
- **修改**：用于对当前绘制的图形进行编辑、修改，使图形达到要求。
- **窗口**：主要在多文档编辑状态下使用，用于设置各文档的屏幕布置情况。
- **帮助**：用于提供用户在使用该软件时所需的帮助信息。

在使用 AutoCAD 菜单命令时，单击菜单栏中的某个菜单项，除了可以看到菜单命令外，还会看到一些符号标记，如图 1-6 所示。这些符号标记是一种约定，通过它们用户可快速判断该命令的类别及使用方法，主要有如下几类。

- **黑色字符菜单命令**：表示当前可使用该菜单命令进行绘图或其他辅助操作。
- **灰色字符菜单命令**：表示该菜单命令暂时不可用，需要选择合乎要求的对象之后才能使用。
- **带…符号的菜单命令**：表示选择该菜单命令后将打开一个对话框，设置对话框中的相应参数后，AutoCAD 才能执行此命令的相应功能。
- **带▶符号的菜单命令**：表示该菜单命令下还包括下一级子菜单，用户可进一步选择下一级菜单中的命令，如图 1-6（b）所示。

（a） （b）

图 1-6 不同类型菜单命令

提示：

默认情况下，在使用 AutoCAD 2008 绘图时，在绘图区中单击鼠标右键可弹出相应的快捷菜单，选择快捷菜单中的命令，可快速执行相应操作。

3．工具栏

工具栏是 AutoCAD 2008 为用户提供的一种输入命令和执行命令的快捷方式。工具栏由很多按钮形式的命令组成，用户只需单击某个按钮，即可快速执行该按钮的命令。AutoCAD 2008 在工具栏中的左侧还新增加了一个"工作空间"工具栏，方便用户管理工作环境。

技巧：

如果用户忘记了某个按钮的含义，只需将光标移动到该按钮上面停留几秒钟，就会在下方出现该按钮所代表的命令名称。通过显示的名称即可快速确定其功能。

4．绘图区

绘图区也称为视图窗口，即屏幕中央的空白区域，是进行绘图操作的主要工作区域，用户使用 AutoCAD 绘制的所有结果都将显示在该窗口中。根据需要，还可增大绘图区域，其方法是：选择"视图/全屏显示"命令，AutoCAD 2008 可暂时隐藏不常使用的工具栏，显示为全屏幕状态，再次选择该命令可恢复到正常状态。在全屏幕显示状态下，Windows 的任务栏也将同时被隐藏，它适用于绘制完图形后查看最终效果的情况。

技巧：

按 Ctrl+0 键，可快速在 AutoCAD 2008 的正常绘图屏幕和全屏幕之间切换。

5．十字光标

在 AutoCAD 2008 中，默认情况下光标以白色在绘图区中呈十字显示，在绘制图形时，可根据十字光标判断图形的上下左右关系。

0．坐标系图标

坐标系图标位于 AutoCAD 2008 绘图区的左下角，它主要用于显示当前使用的坐标系以及坐标方向等。在不同的视图模式下，该坐标系所指的方向也不同。用户可以根据需要将坐标系图标打开或关闭。选择"工具/命名 UCS"命令，打开如图 1-7 所示的 UCS 对话框，选择"设置"选项卡，在"UCS 图标设置"栏中取消选中□开(O)复选框，单击 确定 按钮，如图 1-8 所示，即可关闭坐标系图标。

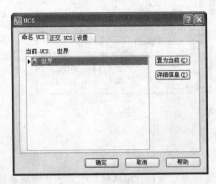

图 1-7　UCS 对话框

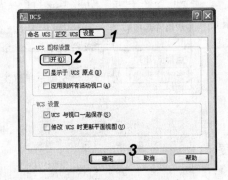

图 1-8　"设置"选项卡

提示：

UCS 坐标由两个箭头组成，一个指向绘图区右侧，另一个指向绘图区的上方。其中一个箭头有 X 标记，另一个箭头有 Y 标记，这些标记表示当前图形的 X 轴和 Y 轴方向。

7．模型与布局选项卡

模型空间和布局空间是 AutoCAD 的两个作图空间。顾名思义，模型空间就是指所画的为实物模型，布局空间就相当于图纸，所以常被称为图纸空间。一般情况下，可以通过选择"模型"和"布局 1"、"布局 2"选项卡来切换模型空间和布局空间。下面介绍模型空间和布局空间的含义。

- **模型空间**：可以建立三维坐标系的绘图空间，用户的大多数设计工作均在此空间中完成，AutoCAD 默认启动时进入的也是模型空间，模型空间如图 1-9 所示。
- **布局空间**：只能进行二维操作，主要用于创建最终的打印布局，对图形最后的输出效果进行布置。用户在布局空间中创建的对象在模型空间中是不可见的，布局空间如图 1-10 所示。

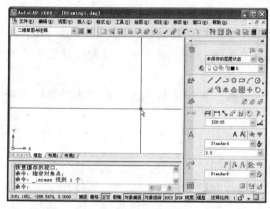

图 1-9　模型空间

图 1-10　布局空间

☞ **技巧**：

默认情况下，布局选项卡只有两个。根据需要，还可新建布局，其方法很简单，直接在"模型"、"布局 1"或"布局 2"选项卡上单击鼠标右键，在弹出的快捷菜单中选择"新建布局"命令即可。

8．命令行

命令行是 AutoCAD 与用户对话的区域，在这里用户可以输入命令。执行命令后，还可查看命令的相关提示，如图 1-11 所示。在绘图时，合理使用命令行可以提高绘图速度。

图 1-11　AutoCAD 2008 的命令行样式

使用 AutoCAD 绘图时，命令行一般有如下两种显示状态。

- **命令**：表示系统等待用户输入命令，以绘制或编辑图形。
- **操作提示**：当系统处于命令执行过程中时，命令行将显示各种操作提示，如命令分析和错误等，以方便用户快速确定下一步操作。

☞ **技巧**：

按 F2 键可以打开一个文本窗口，在该窗口中可以查看多行命令，也可以在其中输入命令，命令提示行是跟随变化的。

9. 状态栏

状态栏位于工作界面的最下方，主要由"坐标值"栏、辅助工具按钮和状态栏菜单按钮等组成，如图 1-12 所示。下面分别介绍各部分的作用。

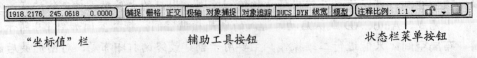

图 1-12　状态栏组成

- **"坐标值"栏**：在该栏中，用户可快速查看当前光标的位置及对应的坐标值，移动十字光标，坐标值也随之变化。单击该区域，可关闭该功能。
- **辅助工具按钮**：辅助工具按钮主要用于设置辅助绘图功能，属于开关型按钮，即单击某个按钮，使其呈凹陷状态时表示启用该功能，再次单击该按钮使其呈凸起状态时则表示关闭该功能。
- **状态栏菜单按钮**：单击状态栏右侧的 ▾ 按钮，在弹出的下拉菜单中选择不同的命令可隐藏或显示状态栏的相应部分或按钮。

10. "面板"选项板

"面板"选项板集合丁所有绘图按钮，让用户使用更加方便，把该选项板分解后，即是老版本中的工具栏。默认情况下，"面板"选项板包括"图层"、"二维绘图"、"注释缩放"、"标注"、"文字"、"多重引线"、"表格"和"二维导航"等工具栏。

✍️技巧：

将十字光标移动到"面板"选项板中的某个工具栏左上角的图标上，稍等片刻软件会自动显示该工具栏的名称。

1.1.4　AutoCAD 2008 的帮助功能

用户想快速掌握 AutoCAD 2008 的使用方法，可使用该软件的帮助功能。它不仅可指导用户进行绘图操作，还提供更多、更新的 AutoCAD 知识。选择"帮助/帮助"命令，打开如图 1-13 所示的"AutoCAD 2008 帮助"窗口，其中左侧窗格用于选择查找信息的类别，右侧窗格显示所选信息的相关内容。

图 1-13　AutoCAD 的帮助系统

AutoCAD 2008 帮助窗口的左侧窗格中包含多种查找信息的方法,选择不同的选项卡将使用相应的查找方式。如选择"目录"选项卡,将在左侧任务窗格中以树形结构显示帮助系统中的所有目录内容,其中带 ⊞ 标记的目录表示下面还有子目录。另外在"命令参考"下的"命令"子目录中列出了 AutoCAD 2008 包括的所有命令,如图 1-14 所示。

如用户需查找某项操作的具体方法,可通过"搜索"选项卡完成。

【例 1-1】　在帮助窗口中搜索直线的绘制方法。

(1)打开 AutoCAD 2008 的帮助窗口,选择"搜索"选项卡。

(2)在"键入要搜索的文字"下拉列表框中输入"直线",按 Enter 键后将在下方的列表框中列出所有关于"直线"的选项。

(3)双击需查看的选项,如 LINE 选项,将在右侧的窗格中显示相应信息。单击其中的超链接,可查看具体的操作方法,如图 1-15 所示。

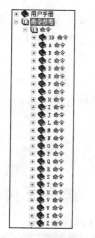

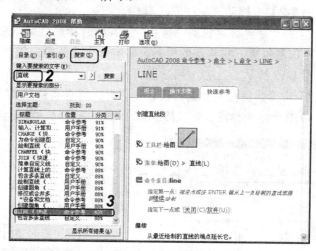

图 1-14　查看命令　　　　　　　　图 1-15　搜索查寻信息

1.2　设置 AutoCAD 2008 的工作界面

根据不同的需要,用户可更改 AutoCAD 2008 的工作界面,使设计、绘图更加得心应手。工作界面的设置主要包括设置工具栏、绘图区颜色和十字光标样式等。

1.2.1　设置工具栏

工具栏是菜单命令的按钮表现形式,使用它可以快速实现绘图操作。默认情况下工具栏只显示少量菜单命令的相应按钮,用户可根据需要对其进行设置。

1. 显示或隐藏工具栏

当用户在绘图时需要调用其他工具栏中的相关按钮,但操作界面中又没有该工具栏时,就需要对其进行调用。如要调用"标注"工具栏,可在工具栏的空白处单击鼠标右键,在弹出的快捷菜单中选择"ACAD/标注"命令,使其前出现 ✔ 标记,如图 1-16 所示。

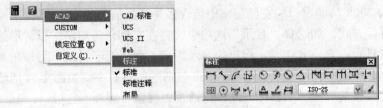

图 1-16　调用"标注"工具栏

当工作界面中的工具栏太多时，单击其标题栏中的☒按钮即可将其关闭。

2．调整工具栏的位置

被调用的工具栏将毫无规则地显示在工作界面中，这样不利于绘图操作，此时可调整它们的位置，最大限度地保留绘图空间。

【例 1-2】　移动"标注"工具栏。

（1）将十字光标定位到"标注"工具栏的标题栏处，按住鼠标左键不放，将其拖动到绘图区的任意位置，在拖动的同时，将有一个虚线框跟随移动，以指定工具栏移动后的位置，如图 1-17 所示。

（2）当工具栏被拖动到绘图区边界时，将自动隐藏其标题栏，如图 1-18 所示。

（3）将十字光标定位到工具栏前的▕▏位置并拖动，可调整隐藏标题栏后的工具栏位置。

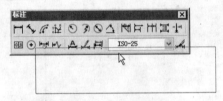

图 1-17　移动工具栏时的工具栏样式

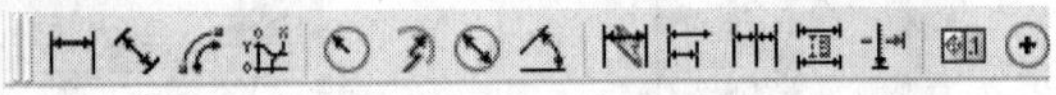

图 1-18　移动工具栏到边界

1.2.2　设置绘图区的颜色

AutoCAD 默认的绘图区颜色为黑色，根据用户的不同要求，可对其进行更改。设置绘图区的颜色主要是在"选项"对话框中进行。

【例 1-3】　在"选项"对话框中设置绘图区的颜色为白色。

（1）在绘图区中单击鼠标右键，在弹出的快捷菜单中选择"选项"命令或选择"工具/选项"命令，打开"选项"对话框，如图 1-19 所示。

（2）选择"显示"选项卡，然后单击 颜色(C)… 按钮，打开如图 1-20 所示的"图形窗口颜色"对话框。

（3）在"背景"列表框中选择"二维模型空间"选项，在"界面元素"列表框中选择"统一背景"选项，在"颜色"下拉列表框中选择绘图区的颜色，这里选择"白"选项。

（4）单击 应用并关闭 按钮，返回"选项"对话框，再单击 确定 按钮完成设置。

📢提示：

在"图形窗口颜色"对话框中可以选择不同的颜色，在"预览"栏中可以预览设置颜色后的效果。

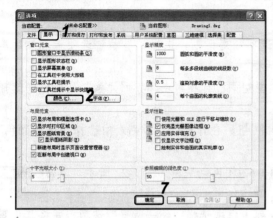

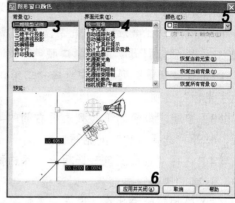

图 1-19 "选项"对话框 图 1-20 "图形窗口颜色"对话框

1.2.3 设置十字光标样式

改变绘图区的背景色之后,十字光标的颜色可能会显得不太醒目,因此用户可以改变十字光标的颜色。其方法与设置绘图区背景色的方法类似,只需在"图形窗口颜色"对话框的"界面元素"列表框中选择"十字光标"选项,再进行设置即可。

根据需要,用户还可以更改十字光标的大小,这样更方便绘图过程中的定位操作。其设置方法比较简单,只需在"选项"对话框的"显示"选项卡中,在"十字光标大小"栏中输入光标大小值或拖动滑块调整即可。

📢提示:

十字光标的大小是以全屏幕的百分比来确定的,默认大小为全屏幕的 5%。

1.2.4 应用举例——设置个性工作界面

本例将通过"选项"对话框设置十字光标颜色为 162 色板颜色,十字光标大小为 10,统一背景颜色为白色,然后在工作界面中显示"标注"、"文字"、"查询"和"参照"工具栏,并调整它们的位置,使其显示在绘图区左右两侧,最终效果如图 1-21 所示。

图 1-21 最终效果

操作步骤如下：

（1）选择"工具/选项"命令，打开"选项"对话框，选择"显示"选项卡，然后单击 颜色(C)... 按钮，打开"图形窗口颜色"对话框。

（2）在"背景"列表框中选择"二维模型空间"选项，在"界面元素"列表框中选择"十字光标"选项。

（3）单击"颜色"下拉列表框右侧的 ∨ 按钮，在弹出的下拉列表中选择"选择颜色"选项，打开"选择颜色"对话框。

（4）选择"索引颜色"选项卡，并选择 162 颜色色块，如图 1-22 所示，单击 确定 按钮，返回"图形窗口颜色"对话框。

（5）用相同的方法在"界面元素"下拉列表框中选择"统一背景"选项，并将其设置为白色。

（6）在"图形窗口颜色"对话框中单击 应用并关闭 按钮，返回"选项"对话框。

（7）在"十字光标大小"栏的文本框中输入"10"，单击 确定 按钮，返回工作界面，如图 1-23 所示。

图 1-22　选择十字光标颜色

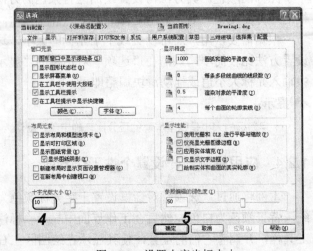

图 1-23　设置十字光标大小

（8）在工具栏空白处单击鼠标右键，在弹出的快捷菜单中选择 ACAD 命令，在弹出的子菜单中分别选择"标注"、"文字"、"查询"和"参照"选项。

（9）依次拖动绘图区中的工具栏，调整工具栏的位置，使其显示在绘图区两侧。

1.3　AutoCAD 2008 的坐标系及坐标点

为方便描述图形的位置，AutoCAD 2008 引入了坐标系的概念，任何物体在空间中的位置都是通过坐标系来表达的。要想正确、高效地绘图，必须先理解各种坐标系的概念，然后掌握图形坐标点的输入方法。

1.3.1　AutoCAD 2008 的坐标系

根据定制对象的不同，AutoCAD 2008 中的坐标系可分为世界坐标系和用户坐标系两种。

1. 世界坐标系（WCS）

AutoCAD 2008 默认的坐标系是世界坐标系（WCS），是固定不变的坐标系，它规定沿 X 轴正方向向右为水平距离的增加方向，沿 Y 轴正方向向上为垂直距离的增加方向，Z 轴垂直于 XY 平面，沿 Z 轴垂直屏幕向外为距离的增加方向。世界坐标系总是存在于一个设计图形之中，并且不可更改。

📢提示：

> 在绘制工程图即二维图时，系统默认在 XY 平面绘制。

2. 用户坐标系（UCS）

与世界坐标系相对的是用户坐标系，它是一种可改变的坐标系，用户不仅可以更改该坐标系的位置，还可以改变其方向，在绘制三维对象时非常实用。

单击 UCS 工具栏中的 ∟ 按钮或在命令行中执行 UCS 命令，然后在命令行的提示下选择相应的选项即可进行新建、移动、保存、恢复、删除和应用用户坐标系等操作，其具体操作步骤将在后面章节中详细讲解。

1.3.2　输入坐标点

在 AutoCAD 2008 中，坐标系除了可以按定制对象的不同分为世界坐标系（WCS）和用户坐标系（UCS）外，还可以按照坐标值参考点的不同分为绝对坐标系和相对坐标系。按照坐标轴的不同，分为直角坐标系、极坐标系、球坐标系和柱坐标系等。使用不同的坐标系就可使用不同的方法输入绘图对象的坐标点，下面分别进行具体讲解。

1. 使用绝对坐标系输入点

绝对坐标是一个固定的坐标位置，使用它输入的点坐标不会因参照物的不同而不同，它又分为绝对直角坐标和绝对极坐标。

1）绝对直角坐标

绝对直角坐标是通过在二维平面中根据距两个相交的垂直坐标轴的距离来确定点的位置。每一个点的坐标是沿着 X 轴、Y 轴和 Z 轴来测量的。轴之间的交点称为原点，其坐标值（X,Y,Z）=（0,0,0）。

绝对直角坐标的输入方法是以坐标系原点（0,0,0）为基点来定位对象的所有点，当用户输入（X,Y,Z）坐标时，就可确定绘制对象的某一点位置。在（X,Y,Z）坐标中，X 值表示该点在 X 方向到原点间的距离；Y 值表示该点在 Y 方向到原点间的距离；Z 值表示该点在 Z 方向到原点间的距离。

坐标系中有箭头指向的一端为正值方向，反之为负值方向，如图 1-24 所示为 X 和 Y 方向到原点间的距离均为 10 的情况。

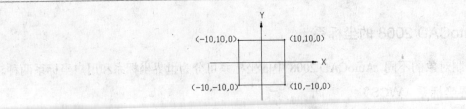

图 1-24　输入绝对直角坐标

📢提示：

在绘制二维平面图时，可不输入 Z 坐标值，如输入坐标点（10,10,0）与输入（10,10）的效果完全相同。同时，应在英文状态下输入逗号"，"，每输入完一点的坐标值后必须按 Enter 键确认输入。

2）绝对极坐标

绝对极坐标是指输入点距原点之间的距离和角度，其中距离与角度之间用小于符号"<"分隔。如要指定相对于原点距离为 10、角度为 45°的点坐标，输入 10<45 即可。在输入坐标时，角度按逆时针方向为正值，按顺时针方向为负值，如（10<45）等同于（10<-315），两个坐标是指同一坐标点。

2．使用相对坐标系输入点

相对坐标是一个坐标值随参考对象不同而不同的坐标位置。它表示当前输入点相对于前一点的数值位置，同时它又分为相对直角坐标和相对极坐标两种。相对坐标与原点无关，在绘制图形时经常使用。在输入相对坐标值时，需要在坐标值前加上"@"符号。

1）相对直角坐标

相对直角坐标的输入方法是以上一点为参考点，然后输入相对的位移坐标值来确定输入的点坐标，与坐标系的原点位置无关。

相对直角坐标的输入方法与输入绝对直角坐标的方法类似，只需在绝对直角坐标值前加一个"@"符号即可。如（@10,20）表示输入点相对于前一点在 X 轴上移动 10 个绘图单位，在 Y 轴上移动 20 个绘图单位。

如图 1-25 所示，A 点的绝对直角坐标为（10,5），B 点的绝对直角坐标为（10,15），而 B 点的相对直角坐标就为（@0,10）。在输入坐标时，分别将 B 点的 X 坐标值和 Y 坐标值减去 A 点的 X 坐标值和 Y 坐标值（均为绝对直角坐标值），就可得到 B 点的相对直角坐标值（@0,10）。

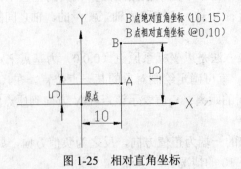

图 1-25　相对直角坐标

2）相对极坐标

相对极坐标与绝对极坐标较为类似，不同的是，相对极坐标是输入点与前一点的相对距离和角度，并需要在极坐标值前加上"@"符号。例如，要指定相对于前一点距离为20、角度为60°的点，只需输入（@20<60）即可。

1.3.3　应用举例——使用坐标点绘制五角星图形

下面将使用 LINE 命令，通过输入坐标的方式绘制五角星图形，效果如图 1-26 所示（立体化教学：\源文件\第 1 章\五角星.dwg）。通过练习，读者可以掌握各种坐标点的输入方法。

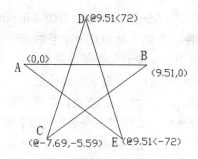

图 1-26　五角星

操作步骤如下：

在命令行中输入 LINE 命令，并按 Enter 键执行命令。命令行操作如下：

```
命令: LINE  指定第一点: 0,0              //执行 LINE 命令，并输入 A 点的绝对直角坐标值（0,0）
指定下一点或 [放弃(U)]: 9.51,0          //输入 B 点的绝对直角坐标值（9.51,0）
指定下一点或 [放弃(U)]: @-7.69,-5.59    //输入 C 点的相对直角坐标值（@-7.69,-5.59）
指定下一点或 [闭合(C)/放弃(U)]:          //输入 D 点的相对极坐标值（@9.51<72）
@9.51<72
指定下一点或 [闭合(C)/放弃(U)]:          //输入 E 点的相对极坐标值（@9.51<-72）
@9.51<-72
指定下一点或 [闭合(C)/放弃(U)]: C        //选择 C 选项闭合图形
```

提示：

> 本实例中输入的五角星各坐标，是为了练习输入坐标的方法而测量出来的。一般情况下，五角星并不会使用该方法进行绘制，而是通过绘制正五边形，然后再使用直线连接各点来完成绘制。

1.4　上机及项目实训

1.4.1　绘制三角板图形

本次实训将绘制三角板图形，其最终效果如图 1-27 所示（立体化教学：\源文件\第 1 章\三角板.dwg）。在该练习中将先启动 AutoCAD 2008 软件，设置好绘图区的颜色后，再使用 LINE 命令，利用输入相对坐标的方式绘制三角板图形。通过练习，熟悉启动软件、在命令行中执行命令以及使用坐标的方法。

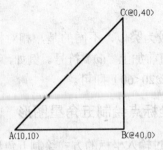

图 1-27　三角板

操作步骤如下：

（1）选择"开始/所有程序/Autodesk/AutoCAD 2008-Simplified Chinese/AutoCAD 2008"命令，启动 AutoCAD 2008 软件，系统自动创建一个空白文件。

（2）单击"面板"选项板中的⊠按钮，关闭该选项板。

（3）选择"工具/选项"命令，打开"选项"对话框。

（4）选择"显示"选项卡，单击 颜色(C)... 按钮，打开"图形窗口颜色"对话框。

（5）在"背景"列表框中选择"二维模型空间"选项，在"界面元素"列表框中选择"统一背景"选项，在"颜色"下拉列表框中选择绘图区的颜色，这里选择"白"选项。

（6）单击 应用并关闭 按钮，返回"选项"对话框，再单击 确定 按钮完成设置。

（7）在命令行中输入 LINE 命令，并按 Enter 键执行。命令行操作如下：

命令: LINE 指定第一点: 10,10　　　　　//执行 LINE 命令，并输入 A 点的绝对直角坐标值
　　　　　　　　　　　　　　　　　　　（10,10）
指定下一点或 [放弃(U)]: @40,0　　　　//输入 B 点的相对直角坐标值（@40,0）
指定下一点或 [放弃(U)]: @0,40　　　　//输入 C 点的相对直角坐标值（@0,40）
指定下一点或 [闭合(C)/放弃(U)]: C　　//选择 C 选项闭合图形

1.4.2　启动 AutoCAD 2008 并设置工作界面

综合利用本章所学知识，启动 AutoCAD 2008 软件，设置绘图区颜色和十字光标的大小，显示"文字"工具栏并关闭坐标系图标，最后退出软件。设置后的工作界面如图 1-28 所示。

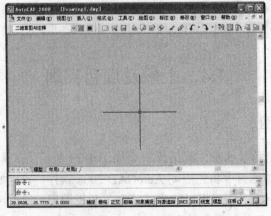

图 1-28　最终效果

本练习可结合立体化教学中的视频演示进行学习（立体化教学：\视频演示\第 1 章\启动 AutoCAD 2008 并设置工作界面.swf）。主要操作步骤如下：

（1）通过双击桌面上快捷方式图标启动 AutoCAD 2008 软件。

（2）在绘图区中单击鼠标右键，在弹出的快捷菜单中选择"选项"命令，在打开的"选项"对话框中设置绘图区颜色为色板 9，十字光标大小为 15。

（3）在工具栏的空白处单击鼠标右键，在弹出的快捷菜单中选择"ACAD/文字"命令，显示出"文字"工具栏。

（4）选择"视图/显示/UCS 图标/开"命令，取消选中"开"命令前面的☑标记，关闭坐标系图标。

（5）选择"文件/退出"命令，退出 AutoCAD 2008 软件。

1.5　练习与提高

（1）使用多种方法启动和退出 AutoCAD 2008 软件。

（2）隐藏"标准注释"工具栏，显示"绘图"工具栏，并调整"绘图"工具栏的位置到工作界面上方。

（3）使用 LINE 命令，绘制如图 1-29 所示的零件图形（立体化教学：\源文件\第 1 章\小零件.dwg）。

提示：使用 LINE 命令绘制图形时，最好使用输入相对直角坐标绘制。本练习可结合立体化教学中的视频演示进行学习（立体化教学：\视频演示\第 1 章\绘制小零件.swf）。

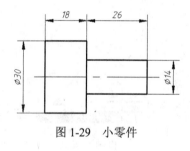

图 1-29　小零件

 总结 AutoCAD 的特点

本章主要介绍了 AutoCAD 2008 的基础知识。为了能让初学者对该软件有更深刻的认识，这里总结 AutoCAD 以下几个特点供读者参考和探索：

➥　具有完善的图形绘制功能和强大的图形编辑功能。

➥　可以采用多种方式进行二次开发或用户定制。

➥　可以进行多种图形格式的转换，具有较强的数据交换能力。

➥　支持多种硬件设备和多种操作平台。

➥　具有通用性、易用性，适用于各类用户，如 AutoCAD 设计中心（ADC）、多文档设计环境（MDE）、Internet 驱动、新的对象捕捉功能、增强的标注功能以及局部打开和局部加载的功能，使 AutoCAD 系统更加完善。

➥　在新增加的面板中，面板组是可以改变的，在面板的任意位置单击鼠标右键，在弹出的快捷菜单中选择"控制台"命令，再在弹出的子菜单中选择相应面板组名称即可显示或隐藏该面板组。

第 2 章　绘图前的准备

学习目标

- ☑　使用工具栏或菜单栏管理图形文件
- ☑　使用命令设置绘图单位
- ☑　使用命令设置图形界限
- ☑　使用工具栏中的各个按钮设置 AutoCAD 2008 的辅助功能
- ☑　使用命令调整视图的显示方式
- ☑　综合利用本章知识输出 "直齿圆柱齿轮" 图形

目标任务&项目案例

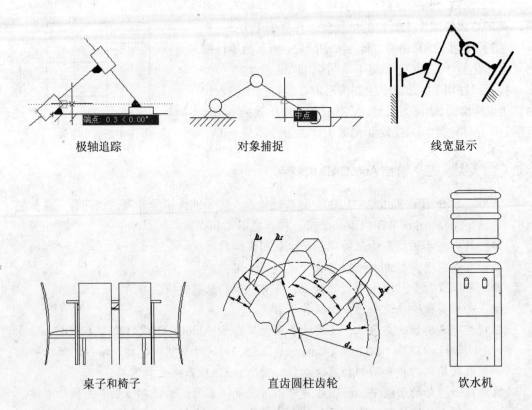

极轴追踪　　　　　　　　对象捕捉　　　　　　　　线宽显示

桌子和椅子　　　　　　　直齿圆柱齿轮　　　　　　饮水机

在 AutoCAD 中，绘图前的准备工作非常重要，只有做好了相关的准备工作，才能提高设计速度。本章将具体讲解管理图形文件的方法、设置绘图环境和辅助功能的方法、命令的调用方法以及调整视图显示的方法等。

2.1 管理图形文件

在使用 AutoCAD 2008 绘图之前，首先应掌握管理图形文件的基本方法，如新建、保存、打开、输出及关闭图形文件等操作。

2.1.1 新建图形文件

启动 AutoCAD 之后，系统将自动新建一个名为 Drawing1.dwg 的图形文件。根据需要，也可以新建图形文件，以完成更多的绘图操作。新建图形文件的方法主要有如下几种：

- ❧ 选择"文件/新建"命令。
- ❧ 单击"标准"工具栏中的▢按钮。
- ❧ 在命令行中执行 NEW 命令。

使用以上任意一个新建文件的方法后，都将打开如图 2-1 所示的"选择样板"对话框，系统默认选择 acadiso.dwt 样板文件，若要创建基于默认样板的图形文件，单击 打开⑩ 按钮即可。用户也可以选择其他样板文件，在对话框右侧的"预览"框中可预览该样板样式，选择好合适的样板后单击 打开⑩ 按钮，可创建基于样板文件的图形文件。

图 2-1 "选择样板"对话框

单击 打开⑩ 按钮右侧的▫按钮，可在弹出的下拉列表中选择图形文件的绘制单位，如选择"无样板打开–英制"选项，将使用英制单位为计量标准绘制图形；如选择"无样板打开–公制"选项，将使用公制单位为计量标准绘制图形。

📢 提示：

如用户未进行任何选择，系统默认以选择"无样板打开–公制"选项打开图形文件。

2.1.2 保存图形文件

为避免图形文件在绘制及编辑过程中因电脑意外死机或停电，给用户造成不可挽回的损失，一般新建文档后和在文档编辑过程中都应及时保存文件。

1. 保存新图形文件

新建图形文件完成后，应进行保存，保存图形文件的方法主要有如下几种：

- ➘ 选择"文件/保存"命令。
- ➘ 单击"标准"工具栏中的按钮。
- ➘ 在命令行中执行 SAVE 命令。

使用以上任意一个保存文件的方法后，都将打开如图 2-2 所示的"图形另存为"对话框，在"保存于"下拉列表框中指定图形文件的保存路径，在"文件名"下拉列表框中输入图形文件的文件名，在"文件类型"下拉列表框中选择要保存的文件类型，然后单击 保存(S) 按钮即可将其保存到指定位置中。

在 AutoCAD 2008 中用户可以将图形文件保存为如下几种类型。

- ➘ DWG：AutoCAD 默认的图形文件类型。
- ➘ DXF：包含图形信息的文本文件或二进制文件，可供其他 CAD 程序读取该图形文件的信息。
- ➘ DWS：二维矢量文件，使用这种格式可以在网络上发布 AutoCAD 图形。
- ➘ DWT：AutoCAD 样板文件，新建图形文件时，可以基于样板文件创建图形文件。

图 2-2　"图形另存为"对话框

📎 **技巧：**

> 在"图形另存为"对话框中单击工具(L) ▼按钮，然后在弹出的下拉菜单中选择"安全选项"命令，可在打开的对话框中设置打开图形文件的密码。

2. 保存已存在的图形文件

对于已经保存在电脑磁盘中的图形文件，在编辑过程中也应及时保存，其方法较为简单，只需单击按钮，系统将自动保存修改后的文件到原文件位置中。

当用户不确定图形文件编辑后的效果是否良好，可执行另存为命令。另存图形文件的方法主要有如下几种：

- ➘ 选择"文件/另存为"命令。
- ➘ 在命令行中执行 SAVEAS 命令。

使用以上任意一个另存为文件的方法后，都将打开如图 2-2 所示的"图形另存为"对话框，然后按照第一次保存文件的方法，指定文件保存的位置和名称。执行另存为命令后，原文件将不受任何影响。

🔊提示：

> 如果另存为的文件与原文件保存在同一目录中，不能使用相同的文件名。

3．定时保存图形文件

在 AutoCAD 中还有一种比较好的文件保存方法，即定时保存图形文件，它不仅可保证文档不会轻意被损坏，还可免去随时单击🔳按钮的麻烦。设置定时保存功能后，当系统达到设置的间隔时间，将自动保存当前正在编辑的文件内容。

【例 2-1】　设置每隔 10 分钟自动保存图形文件。

（1）选择"工具/选项"命令，打开"选项"对话框。

（2）选择"打开和保存"选项卡，在"文件安全措施"栏中选中☑**自动保存(U)**复选框，再在下面的文本框中输入"10"，如图 2-3 所示。

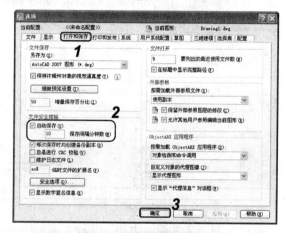

图 2-3　设置自动保存时间

（3）单击 确定 按钮关闭"选项"对话框，使设置生效。

🔊提示：

> 定时保存后的文件位置为原文件的位置，所以即使意外死机，用户的损失也不会太大。但定时保存文件功能会影响文件的编辑速度，所以间隔时间不宜设置过短。

2.1.3　打开图形文件

对于已经保存在电脑中的 AutoCAD 文件，用户可以将其打开后再进行编辑操作。打开图形文件的方法主要有如下几种：

➥　选择"文件/打开"命令。

➥　单击"标准"工具栏中的🔳按钮。

➥　在命令行中执行 OPEN 命令。

使用以上任意一个打开文件的方法后，都将打开如图 2-4 所示的"选择文件"对话框。

图 2-4　"选择文件"对话框

在"搜索"下拉列表框中选择需要打开文件的保存路径，然后在下面的列表框中选择需要打开的文件，单击 打开⑩ 按钮即可。

2.1.4 输出图形文件

在 AutoCAD 2008 中还可以将绘制的图形文件输出为其他格式的文件，以便在其他软件中调用。输出图形文件的方法主要有如下几种：

- 选择"文件/输出"命令。
- 在命令行中执行 EXPORT 命令。

使用以上任意一个输出文件的方法后，都将打开如图 2-5 所示的"输出数据"对话框。在"保存于"下拉列表框中指定图形文件的保存路径，在"文件名"下拉列表框中输入图形文件的名称，在"文件类型"下拉列表框中选择要输出的文件类型，单击 保存⑤ 按钮关闭对话框。返回绘图窗口，选择要输出的图形对象，然后按 Enter 键确认即可。

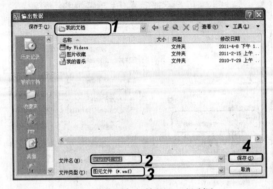

图 2-5 "输出数据"对话框

在 AutoCAD 2008 中可以将图形文件输出为如下几种类型。

- **WMF**：将选择对象以 Windows 图元文件格式进行保存，以供不同的 Windows 软件调用。在命令行中执行 WMFOUT 命令也可将选择的图形文件以 WMF 格式输出。
- **SAT**：将选择对象输出为 ASCII 文件，该格式主要用于与 Pro/ENGINEER 和 UG 等三维制图软件进行数据交换。
- **STL**：将选择对象输出为实体对象立体画文件。在命令行中执行 STLOUT 命令后选择对象也可输出为 STL 格式的文件。
- **EPS**：将选择对象输出为封装的 PostScript 文件，该格式可用于与 Photoshop 等图形软件进行数据交换。
- **DXX**：将选择对象输出为 DXX 属性的抽取文件。
- **BMP**：将选择对象输出为与设备无关的位图文件，以供 Photoshop 等图像处理软件使用。在命令行中执行 BMPOUT 命令也可输出为 BMP 格式的文件。
- **3DS**：将选择对象输出为 3ds max 软件可以识别的格式文件，用于与 3ds max 进行数据交换。
- **DWG**：输出为 AutoCAD 图形文件，可供不同版本的 AutoCAD 软件调用。

2.1.5　关闭图形文件

编辑完当前图形文件后，应将其关闭。关闭图形文件的方法主要有如下几种：

- ➥　选择"文件/关闭"命令。
- ➥　单击菜单栏最右端的 ✕ 按钮。
- ➥　按 Ctrl+F4 键。
- ➥　在命令行中执行 CLOSE 命令。

如果未对编辑后的文件进行保存，使用以上任意一个关闭文件的方法后，都将打开如图 2-6 所示的提示对话框。单击 是(Y) 按钮保存文件的更改并关闭该文件；单击 否(N) 按钮不保存文件的更改并关闭该文件；单击 取消 按钮则取消关闭操作。

图 2-6　提示对话框

2.2　设置绘图环境

绘图环境主要包括绘图单位和图形界限两方面，一般新建图形文件后，绘图单位和图形界限都采用样板文件的默认设置，用户也可根据需要进行自定义设置。

2.2.1　设置绘图单位

设置绘图单位主要是设置在绘图时采用的单位。设置绘图单位的方法主要有如下几种：

- ➥　选择"格式/单位"命令。
- ➥　在命令行中执行 UNITS/DDUNITS/UN 命令。

使用以上任意一个设置绘图单位的方法后，都将打开如图 2-7 所示的"图形单位"对话框。下面将通过实例讲解其具体设置。

【例 2-2】　通过"图形单位"对话框设置长度的类型为"小数"、精度为 0.00、插入比例单位为"毫米"以及基准角度的方向为"东"。

（1）在"长度"栏的"类型"下拉列表框中选择长度单位的类型，AutoCAD 2008 提供了"分数"、"工程"、"建筑"、"科学"和"小数" 5 种类型，然后在"精度"下拉列表框中选择长度单位的精度。

（2）在"角度"栏的"类型"下拉列表框中选择角度单位的类型，有"百分度"、"度/分/秒"、"弧度"、"勘测单位"和"十进制度数" 5 种类型，然后在"精度"下拉列表框中选择角度单位的精度。

（3）确认角度的旋转方向，系统默认以逆时针方向旋转的角度为正方向，若选中"角度"栏中的 ☑顺时针(C) 复选框，则以顺时针方向为正方向。

（4）在"插入比例"栏的"用于缩放插入内容的单位"下拉列表框中可选择插入图块时的单位。如果创建图块时为该选项指定的单位与此处设置的单位不同，则以现在设置的单位缩小或放大图块。然后单击 [方向(D)…] 按钮，如图2-7所示。

（5）打开如图2-8所示的"方向控制"对话框，在该对话框中可设置基准角度的方向，默认是以东方为0°。

图2-7　"图形单位"对话框　　　　图2-8　"方向控制"对话框

（6）设置完毕后，单击 [确定] 按钮返回"图形单位"对话框，单击 [确定] 按钮关闭对话框。

📢提示：

一般情况下，用户应不更改角度的旋转方向和基准角度的方向，以增加AutoCAD 2008的通用性，本书也是以系统默认设置进行讲解。

2.2.2　设置图形界限

AutoCAD 辅助绘图的最终目的是将电脑中绘制的图形打印在图纸上，而在现实生活中，图纸都具有一定的尺寸规格，如B5、A4 和 A3 等，所以在绘制图形前应根据图纸的规格设置绘图范围，即图形界限。默认样板创建的图形文件的图形界限为420mm×297mm，图形界限一般应大于或等于选择的图纸尺寸。

图形界限是世界坐标系中的二维点，表示左下至右上的图形边界。设置图形界限的方法主要有如下几种：

　　➥　选择"格式/图形界限"命令。

　　➥　在命令行中执行 LIMITS 命令。

【例2-3】　根据所绘图形的大小定义图形界限为297mm×210mm。

命令行操作如下：

命令:LIMITS	//执行 LIMITS 命令
重新设置模型空间界限:	//系统提示将要进行的操作
指定左下角点或 [开(ON)/关(OFF)] <0.0000,0.0000>:	//设置绘图区域左下角的坐标，这里保持默认
指定右上角点 <420.0000,297.0000>: 297,210	//设置绘图区域右上角的坐标

在执行命令的过程中"开(ON)"和"关(OFF)"选项用于控制打开或关闭图形界限检查功能。当关闭图形界限检查功能时，绘制的图形将不受图形界限的限制；当打开图形界限检查功能时，则只能在设置的范围内进行绘图。

📢提示：

本书命令行操作的讲解都是以表格的形式进行讲解，其中表格左边为命令行中显示的提示信息，表格右边为对每个命令行中提示信息的解释。

2.2.3　设置工作空间

AutoCAD 2008 的整个操作界面就是工作空间，系统默认情况下，包含了"二维草图与注释"、"三维建模"和"AutoCAD 经典"3 个工作空间，用户可根据需要选择 AutoCAD 已有的工作空间选项，或者自定义个性化的工作空间。

【例 2-4】　通过"工作空间"工具栏将当前工作空间保存为"机械绘图空间"，并将其设置为当前的工作空间。

（1）在系统默认的"工作空间"工具栏中单击 `二维草图与注释` 右侧的 ⌄ 按钮，在弹出的下拉列表中选择"将当前工作空间另存为"选项，打开如图 2-9 所示的"保存工作空间"对话框。

（2）在该对话框的"名称"下拉列表框中输入工作空间名称，这里输入"机械绘图空间"，完成输入后，单击 `保存` 按钮将创建的工作空间保存起来。

（3）创建成功的工作空间将自动设为当前工作空间，如果没有自动设为当前工作空间，可以单击 `二维草图与注释` 右侧的 ⌄ 按钮，在弹出的下拉列框中选择"机械绘图空间"选项。

（4）如果想要实现快速调用的目的，可在工具栏中单击"工作空间设置"按钮，打开"工作空间设置"对话框。

（5）在"我的工作空间="下拉列表框中选择"机械绘图空间"工作空间，并选中 ⊙ 自动保存工作空间修改单选按钮，如图 2-10 所示，单击 `确定` 按钮关闭该对话框。

图 2-9　"保存工作空间"对话框

图 2-10　"工作空间设置"对话框

✎技巧：

设置好菜单、工具栏、工具选项板等界面组成部分在工作界面中的位置后，可以锁定这些窗口元素的位置，其方法是在状态栏中单击"锁定"按钮🔒，在弹出的菜单中选择"全部/锁定"命令。

2.2.4　设置取消右键快捷菜单

系统默认在绘图区域单击鼠标右键将弹出对应的快捷菜单，但在实际使用过程中，不断弹出的快捷菜单将影响绘图的速度，这时就可取消快捷菜单功能。

【例2-5】 通过"选项"对话框，取消右键快捷菜单功能。

（1）选择"工具/选项"命令，打开"选项"对话框。

（2）选择"用户系统配置"选项卡，在"Windows标准操作"栏中取消选中
□ 绘图区域中使用快捷菜单(M) 复选框，如图2-11所示。

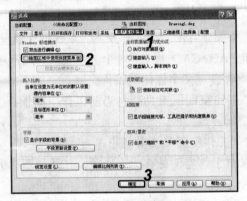

图2-11　取消快捷菜单功能

📢**提示：**

取消快捷菜单的弹出后，单击鼠标右键，系统默认以对应快捷菜单的第一项作为选择命令。

（3）单击 确定 按钮完成设置。

📢**提示：**

在 □ 绘图区域中使用快捷菜单(M) 复选框被选中时，单击 自定义右键单击(I)... 按钮，打开"自定义右键单击"
对话框，在其中可以设置在不同情况下单击鼠标右键表示的含义。

2.2.5　应用举例——设置机械制图绘图环境

下面将设置适合机械制图的绘图环境，要求长度单位采用小数，并取小数点后4位，
角度值采用十进制，并取小数点后两位，绘图纸张为A3。

操作步骤如下：

（1）选择"格式/单位"命令，打开如图2-12所示的"图
形单位"对话框。

（2）在"长度"栏的"类型"下拉列表框中选择"小
数"选项，在"精度"下拉列表框中选择0.0000选项；在"角
度"栏的"类型"下拉列表框中选择"十进制度数"选项，
在"精度"下拉列表框中选择0.00选项。

（3）单击 确定 按钮完成绘图单位的设置。

图2-12　"图形单位"对话框

（4）在命令行中执行LIMITS命令，设置图形文件的
图形界限。命令行操作如下：

命令: LIMITS　　　　　　　　　　　//执行LIMITS命令

重新设置模型空间界限:　　　　　　　//系统提示将要进行的操作

指定左下角点或[开(ON)/关(OFF)] <0.0000,0.0000>:　　//设置绘图区域左下角的坐标，这里保持默认

指定右上角点 <420.0000,297.0000>: 420,297　　//设置绘图区域右上角的坐标，即纵向 A3 型

右上角的坐标

2.3　设置 AutoCAD 2008 的辅助功能

在绘图过程中，合理使用状态栏中的辅助绘图按钮可以大大提高绘图效率，主要包括
捕捉 、 栅格 、 正交 、 极轴 、 对象捕捉 、 对象追踪 、 DYN 和 线宽 等辅助功能按钮。

2.3.1　设置捕捉与栅格功能

捕捉功能常与栅格功能联合使用。一般情况下，需要先启用栅格功能，再启用捕捉功
能捕捉栅格点。在状态栏中单击相应的按钮即可启用
相应的功能，如单击 栅格 按钮，该按钮呈凹下状态，
绘图区的某块区域中将显示一些小点，这些小点就是
栅格。启用捕捉功能，就可以将鼠标光标快速定位到
某个栅格点，单击 捕捉 按钮，即可启用该功能。启用
成功后，在绘图区中移动十字光标，光标将会按一定
间距移动。

为方便用户更好地捕捉图形中的栅格点，可以在
如图 2-13 所示的"草图设置"对话框中将光标的移
动间距与栅格间距设置为相同，在移动光标时使其自

图 2-13　"草图设置"对话框

动捕捉到相应的栅格点。如果要对捕捉的类型进行设
置，也可以在该对话框的"捕捉类型"栏中进行设置，其中各个选项的含义分别如下。

- ➤ ◉ 栅格捕捉(R) 单选按钮：选中该单选按钮，即将捕捉类型设置为"栅格捕捉"。移
动十字光标时，它将沿着显示的栅格点进行捕捉。
- ➤ ◉ 矩形捕捉(E) 单选按钮：选中该单选按钮，即将捕捉类型设置为"矩形捕捉"。十
字光标将捕捉到一个矩形栅格。
- ➤ ◉ 等轴测捕捉(M) 单选按钮：选中该单选按钮，即将捕捉类型设置为"等轴测捕捉"。
十字光标将捕捉到一个等轴测栅格。
- ➤ ◉ 极轴捕捉(O) 单选按钮：选中该单选按钮，即将捕捉类型设置为"极轴捕捉"。如
果打开了"捕捉"模式并在极轴追踪启动的情况下指定点，十字光标将沿着"极
轴追踪"选项卡中设置的参数进行捕捉。

【例 2-6】　通过"草图设置"对话框设置自动捕捉栅格点，并设置捕捉类型为"矩
形捕捉"。

（1）选择"工具/草图设置"命令，在打开的"草图设置"对话框中选择"捕捉和栅
格"选项卡。

（2）如用户还未启用捕捉功能，可在该对话框中选中 ☑ 启用捕捉 (F9)(S) 复选框，启用捕
捉功能。

（3）指定启用捕捉功能后，设置十字光标水平移动的间距值，这里设置捕捉 X 轴间距为 10，然后在"捕捉 Y 轴间距"文本框中设置光标垂直移动的间距也为 10。

（4）在"捕捉类型"栏中选中 ◉矩形捕捉(E) 单选按钮，设置捕捉类型。

（5）根据需要，用户还可在"栅格间距"栏中设置栅格的相关参数，如 X 轴间距和 Y 轴间距相等。单击 [确定] 按钮完成设置。此时，绘图区中的光标将自动捕捉栅格点。

◀ 提示：

用户也可通过命令行的方式来设置捕捉和栅格。其中，捕捉的命令为 SNAP，栅格的命令为 GRID。另外在状态栏的 栅格 或 捕捉 按钮上单击鼠标右键，在弹出的快捷菜单中选择"设置"命令也可打开"草图设置"对话框。栅格在绘图区中只起辅助绘图的作用，并不会打印输出在图纸上。

2.3.2 设置正交与极轴功能

单击状态栏中的 正交 按钮，当该按钮呈凹下状态时，即启用了正交功能。当用户启用正交功能后，可以方便地捕捉水平或垂直方向上的点，该功能常用来绘制水平线或垂直线。

✍ 技巧：

在命令行中执行 ORTHO 命令或按 F8 键可启用正交模式。

与正交功能相对的是极轴功能，使用极轴功能不仅可以绘制水平线、垂直线，还可以快速绘制任意角度或设定角度的线段。单击状态栏中的 极轴 按钮或按 F10 键，都可启用极轴功能。启用极轴功能后，用户在进行绘图操作时，将在屏幕上显示由极轴角度定义的临时对齐路径，系统默认的极轴角度为 90°。

【例 2-7】 通过"草图设置"对话框开启并设置极轴追踪的增量角为 30°，附加角为 3。

（1）在 极轴 按钮上单击鼠标右键，在弹出的快捷菜单中选择"设置"命令，打开如图 2-14 所示的"草图设置"对话框。

（2）选中 ☑启用极轴追踪 (F10)(P) 复选框，启用极轴追踪功能。

（3）在"增量角"下拉列表框中指定极轴追踪的角度。如设置增量角为 30°，则光标移动到相对于前一点的 0°、30°、60°、90°、120° 和 150° 等角度上时，会自动显示一条虚线，该虚线即为极轴追踪线，如图 2-15 所示。

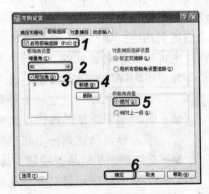

图 2-14 "草图设置"对话框

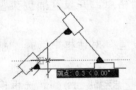 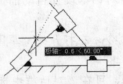 

图 2-15 设置极轴追踪

（4）选中附加角(D)复选框，然后单击 新建(N) 按钮，可新增一个附加角。附加角是指当十字光标移动到设定的附加角度位置时，也会自动捕捉到该极轴线，以辅助用户绘图，这里设置附加角为 3。

（5）在"极轴角测量"栏中还可更改极轴的角度类型，系统默认选中绝对(A)单选按钮，即以当前用户坐标系确定极轴追踪的角度；若选中相对上一段(R)单选按钮，则根据上一个绘制线段确定极轴追踪角度。

（6）完成设置后，单击 确定 按钮使设置生效。

📢提示：

> 正交功能与极轴功能是一个排他性功能，即使用正交功能时不能使用极轴功能，使用极轴功能时正交功能为不可用状态。

2.3.3　设置对象捕捉与对象追踪功能

在绘图过程中，对象捕捉和对象追踪功能都是使用较为频繁的辅助功能之一。一般情况下，对象追踪应与对象捕捉配合使用，在使用对象捕捉追踪时必须启动一个或多个对象捕捉，同时应用对象捕捉功能。

1．设置对象捕捉功能

通过对象捕捉功能可以捕捉某些特殊的点对象，如端点、中点、圆心和交点等。单击状态栏中的对象捕捉按钮，该按钮呈凹下状态，即启用了对象捕捉功能。启用对象捕捉功能并执行相应的绘图命令后，移动十字光标到图形的某些特殊点上，将以特定的符号将该点显示出来，单击鼠标可快速定位到该点。

【例2-8】　在"草图设置"对话框中设置对象捕捉模式为"端点"、"中点"、"圆心"和"交点"。

（1）打开"草图设置"对话框，选择"对象捕捉"选项卡，如图 2-16 所示。

（2）选中启用对象捕捉 (F3)(0)复选框，启用对象捕捉功能。

（3）在"对象捕捉模式"栏中选择对象捕捉的特殊点类型，这里选中端点(E)、中点(M)、圆心(C)和交点(I)复选框。

（4）完成设置后，单击 确定 按钮，使设置生效。如图 2-17 所示为十字光标移到端点、中点、圆心和交点上的效果。

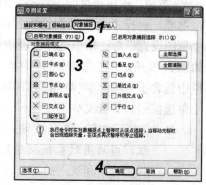

图 2-16　设置对象捕捉

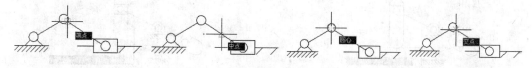

图 2-17　对象捕捉特殊点的效果

除了可以通过"草图设置"对话框设置需捕捉的特殊点对象外，"对象捕捉"工具栏也可以完成这项操作。在工具栏的任意位置单击鼠标右键，在弹出的快捷菜单中选择"对象捕捉"命令，打开如图 2-18 所示的工具栏。但是使用"对象捕捉"工具栏一次只能捕捉一个类型的特殊点，而在捕捉这类点之前还必须单击相应的按钮，使用较为麻烦。

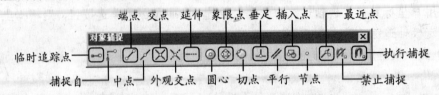

图 2-18 "对象捕捉"工具栏

由图 2-18 可知，在"对象捕捉"工具栏中还有"临时追踪点"和"捕捉自"两个捕捉方式，它们没有在"草图设置"对话框中反应出来，其含义分别如下。

➤ ═━（**临时追踪点**）：该捕捉方式始终跟踪上一次单击的位置，并将其作为当前的目标点，也可用 TT 命令进行捕捉。

➤ ⌐（**捕捉自**）：该捕捉方式可以根据指定的基点，再偏移一定距离来捕捉特殊点，也可用 FRO 或 FROM 命令进行捕捉。

2. 设置对象追踪功能

对象追踪是根据捕捉点的位置，再沿正交方向或极轴方向进行追踪。该功能可看作是对象捕捉功能和极轴功能的联合应用。单击状态栏中的 对象追踪 按钮，该按钮呈凹下状态，即启用了对象追踪功能。选择"工具/草图设置"命令，在打开的"草图设置"对话框中选择"极轴追踪"选项卡，如图 2-19 所示。在选项卡的"对象捕捉追踪设置"栏中包含了 ⊙仅正交追踪(L) 和 ⊙用所有极轴角设置追踪(S) 两个单选按钮，其含义如下。

图 2-19 设置对象追踪

➤ ⊙仅正交追踪(L)**单选按钮**：选中该单选按钮，当启用对象捕捉追踪时，将显示获取的对象捕捉点的正交（水平/垂直）对象捕捉追踪路径，如图 2-20 所示。

➤ ⊙用所有极轴角设置追踪(S)**单选按钮**：选中该单选按钮，将极轴追踪设置应用到对象捕捉追踪。在捕捉特殊点时，十字光标将从对象捕捉点起沿极轴对齐角度进行追踪，如图 2-21 所示。

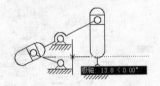

图 2-20 正交追踪

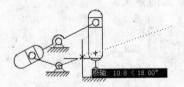

图 2-21 极轴角追踪

2.3.4 设置动态输入功能

在绘图过程中，开启动态输入功能后可以随时在光标下方查看命令提示信息，提高绘图效率。单击状态栏中的 DYN 按钮，该按钮呈凹下状态，即启用了动态输入功能。

在状态栏的 DYN 按钮上单击鼠标右键，在弹出的快捷菜单中选择"设置"命令，在打开的"草图设置"对话框的"动态输入"选项卡中可对动态输入功能进行相应设置。

【例2-9】 开启动态输入功能后，通过"草图设置"对话框设置动态提示框大小为6，透明度为12%。

（1）单击状态栏中的 DYN 按钮，开启动态输入功能。

（2）在 DYN 按钮上单击鼠标右键，在弹出的快捷菜单中选择"设置"命令，打开"草图设置"对话框，选择"动态输入"选项卡。

（3）单击 设计工具栏提示外观(A)... 按钮，打开"工具栏提示外观"对话框。

（4）在"大小"栏的文本框中输入数值或拖动滑块，将工具栏动态提示框外观大小的值设置为6。

（5）在"透明"栏的文本框中输入数值或拖动滑块，将其透明值设置为12%，单击 确定 按钮应用设置，如图2-22所示。设置前后的效果如图2-23所示。

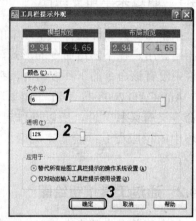

图 2-22 "工具栏提示外观"对话框

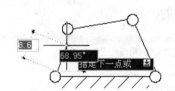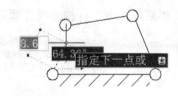

图 2-23 设置前后的效果

2.3.5 设置线宽显示功能

在绘图区中将线宽显示出来，可以使绘制图形的整体结构更加突出。指定绘图区中图形对象的线宽后，单击状态栏中的 线宽 按钮，该按钮呈凹下状态，即启用了线宽功能。显示线宽的效果如图2-24所示。

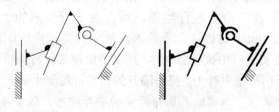

图 2-24 显示线宽的效果

2.4 AutoCAD 2008 命令的调用方法

AutoCAD 为交互式工作方式，所以它的命令调用方法有多种，主要有选择菜单命令、单击工具栏按钮和在命令行中输入命令 3 种方式，这几种方式可单独使用，也可同时使用。不管采用哪种方式执行命令，命令提示行中都将显示相应的提示信息。

2.4.1 通过菜单命令绘图

菜单命令方式即选择菜单项中的相应菜单执行命令，其命令的执行结果与输入命令方式相同。用户在不知道命令的形式，又不知道该命令的工具按钮属于哪个工具栏，或者工具栏中没有该命令的工具按钮时，都可以通过选择菜单命令的方式来进行绘图操作。

AutoCAD 2008 共有 11 个菜单项，每个菜单项都由不同的菜单命令组成，并且这些菜单命令又有某种共性，所以操作起来非常方便。如用户需绘制直线，可选择"绘制"菜单项中的相应命令；绘制完成后，又需编辑图形，此时可选择"修改"菜单项中的相应命令。

2.4.2 通过工具按钮绘图

每个菜单命令基本上都对应一个工具按钮，以工具按钮的方式执行命令，即在工具栏中单击要执行命令相应的工具按钮，然后按照命令行提示完成绘图操作。

例如绘制圆图形，可通过如图 2-25 所示的"绘图"工具栏完成，单击"绘图"工具栏中的 ⊙ 按钮，然后根据命令行提示操作即可完成圆的绘制。

单击"圆"按钮

图 2-25 通过工具按钮绘图

2.4.3 通过在命令行输入命令绘图

在命令行输入命令方式绘图是一种最快捷的绘图方式，一般能熟练操作 AutoCAD 的用户都是用左手输入命令，右手操作鼠标，左右手灵活配合，从而达到较高的绘图速度。

通过命令形式执行命令是最常用的一种绘图方法。当用户要使用某个工具进行绘图时，只需在命令行中输入该工具的命令形式，然后根据系统提示即可完成绘图。

例如使用"线性标注"命令进行绘图，可在命令行提示为"命令:"状态时输入 DIMLINEAR 命令，按 Enter 键确认命令输入，然后按提示操作即可为图形标注尺寸，如图 2-26 所示。在命令提示行中执行命令时，经常会出现各种特殊符号，其含义分别如下。

➥ **在命令提示行[ ]符号中有"/"符号隔开的内容：** 表示该命令下可执行的各个选项，若要选择某个选项，只需输入圆括号中的字母即可，该字母既可以是大写形式也可以是小写形式。

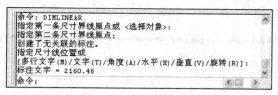

图 2-26　通过输入命令方式绘图

➥ **某些命令提示的后面有一对尖括号"< >"**：其中的值是当前系统的默认值，若在这类提示下，直接按 Enter 键则采用系统默认值执行命令。

📢提示：

在输入命令时，可用其缩写形式，如在执行直线命令时，除了可在命令行中输入"LINE"外，还可以输入"L"，这种简短的命令名被称为命令别名。

2.4.4　退出正在执行的命令

在绘图过程中，如执行某一命令后，才发现无须执行此命令，可退出正在执行的命令。在 AutoCAD 中按 Esc 键即可退出正在执行的命令。

【例 2-10】　退出绘制圆命令正在执行的命令。

命令行操作如下：

命令:CIRCLE 指定圆的圆心或 [三点(3P)/　　//执行 CIRCLE 命令，并输入"2P"，表示以两点方
两点(2P)/相切、相切、半径(T)]: 2P　　　　式绘制圆
指定圆直径的第一个端点:　　　　　　　　//单击鼠标左键，指定圆直径的第一个端点
指定圆直径的第二个端点: *取消*　　　　　//按 Esc 键退出绘制圆命令

✍技巧：

在某些操作中按 Enter 键也可退出正在执行的命令，但是一般需按多次 Enter 键才能退出命令。

2.4.5　重复上一次的操作

若要重复执行上一次操作的命令，可不单击该命令的工具按钮，或者在命令行中输入该命令的命令形式，只需在命令行为"命令:"提示状态时直接按 Enter 键或空格键，此时系统将自动执行上一次操作的命令。

如果用户需执行以前执行过的相同命令，可按 ↑ 键，此时将在"命令:"提示状态中依次显示前面输入的命令或参数，当出现需要执行的命令时，按 Enter 键或空格键即可执行。

2.4.6　取消与恢复已执行的命令

当执行完某个操作后，如果用户发现效果不好，可取消前一次或前几次命令的执行结果。其方法主要有如下几种：

➥ 单击"标准"工具栏中的 ⌒按钮，可取消前一次执行的操作，单击 ⌒按钮后的·按钮，可在弹出的下拉列表中选择需取消的最后一步操作，并且该操作后的所有操

作将同时被取消。

- 在命令行中执行 U 或 UNDO 命令可取消前一次命令的执行结果，多次执行该命令可取消前几次命令的执行结果。
- 在某些命令的执行过程中，命令行中提供了"放弃"选项，在该提示下选择"放弃"选项可取消上一步执行的操作，连续选择"放弃"选项可以连续取消前几步执行的操作。

与取消操作相反的是恢复操作，通过恢复操作，可以恢复前一次或前几次已撤销执行的操作。其方法主要有如下几种：

- 选择"编辑/重做"命令恢复已撤销的前一步操作。
- 单击"标准"工具栏中的 按钮。
- 在命令行使用了 U（或 UNDO）命令后，紧接着使用 REDO 命令。

2.5 调整视图的显示方法

在绘图过程中，通过 AutoCAD 提供的视图调整工具可将对象在绘图区放大或缩小显示，使绘图更加快捷、方便。

2.5.1 缩放视图

掌握视图的缩放技巧是提高工作效率的一项重要因素。通过缩放视图，可以放大或缩小图形的显示尺寸，而图形的真实尺寸保持不变，从而保证快速选择图形或查看图形的全貌。缩放视图的方法主要有如下几种：

- 选择"视图/缩放"命令下的各子命令。
- 单击"标准"或"缩放"工具栏中的视图缩放按钮。
- 在命令行中执行 ZOOM（Z）命令，然后选择相应的选项。

【例 2-11】   通过在命令行中执行命令的方式，在绘图区中将剖面图放大 1 倍显示。最终效果如图 2-27 所示。

命令行操作如下：

命令: ZOOM   //执行 ZOOM 命令
指定窗口的角点，输入比例因子 (nX 或 nXP)，或
者[全部(A)/中心(C)/动态(D)/范围(E)/上一个(P)/比
例(S)/窗口(W)/对象(O)] <实时>: S   //选择"比例"选项
输入比例因子 (nX 或 nXP): 1   //设置比例因子为 1，按 Enter 键确认

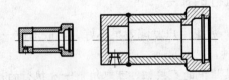

图 2-27 视图缩放前后的效果

在执行 ZOOM 命令过程中，命令行中各选项的含义分别如下。

- **全部**：将图形中的所有对象都显示出来，而范围缩放是以绘图区的最大显示范围将所有对象显示出来。
- **中心**：指定缩放的中心点，然后再相对于中心点指定比例来进行缩放视图。

提示：

> 在指定比例或高度值时，其值小于当前值将放大显示视图，其值大于当前值将缩小显示视图。

- **动态**：动态缩放视图是指使用视图框显示图形的部分对象，在图形中可以移动视图框和调整其大小来增大或缩小视图显示区域。
- **范围**：将当前窗口中的所有图形尽可能大地显示在屏幕上。
- **上一个**：返回前一个视图。当使用其他选项对视图进行缩放以后，需要使用前一个视图时，选择此选项即可。
- **比例**：是指将视图放大或缩小为指定的比例倍数。在指定比例因子时，直接输入数值，是指以相对于图形界限的比例缩放视图；在输入的比例值后跟 x，是指以相对于当前视图的比例缩放视图；在输入的比例值后跟 xp，是指以相对于图纸空间单位的比例缩放视图。
- **窗口**：选择该选项后可以用鼠标拖动出一个矩形区域，释放鼠标后该范围内的图形以最大化显示。
- **对象**：将选择的图形对象尽可能大地显示在屏幕上。
- **实时**：该项为默认选项，执行 ZOOM 命令后直接按 Enter 键即使用该选项。选择该选项后将在屏幕上出现一个 形状的光标，按住鼠标左键不放向上移动则放大视图；向下移动则缩小视图。如果要退出则需按 Esc 键、Enter 键或单击鼠标右键，在弹出的快捷菜单中选择"退出"命令。

技巧：

> 如果使用三键鼠标，在绘图区中滑动滚轮也可对视图进行实时缩放，双击鼠标滚轮，可以以"范围"的显示方式缩放图形对象。另外，单击"缩放"工具栏中的 按钮可以相对于当前视图成两倍放大显示；单击 按钮可以相对于当前视图成两倍缩小显示。

提示：

> 缩放视图命令 ZOOM 是一个透明命令，所谓透明命令是指在执行其他命令的过程中也可以使用该命令，此时需在前面添加"'"符号；单击工具栏中的相应按钮或通过输入命令的方法也可将其当作透明命令来使用。

2.5.2　平移视图

平移视图是指不改变视图的显示大小，只移动视图的显示范围，以便观察超出屏幕显示范围的图形。平移视图的方法主要有如下几种：

- 选择"视图/平移"命令下的子命令。
- 单击"标准"工具栏中的 按钮。

➥ 在命令行中执行 PAN（P）命令。

单击"标准"工具栏中的 按钮或在命令行中执行 PAN 命令后，鼠标光标变为 形状，按住鼠标左键不放拖动鼠标即可平移视图到所需的位置。实时平移是系统默认的移动视图的方法，如果要以其他方法移动视图，则需选择"视图/平移"命令下的相应子命令或在命令行中执行-PAN（P）命令，然后选择所需的选项。

✍ 技巧：

> 如果用户使用的是三键鼠标，可以通过按住滚轮不放来平移视图，在实际绘图过程中最常用的平移视图的方法就是该方法。

2.5.3 命名视图

在绘图的过程中，需要返回到前面的视图时，可利用 ZOOM 命令的"上一个"选项进行操作。但是，如果要返回到在这之前的某个特定视图，而且需要经常使用这个视图进行操作时，使用这种方法就比较繁琐。解决这个问题的最好办法是将该特定视图的图形命名为一个视图，需要时调用此视图即可快速显示。

执行 VIEW 命令或单击"视图"工具栏中的"命名视图"按钮，都可创建新视图。

【**例 2-12**】 将如图 2-28 所示（立体化教学：\实例素材\第 2 章\构件.dwg）构件图形中左上角的铆钉区域定义为一个视图，视图名称定为 A1，效果如图 2-29 所示（立体化教学：\源文件\第 2 章\铆钉.dwg）。

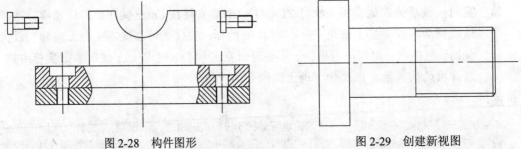

图 2-28　构件图形　　　　　　　图 2-29　创建新视图

（1）选择"视图/命名视图"命令，打开如图 2-30 所示的"视图管理器"对话框。

（2）单击 新建(N)... 按钮，打开如图 2-31 所示的"新建视图"对话框。

（3）在该对话框的"视图名称"文本框中输入新建视图的名称"A1"，在"边界"栏中选中 定义窗口(D) 单选按钮，准备自定义视图的显示范围。

（4）自动返回到绘图区后，在绘图区中选择需要定义视图的显示范围。命令行操作如下：

    指定第一个角点：   //在图 2-28 所示图形中铆钉的左上方单击鼠标左键
    指定对角点：   //在图 2-28 所示图形中铆钉的右下方单击鼠标左键

（5）完成选择后按 Enter 键，返回到"新建视图"对话框中，保持该对话框中的其余设置不变。

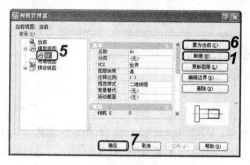

图 2-30　"视图管理器"对话框　　　　　　　　图 2-31　"新建视图"对话框

（6）单击 ▭确定 按钮，返回"视图管理器"对话框。

（7）在"视图管理器"对话框中选中 A1 视图，单击 ▭置为当前(C) 按钮，表示将该视图作为当前视图。

（8）单击 ▭确定 按钮即可将铆钉视图显示在屏幕中。

提示：

> 以后要调用新建的视图，只需要执行 VIEW 命令，然后在"视图管理器"对话框中将该视图置为当前即可。

2.5.4　重画与重生成

使用重画命令 REDRAWALL 和重生成命令 REGEN 可以删除加号形状的标记（点标记），即在所有视图中删除残留的点标记痕迹和由编辑命令留下的杂乱显示内容，从而使整个绘图界面显示整洁有序。

将如图 2-32 所示的图形进行重画命令，删除编辑操作时留下的点标记。在命令行输入 REDRAWALL 命令（常用于透明使用）或选择"视图/重画"命令即可，执行命令的效果如图 2-33 所示。

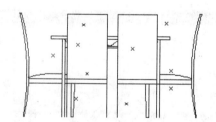　　　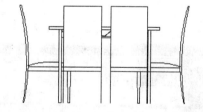

图 2-32　使用 REDRAWALL 命令之前的图形　　图 2-33　使用 REDRAWALL 命令之后的图形

提示：

> 当点标记模式 BLIPMODE 打开时，才会在绘图区显示编辑命令留下的点标记，使用 REDRAWALL 命令将删除视图中留下的点标记。BLIPMODE 既是命令又是系统变量，使用 SETVAR 命令可以访问此变量，0 表示关闭点标记，1 表示打开点标记。系统默认值为 0，即关闭点标记。

执行重生成命令 REGEN 可以在当前视图中重生成整个图形并重新计算所有对象的屏幕坐标。它还重新创建图形数据库索引，从而优化显示和对象选择的性能。

2.6　上机及项目实训

2.6.1　输出"直齿圆柱齿轮"图形

本次实训将对"直齿圆柱齿轮"图形（立体化教学：\实例素材\第2章\直齿圆柱齿轮.dwg）进行操作，其中包括打开图形文件、显示线宽、缩放视图以及输出图形文件等，其最终效果如图2-34所示（立体化教学：\源文件\第2章\直齿圆柱齿轮.dwg）。在这个练习中缩放视图操作将使用"窗口"的方式进行。

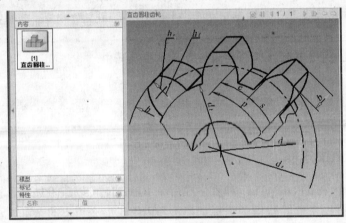

图2-34　最终效果

操作步骤如下：

（1）选择"文件/打开"命令，打开如图2-35所示的"选择文件"对话框，选择文件的保存位置及文件名后，单击 打开⑩ 按钮，打开如图2-36所示的图形。

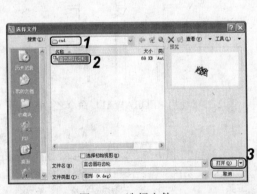

图2-35　选择文件

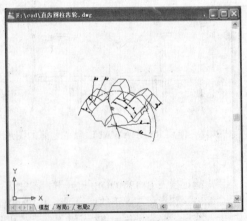

图2-36　打开后的图形

（2）单击状态栏中的 线宽 按钮，显示出图形的线宽。

（3）在命令行中执行 ZOOM 命令。命令行操作如下：

命令: ZOOM　　　　　　　　　　　　　　　//执行 ZOOM 命令

指定窗口的角点，输入比例因子 (nX 或 nXP)，或

者[全部(A)/中心(C)/动态(D)/范围(E)/上一个(P)/比

例(S)/窗口(W)/对象(O)] <实时>: W　　　　//选择"窗口"选项

指定第一个角点:　　　　　　　　　　　　//在图形对象左上角单击鼠标左键

指定对角点:　　　　　　　　　　　　　　//在图形对象右下角单击鼠标左键

（4）选择"文件/输出"命令，打开"输出数据"对话框。在"保存于"下拉列表框中指定图形文件的保存路径；在"文件名"下拉列表框中输入图形文件的名称。

（5）在"文件类型"下拉列表框中选择要输出的文件格式，这里选择 3D DWF (*.dwf)选项，单击 保存(S) 按钮关闭对话框，如图 2-37 所示。

（6）在打开的提示对话框中单击 是(Y) 按钮，如图 2-38 所示，系统会自动打开 Autodesk DWF Viewer 窗口，查看输出的图形对象。

图 2-37　"输出数据"对话框

图 2-38　提示对话框

2.6.2　完善"饮水机"图形

综合利用本章和前面所学知识，通过在命令行输入命令的方式，执行 LINE 命令，结合辅助功能，完善如图 2-39 所示的"饮水机"图形（立体化教学:\实例素材\第 2 章\饮水机.dwg），完成后的最终效果如图 2-40 所示（立体化教学:\源文件\第 2 章\饮水机.dwg）。

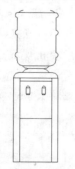

图 2-39　实例素材

图 2-40　最终效果

本练习可结合立体化教学中的视频演示进行学习（立体化教学:\视频演示\第 2 章\完善"饮水机"图形.swf）。主要操作步骤如下：

（1）打开"饮水机.dwg"图形文件。

（2）在状态栏中的对象捕捉按钮上单击鼠标右键，在打开的对话框中开启对象捕捉功能，并设置对象捕捉模式为"端点"。

（3）在命令行中执行 LINE 命令，使用鼠标依次单击"饮水机"图形上方的两个端点。

（4）使用相同的方法，绘制其余的线段。

（5）完成绘制后，按 Esc 键结束操作。

（6）在命令行中执行 ZOOM 命令，并选择"范围"方式进行缩放视图，以查看图形是否绘制完整。

（7）选择"文件/另存为"命令，将图形进行另存。

2.7　练习与提高

（1）将图形界限设置为 A4 纸型，其中 A4 纸型的长为 297，宽为 210。

（2）启动 AutoCAD 2008 后，通过"选项"对话框设置所需的绘图环境。

（3）启用栅格和捕捉功能，将栅格点与捕捉点的 X、Y 坐标均设置为 10mm，并使用 LINE 命令绘制如图 2-41 所示的几何图形（立体化教学：\源文件\第 2 章\台阶.dwg）。

提示：本练习可结合立体化教学中的视频演示进行学习（立体化教学：\视频演示\第 2 章\绘制台阶.swf）。

图 2-41　台阶

总结在使用 AutoCAD 2008 绘图前做准备工作的注意事项

　　本章主要介绍了使用 AutoCAD 2008 绘图前的准备工作，但不是在绘制所有的图形时都需要做这些准备工作，通常情况下只需要做好重要的准备工作就可以开始绘制图形了。这里总结以下几点供读者参考和探索：

- 在设置图形界限输入坐标时，X 坐标和 Y 坐标之间用英文的逗号隔开，如"12,67"。如果直接按 Enter 键，则默认使用命令行提示中尖括弧对<>中的坐标。
- 许多初学者在输入坐标时经常用中文的逗号或小数点来分隔 X 和 Y 坐标，如将"2，6"作为左下角坐标输入，这时命令行中会出现提示，提示用户重新指定坐标。
- 显示栅格是为了清晰地显示图形界限。如果栅格太密，会影响显示速度；如果太稀，则不能清晰地显示图形界限区域。
- 一般来说，在水平或垂直方向的栅格数最好在 10～30 之间，系统默认的栅格间距为 10。在遇到无法显示栅格的情况时应该首先判断图形界限的大小是不是小于 10，如图形界限为 8×6 时就不能显示栅格。

第 3 章　绘制平面图形

学习目标

- ☑ 使用点样式和定数等分点命令绘制正八边形
- ☑ 使用射线命令、构造线命令和多段线命令绘制禁止符号
- ☑ 使用椭圆命令、椭圆弧命令以及直线命令绘制出垫圈轴测图
- ☑ 使用矩形命令、直线命令、圆命令和正多边形命令绘制门图形
- ☑ 使用矩形命令和圆命令绘制垫片
- ☑ 综合利用绘制平面图形的方法绘制螺母俯视图

目标任务&项目案例

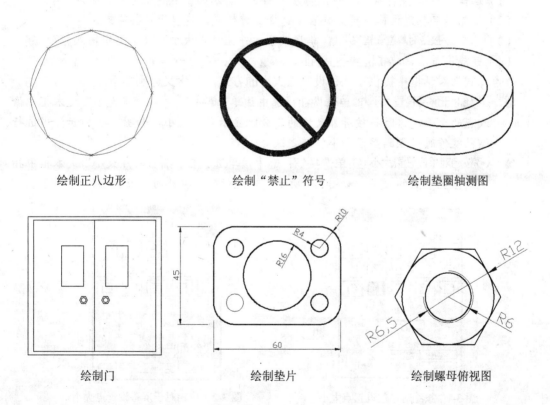

绘制正八边形　　　　绘制"禁止"符号　　　　绘制垫圈轴测图

绘制门　　　　绘制垫片　　　　绘制螺母俯视图

通过上述实例效果的展示可以发现：在 AutoCAD 中绘制图形主要用到了点类命令、直线类命令、曲线类命令以及多边形命令等。本章将具体讲解在 AutoCAD 中绘制点、直线、构造线、多线、多段线、曲线、矩形、多边形、圆和圆环等对象的方法。

3.1 绘 制 点

在利用 AutoCAD 绘制图形的过程中,点最大的作用就是作为捕捉操作和偏移操作的节点和参考点。可以绘制的点主要有单点、多点和等分点等 3 种类型。不同的点有不同的功能,下面分别进行讲解。

3.1.1 设置点样式

在绘制点之前需对点的样式进行设置,这样才能将绘制的点在绘图区显示出来。否则当点与其他图形对象重合时,将无法看到该点。设置点样式主要是在"点样式"对话框中进行,打开该对话框主要有如下几种方法:

▶ 选择"格式/点样式"命令。

▶ 在命令行中执行 DDPTYPE 命令。

【例 3-1】 在"点样式"对话框中设置点样式为⊠,点大小为 7。

（1）选择"格式/点样式"命令,打开如图 3-1 所示的"点样式"对话框。

（2）根据需要在对话框点样式列表中选择一种样式,这里选择⊠样式。

（3）选中⊙按绝对单位设置大小(A)单选按钮,并在"点大小"文本框中输入"7"。

（4）完成设置后,单击[确定]按钮。

"点样式"对话框中提供了几种设置点大小的方式,其含义分别如下。

▶ ⊙相对于屏幕设置大小(R)单选按钮：选中该单选按钮,并在"点大小"文本框中输入点的大小,这时将按屏幕尺寸的百分比显示点的大小,如图 3-2 所示。当进行缩放操作时,点的显示大小将随之改变。

▶ ⊙按绝对单位设置大小(A)单选按钮：选中该单选按钮,将按"点大小"文本框中指定的值显示点的大小,如图 3-1 所示。当进行缩放操作时,点大小固定不变。

图 3-1 按绝对单位设置点大小

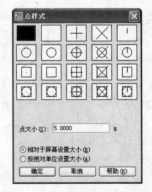

图 3-2 按相对于屏幕设置点大小

3.1.2 绘制单点

绘制单点时,每执行一次绘制单点命令只能绘制一个点。绘制单点的方法主要有如下几种：

- 选择"绘图/点/单点"命令。
- 在命令行中执行 POINT（PO）命令。

当执行该命令后，直接在绘图区中需要绘制单点的位置处单击鼠标即可。

📢提示：

> 执行命令的过程中显示了 PDMODE 和 PDSIZE 两个系统变量，其中 PDMODE 用于控制点的样式，PDSIZE 用于控制点的大小。如重新指定变量的值，下次重生成图形时将按设置的变量进行改变。

3.1.3　绘制多点

如果要绘制多个点，可以使用多点命令，只需执行一次命令便可绘制任意多个点。其方法与绘制单点类似，执行命令后连续在绘图区中所需位置处单击即可绘制任意多个点。绘制多点的方法主要有如下几种：

- 选择"绘图/点/多点"命令。
- 单击"绘图"工具栏中的 · 按钮。

【例 3-2】　绘制点样式 PDMODE 为 35，点大小 PDSIZE 为 10%的 6 个点，使绘制的 6 个点成正六边形排列。

（1）选择"格式/点样式"命令，打开"点样式"对话框。

（2）选择点样式为⊗。选中◉相对于屏幕设置大小（R）单选按钮，在"点大小"文本框中输入"10"，单击 确定 按钮，如图 3-3 所示。

（3）选择"绘图/点/多点"命令或在命令行中执行 POINT（PO）命令。命令行操作如下：

命令: POINT　　　　　　　　　　　　　　//执行 POINT 命令
当前点模式: PDMODE=35 PDSIZE=-10.0000　//系统提示当前的点模式
指定点:　　　　　　　　　　　　　　　　//在绘图区单击 6 次鼠标，使其成正六边形排列，如
　　　　　　　　　　　　　　　　　　　　图 3-4 所示（立体化教学: \源文件\第 3 章\6 点.dwg）

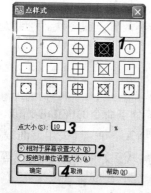

图 3-3　"点样式"对话框

图 3-4　绘制多点

📢提示：

> 当无须绘制点时，按 Esc 键即可退出命令。

3.1.4 绘制等分点

绘制等分点是指在选定的对象上以等分长度放置点或图块。绘制等分点一般又分为定数等分和定距等分方式。

1. 绘制定数等分点

绘制定数等分点可以在选定的对象上以所需的等分数量放置点或图块，一般用于辅助绘制其他图形。绘制定数等分点的方法主要有如下几种：

- ❧ 选择"绘图/点/定数等分"命令。
- ❧ 在命令行中执行 DIVIDE（DIV）命令。

【例 3-3】 以前面设置的点样式为例，在一条线段上绘制 4 个等分点，效果如图 3-5 所示（立体化教学：\源文件\第 3 章\定数等分点.dwg）。

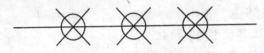

图 3-5 等分后的线段

命令行操作如下：

命令: DIVIDE   //执行 DIVIDE 命令
选择要定数等分的对象: //选择要等分的线段
输入线段数目或 [块(B)]: 4   //输入要等分的数量并确认

🔔 **注意：**

在执行 DIVIDE 命令的过程中可选择"块"选项，则可用指定的图块代替点，以在线段上等分插入所选的图块，有关图块的知识将在第 7 章中详细讲解。在使用定数等分点时，每次只能对一个对象进行操作；输入的值为等分数，如需要将对象分成 N 份，实际上只生成 N-1 个等分点。

2. 绘制定距等分点

绘制定距等分点可以在选定的对象上以指定的距离放置点或图块。绘制定距等分点的方法主要有如下几种：

- ❧ 选择"绘图/点/定距等分"命令。
- ❧ 在命令行中执行 MEASURE（ME）命令。

定距等分点命令 MEASURE 的使用方法与定数等分点命令 DIVIDE 相似。

【例 3-4】 用 MEASURE 命令以每隔 5 个单位插入一个点（采用前面设置的点样式）的方法定距等分线段，效果如图 3-6 所示（立体化教学：\源文件\第 3 章\定距等分点.dwg）。

图 3-6 定距等分线段

命令行操作如下：

命令: MEASURE	//执行 MEASURE 命令
选择要定数等分的对象:	//拾取要等分的线段
输入线段长度或 [块(B)]: 5	//输入各点间的距离并确认

✍技巧：

> 使用 DIVIDE 命令和 MEASURE 命令并不是将对象断开，而是在某一对象上放置辅助点。与定数等分不同的是，定距等分时给定的距离参数通常都不能将某条线段完全等分，因此使用 MEASURE 命令插入点时，系统会以离拾取对象点最近的端点处开始，以相等的距离计算度量点，直到余下部分不足一个给定的距离参数为止。

3.1.5　应用举例——利用定数等分点绘制正八边形

设置好点样式后，使用定数等分点命令将如图 3-7 所示的图形（立体化教学：\实例素材\第 3 章\圆.dwg）等分为 8 份，然后使用 LINE 命令绘制正八边形图形，效果如图 3-8 所示（立体化教学：\源文件\第 3 章\正八边形.dwg）。

图 3-7　素材文件

图 3-8　最终效果

操作步骤如下：

（1）选择"格式/点样式"命令，打开"点样式"对话框。

（2）选择点样式为×，选中 ⊙相对于屏幕设置大小(R) 单选按钮，在"点大小"文本框中输入"2"，单击 确定 按钮。

（3）选择"绘图/点/定数等分"命令，命令行操作如下：

命令: DIVIDE	//执行 DIVIDE 命令
选择要定数等分的对象:	//选择要等分的圆图形
输入线段数目或 [块(B)]:8	//输入要等分的数量并确认

（4）在命令行中输入 LINE 命令，并按 Enter 键执行。

（5）按 F3 键，开启并添加"节点"对象捕捉模式。

（6）按照命令行提示，使用鼠标左键依次单击定数等分的点。

📢提示：

> 本实例中讲解的绘制正八边形的方法，在日常绘图过程中并不常用，这里只是为了练习定数等分点命令的使用。通常情况下，绘制任意一个正多边形都可以使用正多边形命令，该命令的具体使用方法将会在后面的章节中详细讲解。

3.2 绘制直线型对象

直线是所有图形的基础，在 AutoCAD 中可以绘制的直线类型主要包括直线、射线、构造线、多段线和多线等。下面分别讲解直线型对象的绘制方法。

3.2.1 绘制直线

绘制直线的方法主要有如下几种：

- ⮩ 选择"绘图/直线"命令。
- ⮩ 单击"绘图"工具栏中的 ╱ 按钮。
- ⮩ 在命令行中执行 LINE（L）命令。

LINE 命令是最常用的绘图命令，表示绘制两点之间的线段，通过鼠标指定或键盘输入值来决定线段的起点和终点。当绘制一条线段后，可以继续以该线段的终点作为起点，然后指定另一终点，如此反复操作，可绘制首尾相连的图形。按 Enter 键或 Esc 键退出直线命令。

【例 3-5】 应用直接输入单位参数与在正交模式和极轴模式下使用鼠标确定方向这几种方式绘制如图 3-9 所示的图形（立体化教学：\源文件\第 3 章\楼梯.dwg）。

命令行操作如下：

命令: <正交 开>	//按 F8 键开启正交功能
命令: <极轴 开>	//按 F10 键开启极轴追踪功能
命令: LINE	//执行 LINE 命令
指定第一点:	//在绘图区适当位置拾取一点
指定下一点或 [放弃(U)]: 300	//将十字光标移至第一点的右侧，当有极轴追踪显示时，如图 3-10 所示，输入第二点距第一点的距离值，按 Enter 键确定
指定下一点或[放弃(U)]: 150	//将十字光标移至第二点的上侧，当有极轴跟踪显示时，输入第三点距第二点的距离值，按 Enter 键确定
指定下一点或[闭合(C)/放弃(U)]:300	//同上，输入第四点距第三点的距离值，按 Enter 键确定
……	
指定下一点或 [闭合(C)/放弃(U)]: *	//按 Esc 键结束命令
取消*	

图 3-9　最终效果　　　　　　　　图 3-10　极轴追踪模式

在执行 LINE 命令的过程中，命令行有"闭合"和"放弃"两个选项，其含义分别如下。

➲ **闭合**：如果绘制了多条相连接的线段，在命令行中输入"C"，可将最后确定的端点与第一条线段的起点相重合，从而形成一个封闭的图形。

➲ **放弃**：在命令行中输入"U"，则撤销刚才绘制的线段而不退出 LINE 命令。

3.2.2　绘制射线

射线是只有起点和方向没有终点的直线，绘制射线的方法主要有如下几种：

➲ 选择"绘图/射线"命令。

➲ 在命令行中执行 RAY 命令。

RAY 命令表示绘制从一个方向无限延伸的射线。

【**例 3-6**】　使用 RAY 命令绘制 4 条射线，每条射线之间的夹角为 30°，效果如图 3-11 所示。

命令行操作如下：

命令: RAY	//执行 RAY 命令
指定起点:	//在绘图区中任意拾取一点
指定通过点: @50<0	//指定第一条射线的位置，用相对极坐标来确定射线位置
指定通过点: @50<30	//指定第二条射线的位置
指定通过点: @50<60	//指定第三条射线的位置
指定通过点: @50<90	//指定第四条射线的位置
指定通过点:	//按 Enter 键结束 RAY 命令

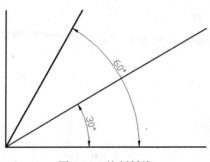

图 3-11　绘制射线

➤**提示**：

> 输入的极坐标长度 50 是任意选择的，对射线没有任何影响，关键是输入的角度。因为射线为无限长，只需要明确射线经过的某个点即可。

使用 RAY 命令绘制的辅助线一般可用 TRIM 和 ROTATE 等编辑命令进行编辑。

➤**技巧**：

> 用 TRIM 命令修剪射线时，修剪掉没有射点的那一段，剩下的才是直线，如果修剪的是有射点的一端，则剩下的仍然是射线。射线仅用作绘图辅助线，最好集中绘制在某一图层上，在输出图形时，可以将该图层关闭，这样射线就不会被打印出来。

3.2.3 绘制构造线

构造线是没有起点和终点的直线，在绘制机械图形时常用于绘制轴线，在绘制建筑图形时常用于绘制辅助线。绘制构造线的方法主要有如下几种。

- 选择"绘图/构造线"命令。
- 单击"绘图"工具栏中的 ╱ 按钮。
- 在命令行中执行 XLINE（XL）命令。

【例 3-7】 在直角三角形（立体化教学：\实例素材\第 3 章\直角三角形.dwg）的直角处使用构造线将其等分，效果如图 3-12 所示（立体化教学：\源文件\第 3 章\直角三角形.dwg）。

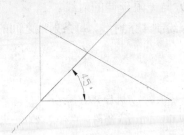

图 3-12　绘制三角形直角等分构造线

命令行操作如下：

命令: XLINE   //执行 XLINE 命令
指定点或 [水平(H)/垂直(V)/角度(A)/二等分(B)/偏移(O)]:
B   //选择"二等分"选项，绘制等分线
指定角的顶点: //捕捉直角顶点
指定角的起点: //在三角形的水平边上任意拾取一点
指定角的端点: //在三角形的垂直边上任意拾取一点
指定角的端点: //按 Enter 键结束 XLINE 命令

在执行 XLINE 命令的过程中，命令行中各选项的含义分别如下。

- **水平**：选择该选项可绘制水平构造线。
- **垂直**：选择该选项可绘制垂直构造线。
- **角度**：选择该选项可按指定的角度创建一条构造线，如图 3-13 所示。
- **二等分**：选择该选项可绘制指定的两条线之间夹角的角平分线。在绘制角平分线时，需要依次指定已知角的顶点、起点及终点。
- **偏移**：选择该选项可绘制一条平行于选择对象的平行线，且该平行线可以偏移一段距离与对象平行，也可以通过指定的点与对象平行，如图 3-14 所示。

🔔注意：

在指定构造线角度时，应注意该角度是构造线与坐标系水平方向上的夹角。

图 3-13 以指定角度方式绘制构造线

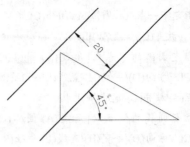

图 3-14 根据已有对象绘制构造线

3.2.4 绘制多段线

多线是由等宽或不等宽的直线或圆弧等多条线段构成的特殊线段，且这些线段为一个整体。绘制多段线的方法主要有如下几种：

- ❥ 选择"绘图/多段线"命令。
- ❥ 单击"绘图"工具栏中的 ┙ 按钮。
- ❥ 在命令行中执行 PLINE（PL）命令。

【例 3-8】 使用 PLINE 命令，结合正交模式绘制掉头标志，最终效果如图 3-15 所示（立体化教学：\源文件\第 3 章\掉头.dwg）。

图 3-15 最终效果

命令行操作如下：

命令： <正交 开>	//按 F8 键，开启正交功能
命令：PLINE	//执行 PLINE 命令
指定起点：	//在绘图区的任意位置拾取一点作为多段线起点
当前线宽为 0.0000	//系统显示当前多段线的宽度
指定下一个点或 [圆弧(A)/半宽(H)/长度(L)/放弃(U)/宽度(W)]: W	//选择"宽度"选项设置多段线宽度
指定起点宽度 <0.0000>: 160	//指定多段线的起点宽度，如为 160
指定端点宽度 <160.0000>: 160	//指定多段线的端点宽度，如为 160
指定下一个点或 [圆弧(A)/半宽(H)/长度(L)/放弃(U)/宽度(W)]:800	//指定多段线的下一点位置。若只需设置多段线的宽度，可按 Enter 键结束命令

指定下一点或 [圆弧(A)/闭合(C)/半宽(H)/长度 (L)/放弃(U)/宽度(W)]:A	//选择"圆弧"选项，准备开始绘制圆弧
指定圆弧的端点或[角度(A)/圆心(CE)/闭合 (CL)/方向(D)/半宽(H)/直线(L)/半径(R)/第二个 点(S)/放弃(U)/宽度(W)]: 400	//鼠标向左移动，并输入向左绘制圆弧的半 径值
指定圆弧的端点或[角度(A)/圆心(CE)/闭合 (CL)/方向(D)/半宽(H)/直线(L)/半径(R)/第二个 点(S)/放弃(U)/宽度(W)]: L	//选择"直线"选项，准备开始绘制图形的 直线部分
指定下一点或 [圆弧(A)/闭合(C)/半宽(H)/长度 (L)/放弃(U)/宽度(W)]: 400	//鼠标向下移动，并输入向下绘制的直线长 度值
指定下一点或 [圆弧(A)/闭合(C)/半宽(H)/长度 (L)/放弃(U)/宽度(W)]: W	//选择"宽度"选项，设置多段线宽度
指定起点宽度 <160.0000>: 400	//指定多段线的起点宽度为 400
指定端点宽度 <400.0000>: 0	//指定多段线的端点宽度为 0
指定下一点或 [圆弧(A)/闭合(C)/半宽(H)/长度 (L)/放弃(U)/宽度(W)]: 400	//鼠标向下移动，并输入绘制的长度值
指定下一点或 [圆弧(A)/闭合(C)/半宽(H)/长度 (L)/放弃(U)/宽度(W)]: *取消*	//按 Esc 键退出命令，完成绘制

在执行 PLINE 命令的过程中，命令行中主要选项的含义分别如下。

- 圆弧：选择该选项，将以绘制圆弧的方式进行绘制，其下的"半宽"、"长度"、"放弃"与"宽度"选项与命令行中的主提示各选项含义相同。
- 半宽：选择该选项，将指定多段线的半宽值，用户将通过输入多段线的起点半宽值与终点半宽值来进行设置。
- 长度：选择该选项，将按照上一条线段的方向定义下一条多段线，若上一段是圆弧，将绘制与此圆弧相切的线段。
- 放弃：选择该选项，将取消上一次绘制的一段多段线。
- 宽度：选择该选项，可以设置多段线宽度值，设置方法与设置半宽相似。

技巧：

> 若用户不选择"闭合"选项来闭合多段线，而是直接捕捉多段线的起点来闭合多段线，则多段线的端点与起点处不会完成闭合，会出现锯齿现象。在绘制多段线的过程中，可随时选择"放弃"选项取消前一次绘制的多段线。

3.2.5 绘制多线

多线常用于绘制建筑图形中的墙体，它是由多条平行线组成的组合图形对象。绘制多线图形相对于绘制其他直线类图形较为复杂，在绘制多线前还需要进行一系列的设置，下面将分别对其进行讲解。

1. 设置多线样式

在使用多线命令之前需要对多线进行多线数量和每条单线的偏移距离、颜色、线型及背景填充等特性设置。设置多线样式的方法主要有如下几种：

➥ 选择"格式/多线样式"命令。

➥ 在命令行中执行 MLSTYLE 命令。

多线在机械制图中使用不多，在建筑设计中使用广泛，主要用于绘制建筑平面图中的墙线。

【例 3-9】 新建名为"外墙"的多线样式，并设置"封口"和"图元"等参数。

（1）选择"格式/多线样式"命令，打开如图 3-16 所示的"多线样式"对话框，并单击 新建(N)... 按钮。

（2）在打开的"创建新的多线样式"对话框的"新样式名"文本框中输入要定义的多线名称"外墙"，单击 继续 按钮，即可添加名为"外墙"的多线样式，如图 3-17 所示。

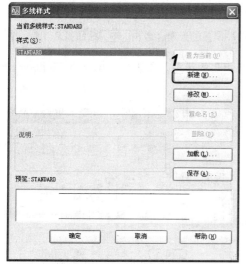

图 3-16 "多线样式"对话框

图 3-17 设置新样式名

（3）打开"新建多线样式：外墙"对话框，如图 3-18 所示。在"说明"文本框中输入说明文字，这里输入"绘制外墙体"。

（4）在"封口"栏中选中"直线"对应的"起点"和"端点"复选框。

（5）在"图元"栏中，分别选中系统默认偏移距离分别为 0.5 和-0.5 的两条多线元素，并在该栏中的"偏移"列文本框中分别将其设置为 12 和-12。

（6）单击 添加(A) 按钮添加一个新的多线元素。新添加的多线元素默认偏移距离为 0，这里保持默认值。

（7）选择新添加的默认偏移距离为 0 的多线元素，在"颜色"下拉列表框中选择"红"选项。

（8）单击 线型(Y)... 按钮，在打开的"选择线型"对话框中单击 加载(L)... 按钮，如图 3-19 所示。

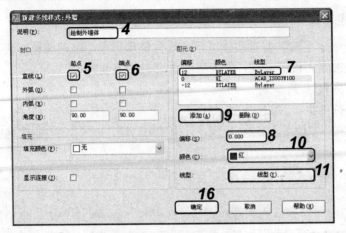

图 3-18　设置多线样式参数

📢 **提示：**

在添加多个元素时，如果不满意其添加效果，可选中不需要的元素，单击 删除 按钮将其删除。

（9）在打开的"加载或重载线型"对话框中选择需要的线型，这里选择 ACAD_ISO03W100 线型，如图 3-20 所示。

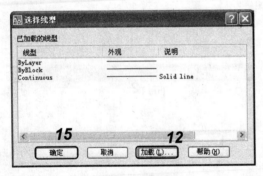

图 3-19　选择线型

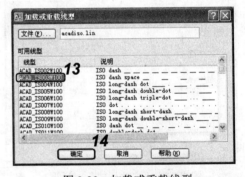

图 3-20　加载或重载线型

（10）单击 确定 按钮返回到"选择线型"对话框，选择加载成功的线型，并依次单击 确定 按钮，完成设置。

📢 **提示：**

设置直线型的方法有很多种，其具体的设置方法将会在后面的章节进行详细讲解。

在"新建多线样式：外墙"对话框中可对新建的多线样式进行一系列的设置，其中各选项的含义分别如下。

- ➥ **"封口"栏**：控制多线起点和端点的封口样式，可以同时使用多种样式或为端点与起点设置不同的封口样式。可设置的封口样式有直线、外弧或内弧等。设置任意封口样式后，还可在"角度"文本框中指定多线起点和端点位置处的封口角度。

- ➥ **"填充"栏**：控制多线的背景填充，在其对应的下拉列表框中即可选择相应的填充颜色，其中选择"无"选项表示使用透明颜色填充。

➥ ☑显示连接 复选框：显示或隐藏每条多线线段顶点处的连接。

➥ "图元"栏：在该栏中包含了构成多线的每一条直线，也可对其进行删除和添加。

2. 绘制多线

绘制多线的方法主要有如下几种：

➥ 选择"绘图/多线"命令。

➥ 在命令行中执行 MLINE（ML）命令。

默认情况下，执行 MLINE 命令后绘制的多线由两条线型相同的平行线组成，其绘制方法与直线的绘制方法相似。

【例 3-10】 在正交模式下，以例 3-9 设置的名称为"外墙"的多线绘制如图 3-21 所示的图形（立体化教学：\源文件\第 3 章\墙体.dwg）。

命令行操作如下：

命令: MLINE	//执行 MLINE 命令
当前设置:对正=上，比例=20.00，样式=外墙	//系统提示当前的多线样式、对正方法与比例
指定起点或 [对正(J)/比例(S)/样式(ST)]: S	//选择"比例"选项
输入多线比例 <20.00>: 3	//设置多线比例值
当前设置:对正=上，比例=3.00，样式=外墙	//系统提示当前的多线样式、对正方法与比例
指定起点或 [对正(J)/比例(S)/样式(ST)]:	//在绘图区适当位置拾取一点作为多线的起点
指定下一点: 1500	//将十字光标移至起点右侧，输入数值并确认
指定下一点或 [放弃(U)]: 1000	//将十字光标移至上一点的下方，输入数值并确认
指定下一点或 [闭合(C)/放弃(U)]: 1500	//将十字光标移至上一点的左侧，输入数值并确认

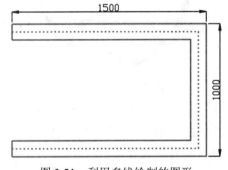

图 3-21 利用多线绘制的图形

📢提示：

在例 3-10 中，在绘制多线时需要使用新建的多线样式，可以在"多线样式"对话框中选中需要的选项，然后单击 置为当前(U) 按钮。绘制完成后，若中间的点划线间距过大或几乎没有显示出间距，可通过 LTSCALE 命令来改变其线型比例。

执行 MLINE 命令的过程中各选项的含义如下。

➥ 对正：设置绘制多线时相对于输入点的偏移位置。该选项有上、无和下 3 个选项。其中"上"表示多线顶端的线将随着光标移动；"无"表示多线的中心线将随着光标移动；"下"表示多线底端的线将随着光标移动。

📢提示：

> 如果要将绘制的多线与某条已有线段相互衔接，则需确定用多线的哪一条线与已有的线段相接。

- ➤ **比例**：设置多线样式中平行多线的宽度比例。如一个比例为 2 的比例因子产生的宽度是定义样式中"偏移"值的两倍，而负的比例因子则会将偏移方向反向。
- ➤ **样式**：设置绘制多线时使用的样式，默认的多线样式为 STANDARD。选择该选项后，可以在提示信息"输入多线样式名或［？］"后面输入已定义的样式名，输入"？"则会列出当前图形中所有的多线样式。

🔔注意：

> 利用多线命令可以一次绘制多条平行线，但绘制的每一条多线都是一个完整的整体，不能对其进行偏移、倒角、延伸和剪切等编辑操作，具体的编辑操作将在后面章节中进行讲解。

3.2.6　应用举例——绘制禁止符号

使用射线命令、构造线命令和多段线命令，结合对象捕捉和极轴追踪功能，绘制如图 3-22 所示的禁止符号图形（立体化教学：\源文件\第 3 章\禁止符号.dwg）。

图 3-22　最终效果

操作步骤如下：

（1）按 F8 和 F3 键，开启正交功能和对象捕捉功能，并在命令行中执行 RAY 命令，绘制一条水平射线和垂直射线。命令行操作如下：

命令：〈正交 开〉	//按 F8 键，开启正交功能
命令：〈对象捕捉 开〉	//按 F3 键，开启对象捕捉功能
命令：RAY	//执行 RAY 命令
指定起点：	//在绘图区任意位置指定射线起点
指定通过点：	//在水平方向单击鼠标绘制出水平射线
指定通过点：	//在垂直方向单击鼠标绘制出垂直射线
指定通过点：*取消*	//按 Esc 键退出命令

（2）在命令行中执行 XLINE 命令，绘制出两条射线的角平分线。命令行操作如下：

命令: XLINE   //执行 XLINE 命令
指定点或 [水平(H)/垂直(V)/角度(A)/二等分(B)/
偏移(O)]: B   //选择"二等分"选项
指定角的顶点   //指定两条射线的交点为顶点
指定角的起点: //指定水平射线上的任意一点为起点
指定角的端点: //指定垂直射线上的任意一点为端点
指定角的端点: *取消*   //按 Esc 键退出命令

（3）在命令行中执行 PLINE 命令，绘制出禁止符号图形。命令行操作如下：

命令: PLINE   //执行 PLINE 命令
指定起点:
当前线宽为 0.0000   //指定两条射线的交点为起点
指定下一个点或 [圆弧(A)/半宽(H)/长度(L)/放弃   //选择"宽度"选项，准备开始设置多段
(U)/宽度(W)]: W   　线宽度
指定起点宽度 <0.0000>: 40   //设置起点宽度
指定端点宽度 <40.0000>: 40   //设置端点宽度
指定下一个点或 [圆弧(A)/半宽(H)/长度(L)/放弃   //通过输入相对极坐标的方式，指定下一
(U)/宽度(W)]: @800<-45   　个点
指定下一点或 [圆弧(A)/闭合(C)/半宽(H)/长度
(L)/放弃(U)/宽度(W)]: A   //选择"圆弧"选项
指定圆弧的端点或[角度(A)/圆心(CE)/闭合(CL)/
方向(D)/半宽(H)/直线(L)/半径(R)/第二个点(S)/放
弃(U)/宽度(W)]: CE   //选择"圆心"选项
指定圆弧的圆心: //指定绘制的直线段多段线的中点为圆
　　　　　　　　　　　　　　　　　　　　心，如图 3-23 所示
指定圆弧的端点或 [角度(A)/长度(L)]:   //指定直线段多段线的上端点为端点，如
　　　　　　　　　　　　　　　　　　　　图 3-24 所示
指定圆弧的端点或[角度(A)/圆心(CE)/闭合(CL)/
方向(D)/半宽(H)/直线(L)/半径(R)/第二个点(S)/放
弃(U)/宽度(W)]:   //指定直线段多段线的下端点为端点，如
　　　　　　　　　　　　　　　　　　　　图 3-25 所示
指定圆弧的端点或[角度(A)/圆心(CE)/闭合(CL)/
方向(D)/半宽(H)/直线(L)/半径(R)/第二个点(S)/放
弃(U)/宽度(W)]: *取消*   //按 Esc 键退出命令

提示:

在水平和垂直射线上捕捉点时，建议添加"最近点"对象捕捉模式。

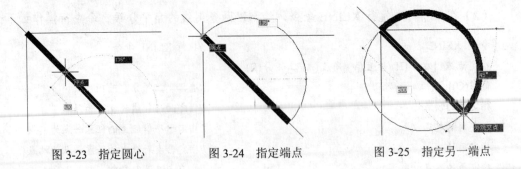

| 图 3-23 指定圆心 | 图 3-24 指定端点 | 图 3-25 指定另一端点 |

📢 **提示:**

绘制本实例中的禁止符号的方法有很多种，本例是为了练习多段线的用法才使用该种方法，一般情况下，使用圆和直线命令绘制轮廓线，然后通过设置线宽也可以达到相同的效果。

3.3 绘制曲线型对象

曲线型对象的绘制主要包括圆、圆弧、椭圆与椭圆弧的绘制。其绘制方法比绘制直线型对象稍复杂，下面将分别进行讲解。

3.3.1 绘制圆

绘制圆的方法主要有如下几种：

➥ 选择"绘图/圆"命令下的子命令。

➥ 单击"绘图"工具栏中的⊙按钮。

➥ 在命令行中执行 CIRCLE（C）命令。

执行 CIRCLE 命令后，可以使用多种方式来绘制圆。系统默认的绘制方法是通过指定圆心和半径。

【例 3-11】 绘制直径为 60 的圆，如图 3-26 所示（立体化教学:\源文件\第 3 章\圆.dwg）。

命令行操作如下：

命令:CIRCLE //执行 CIRCLE 命令

指定圆的圆心或[三点(3P)/两点(2P)/

相切、相切、半径(T)]: //在绘图区拾取一点作为圆心

指定圆的半径或 [直径(D)]: 30 //输入半径值并按 Enter 键确认。如要输入直径，选择"直径"选项后再在提示信息下输入直径值 60

执行 CIRCLE 命令过程中，命令行中各选项的含义分别如下。

➥ **三点:** 通过 3 点绘制圆，系统会提示指定第一点、第二点和第三点。

➥ **两点:** 通过两个点绘制圆，系统会提示指定圆直径的第一端点和第二端点。

➥ **相切、相切、半径:** 通过两个其他对象的切点和输入半径值来绘制圆，系统会提示指定圆的第一切线和第二切线上的点以及圆的半径。

选择"绘图/圆"命令下的子命令也可绘制圆，子命令如图 3-27 所示。各命令的含义分别如下。

- **圆心、半径**：用圆心和半径方式绘制圆。
- **圆心、直径**：用圆心和直径方式绘制圆。
- **相切、相切、相切**：通过 3 条切线绘制圆。

图 3-26 绘制圆

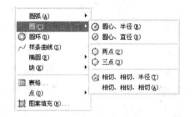

图 3-27 子命令

【例 3-12】 用相切、相切、相切命令在三角形（立体化教学：\实例素材\第 3 章\三角形.dwg）中绘制一个内切圆，如图 3-28 所示（立体化教学：\源文件\第 3 章\内切圆.dwg）。

（1）选择"绘图/圆/相切、相切、相切"命令。

（2）根据命令行提示分别单击三角形的 3 条边。

命令行操作如下：

命令: CIRCLE   //执行 CIRCLE 命令

指定圆的圆心或[三点(3P)/两点(2P)/相切、相切、半径(T)]:3P   //选择"三点"选项

指定圆上的第一个点: _tan 到   //单击三角形一边

指定圆上的第二个点: _tan 到   //单击三角形另一边

指定圆上的第三个点: _tan 到   //单击三角形最后一边

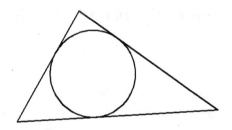

图 3-28 用"相切、相切、相切"命令绘制三角形内切圆

3.3.2 绘制圆弧

圆弧是圆上的一部分曲线，通常用于连接其余的图形对象。绘制圆弧的方法主要有如下几种：

- 选择"绘图/圆弧"命令下的子命令。
- 单击"绘图"工具栏中的 按钮。
- 在命令行中执行 ARC（A）命令。

在命令行执行 ARC 命令的过程中，如果选择的选项不同，圆弧的绘制方法也不同。虽然

绘制圆弧的方法有多种，但这些方法中除指定 3 点的方式之外，其他方式都是通过圆弧的起点、起点方向、包含的圆心角、圆弧的终点和圆弧的弦长等参数来确定的。在 AutoCAD 2008 中提供的绘制圆弧命令如图 3-29 所示。各命令的含义分别如下。

➥ **三点**：以指定 3 点的方式绘制圆弧。

➥ **起点、圆心、端点**：以圆弧的起点、圆心、端点方式绘制圆弧。

➥ **起点、圆心、角度**：以圆弧的起点、圆心、圆心角方式绘制圆弧。

➥ **起点、圆心、长度**：以圆弧的起点、圆心、弦长方式绘制圆弧。

➥ **起点、端点、角度**：以圆弧的起点、终点、圆心角方式绘制圆弧。

➥ **起点、端点、方向**：以圆弧的起点、终点、起点的切线方向方式绘制圆弧。

➥ **起点、端点、半径**：以圆弧的起点、终点、半径方式绘制圆弧。

➥ **圆心、起点、端点**：以圆弧的圆心、起点、终点方式绘制圆弧。

➥ **圆心、起点、角度**：以圆弧的圆心、起点、圆心角方式绘制圆弧。

➥ **圆心、起点、长度**：以圆弧的圆心、起点、弦长方式绘制圆弧。

➥ **继续**：绘制其他直线或非封闭曲线后选择"绘图/圆弧/继续"命令，系统将自动以刚才绘制的对象的终点作为即将绘制的圆弧起点。

使用不同方式绘制的圆弧的示意图如图 3-30 所示。

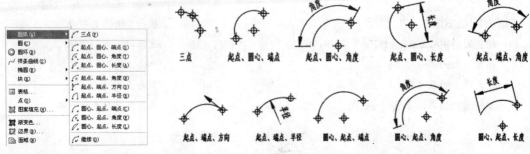

图 3-29 圆弧选项　　　　　　图 3-30 绘制圆弧的示意图

🔔注意：

默认情况下，设置的圆弧半径值为正值时，将沿逆时针方向绘制弧；当半径为负值时，将沿顺时针方向绘制弧。因此应特别注意指定圆弧起点与终点的顺序。

【**例 3-13**】　使用 LINE 命令和 ARC 命令，绘制一个单开门平面图形，如图 3-31 所示（立体化教学：\源文件\第 3 章\单开门.dwg）。

图 3-31 单开门

（1）在命令行中执行 LINE 命令，绘制长度为 1000mm 的垂直直线。命令行操作如下：

命令:LINE   //执行 LINE 命令

指定第一点: //在绘图区指定直线的第一点

指定下一点或 [放弃(U)]: @0,1000   //输入相对直角坐标

指定下一点或 [放弃(U)]: *取消*   //按 Enter 键结束 LINE 命令

（2）在命令行中执行 ARC 命令，绘制门的弧线。命令行操作如下：

命令:ARC   //执行 ARC 命令

指定圆弧的起点或 [圆心(C)]:   //拾取直线的一个端点

指定圆弧的第二个点或 [圆心(C)/端点(E)]: C   //选择"圆心"选项

指定圆弧的圆心: //拾取直线的另一端点

指定圆弧的端点或 [角度(A)/弦长(L)]: A   //选择"角度"选项

指定包含角: 90   //输入包含角 90，完成门的绘制

3.3.3 绘制圆环

圆环是由两个同心圆组成的组合图形。绘制圆环的方法主要有如下几种：

➲ 选择"绘图/圆环"命令。

➲ 在命令行中执行 DONUT（DO）命令。

绘制圆环时需要指定圆环的内径、外径及中心点位置。

【例 3-14】 绘制内径为 8、外径为 16 的圆环，如图 3-32 所示（立体化教学：\源文件\第 3 章\圆环.dwg）。

图 3-32 绘制圆环

命令行操作如下：

命令:DONUT   //执行 DONUT 命令

指定圆环的内径 <0.5000>:8   //输入圆环的内径值

指定圆环的外径 <1.0000>:16   //输入圆环的外径值

指定圆环的中心点或 <退出>:   //此时出现一个与设置大小相同的圆环跟随十字
                                   光标移动，在绘图区中拾取一点即可将该点作为
                                   圆环的中心点

指定圆环的中心点或 <退出>:   //再次拾取一点可绘制相同的圆环，此处结束绘制

✍技巧：

绘制圆环时如果将内径值设置为 0，将外径值设置为大于 0 的任意数值，则可以绘制实心圆。在绘制圆环之前，可以通过系统变量 FILL 设置是否对圆环进行填充。

3.3.4 绘制样条曲线

SPLINE 命令可生成拟合光滑曲线，该命令可通过起点、控制点、终点和偏差变量来控制曲线走向。在设计领域中，常使用 SPLINE 命令设计某些工艺品的轮廓线。绘制样条曲线的方法主要有如下几种：

➥ 选择"绘图/样条曲线"命令。

➥ 单击"绘图"工具栏中的 ~ 按钮。

➥ 在命令行中执行 SPLINE 命令。

【例 3-15】 使用 SPLINE 命令，在"轴"图形（立体化教学：\实例素材\第 3 章\轴.dwg）上绘制一条样条曲线，最终效果如图 3-33 所示（立体化教学：\源文件\第 3 章\轴.dwg）。

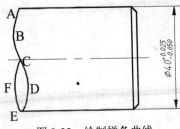

图 3-33　绘制样条曲线

命令行操作如下：

命令: SPLINE	//执行 SPLINE 命令
指定第一个点或 [对象(O)]:	//在绘图区中拾取 A 点作为样条曲线的起点
指定下一点:	//拾取下一点，如 B 点
指定下一点或 [闭合(C)/拟合公差(F)] <起点切向>:	//拾取下一点，如 C 点
指定下一点或 [闭合(C)/拟合公差(F)] <起点切向>:	//拾取下一点，如 D 点
指定下一点或 [闭合(C)/拟合公差(F)] <起点切向>:	//拾取下一点，如 E 点
指定下一点或 [闭合(C)/拟合公差(F)] <起点切向>:	//拾取下一点，如 F 点
指定下一点或 [闭合(C)/拟合公差(F)] <起点切向>:	//按 Enter 键结束样条曲线的绘制
指定起点切向:	//按 Enter 键默认样条曲线的起点切线方向
指定端点切向:	//按 Enter 键默认样条曲线的终点切线方向， 　　并结束 SPLINE 命令

在绘制样条曲线的过程中，命令行中各选项的含义分别如下。

➥ **对象**：将样条曲线拟合多段线转换为等价的样条曲线。样条曲线拟合多段线是指使用 PEDIT 命令中的"样条曲线"选项，将普通多段线转换成样条曲线的对象。

➥ **闭合**：将样条曲线的端点与起点闭合。

➥ **拟合公差**：定义曲线偏差值。值越大，离控制点越远；值越小，离控制点越近。

➥ **起点切向**：定义样条曲线起点的切线方向。

➥ **端点切向**：定义样条曲线终点的切线方向。

3.3.5　绘制修订云线

绘制修订云线的方法主要有如下几种：

- 选择"绘图/修订云线"命令。
- 单击"绘图"工具栏中的 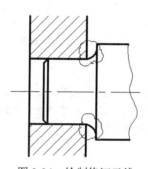 按钮。
- 在命令行中执行 REVCLOUD 命令。

使用修订云线命令 REVCLOUD 可以突出显示图纸中已修改的部分。该命令能够根据定义的弧长用相接的弧线构成云线，同时它可以将已绘制好的闭合对象转换成云线，还可以直接描绘出各种形状的浮云。但是在绘制修订云线之前，还需要设置修订云线的弧长。如果绘制的图形尺寸比例较大，却仍按系统默认的设置来绘制修订云线，则无法绘制出较美观的修订云线。

【例 3-16】　在命令行中执行 REVCLOUD 命令，先对弧长值进行设置，然后在轴与孔的装配结构示意图（立体化教学：\实例素材\第 3 章\轴孔装配示意图.dwg）中使用修订云线标注出安装不到的位置，效果如图 3-34 所示（立体化教学：\源文件\第 3 章\轴孔装配示意图.dwg）。

图 3-34　绘制修订云线

命令行操作如下：

命令: REVCLOUD	//执行 REVCLOUD 命令
最小弧长: 15　最大弧长: 15　样式: 普通	//系统显示当前云线的最小弧长及最大弧长
指定起点或 [弧长(A)/对象(O)/样式(S)] <对象>: A	//选择"弧长"选项，设置云线弧长
指定最小弧长 <15>: 50	//设置云线的最小弧长
指定最大弧长 <50>: 50	//设置云线的最大弧长
指定起点或 [弧长(A)/对象(O)/样式(S)] <对象>:	//在要绘制修订云线的起始位置单击鼠标
沿云线路径引导十字光标...	//移动十字光标，系统开始自动绘制修订云线
修订云线完成	//当修订云线的端点与起点位置靠近时，系统自动将其闭合，并显示绘制完成
……	//使用相同的方法绘制另一条修订云线

执行 REVCLOUD 命令的过程中，命令行中各选项的含义分别如下。

- **弧长**：指定修订云线的弧长值，其中包含了最大弧长值和最小弧长值。指定最大弧长值时，必须等于或大于最小弧长，但不能大于最小弧长的 3 倍。

- ➥ **对象**：指定要转换为修订云线的单个闭合对象。
- ➥ **样式**：选择修订云线的样式。选择该选项后，命令行中将会提示选择圆弧样式为"普通"还是"手绘"，默认情况下为"普通"选项。

📢**提示**：

> 修订云线属于非正式线型，应用得非常少，一般作为电子版图形的提示；在建筑绘图中一般也只当作建筑设施的装饰线条使用。在绘制修订云线时，系统会自动在最小弧长值与最大弧长值之间选择相应的弧长值来进行绘制。

在选择"对象"选项并选择对象后，命令行中将会提示选择"反转方向"，默认为"否"选项，即为外凸形的修订云线；如果选择"是"选项，则可反转圆弧的方向。如图 3-35 所示为将圆对象转换为修订云线时，选择"是"或"否"选项的最终效果。

图 3-35　反转对象结果

✍**技巧**：

> 使用 REVCLOUD 命令绘制的修订云线属于多段线类型，在绘制过程中将鼠标移动到合适的位置后，单击鼠标右键来结束修订云线的绘制。另外，在将闭合对象转换为修订云线时，如果 DELOBJ 变量设置为 1（默认值），原始对象将被删除。

3.3.6　绘制椭圆

椭圆也是一种特殊的圆，绘制椭圆的方法主要有如下几种：

- ➥ 选择"绘图/椭圆/中心点"或"绘图/椭圆/轴、端点"命令。
- ➥ 单击"绘图"工具栏中的 ⬭ 按钮。
- ➥ 在命令行中执行 ELLIPSE（EL）命令。

绘制椭圆时，系统默认需指定椭圆长轴与短轴的长度。

【例 3-17】　使用 ELLIPSE 命令，绘制一个长轴为 60、短轴为 30 的椭圆，如图 3-36 所示（立体化教学：\源文件\第 3 章\椭圆.dwg）。

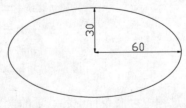

图 3-36　绘制的椭圆

命令行操作如下：

命令：ELLIPSE	//执行 ELLIPSE 命令
指定椭圆的轴端点或 [圆弧(A)/中心点(C)]:	//在绘图区任意位置拾取一点
指定轴的另一个端点：@120,0	//指定轴的另一端点，确定该轴的长度
指定另一条半轴长度或 [旋转(R)]：30	//指定椭圆弧另一条轴的半长

执行 ELLIPSE 命令过程中，命令行中各选项的含义分别如下。

➥ **圆弧**：只绘制椭圆上的一段弧线，即椭圆弧，同选择"绘图/椭圆/圆弧"命令的功能相同。

➥ **中心点**：以指定椭圆圆心和两轴半长的方式绘制椭圆或椭圆弧。

➥ **旋转**：通过绕第一条轴旋转圆的方式绘制椭圆或椭圆弧。输入的值越大，椭圆的离心率就越大，输入 0 时将绘制正圆。

3.3.7 绘制椭圆弧

椭圆弧是椭圆上的一段弧线，绘制椭圆弧的方法主要有如下几种：

➥ 选择"绘图/椭圆/圆弧"命令。

➥ 单击"绘图"工具栏中的 按钮。

➥ 在命令行中执行 ELLIPSE（EL）命令后选择"圆弧"选项。

椭圆弧和椭圆命令是一样的，绘制椭圆弧实际上是绘制椭圆命令 ELLIPSE 中的一个选项。如果选择"绘图/椭圆/圆弧"命令或单击"绘图"工具栏中的 按钮，系统将自动执行 ELLIPSE 命令并选择"圆弧"选项。

在绘制椭圆弧时，起始角度是以绘图过程中最后确定的轴（即第二个轴）的反方向逆时针旋转的角度，起始角度并不是起始点与 Y 轴正方向之间的夹角。因此，指定半轴的先后顺序将会影响最终绘制出来的椭圆弧，如图 3-37 所示即为两种情况下椭圆弧的起始角度的位置。

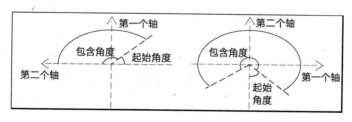

图 3-37　起始角与包含角的关系示意图

在执行 ELLIPSE 命令后选择"圆弧"选项绘制椭圆弧的过程中，命令行中各选项含义分别如下。

➥ **中心点**：以指定圆心的方式绘制椭圆弧。选择该选项后指定第一条轴的长度时也只需指定其半长即可。

➥ **旋转**：通过绕第一条轴旋转圆的方式绘制椭圆，再指定起始角度与终止角度绘制出椭圆弧。

➥ **参数**：选择"参数"选项后同样需要输入椭圆弧的起始角度，但系统将通过矢量参数方程式 p(u) = c+a* cos(u)+b*sin(u) 来绘制椭圆弧。其中，c 表示椭圆的中心点，a 和 h 分别表示椭圆的长轴和短轴。

➥ **包含角度**：定义从起始角度开始的包含角度。

3.3.8 应用举例——绘制垫圈轴测图

使用椭圆命令、椭圆弧命令以及直线命令绘制出垫圈轴测图，最终效果如图 3-38 所示（立体化教学：\源文件\第 3 章\垫圈轴测图.dwg）。

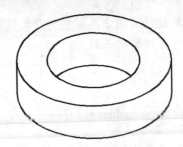

图 3-38 垫圈轴测图

操作步骤如下：

（1）按 F8 键，开启正交功能，并在命令行中执行 ELLIPSE 命令，在绘图区中绘制一个长半轴为 7、短半轴为 4 的椭圆。命令行操作如下：

命令：<正交 开>	//按 F8 键，开启正交功能
命令：ELLIPSE	//执行 ELLIPSE 命令
指定椭圆的轴端点或 [圆弧(A)/中心点(C)]:	//在绘图区任意位置拾取一点
指定轴的另一个端点：8	//将鼠标向上移动，并输入该轴的长度值
指定另一条半轴长度或 [旋转(R)]: 7	//将鼠标向左移动，并输入椭圆另一条轴的半长值，完成绘制，效果如图 3-39 所示

（2）按 F3 键，开启对象捕捉功能，并设置对象捕捉模式。完成后使用相同的方法绘制一个与先前同心且长半轴为 12、短半轴为 7 的椭圆，如图 3-40 所示。

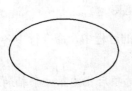

图 3-39 绘制第一个椭圆

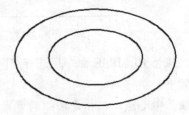

图 3-40 绘制第二个椭圆

（3）在命令行中执行 LINE 命令，在椭圆旁边绘制一条长度为 5 的垂直直线。命令行

操作如下:

命令: LINE	//执行 LINE 命令
指定第一点:	//捕捉第二个椭圆左边的象限点,并单击鼠标左键
指定下一点或 [放弃(U)]: 5	//将鼠标向下移动,并输入长度值
指定下一点或 [放弃(U)]:*取消*	//按 Esc 键退出命令

(4)使用相同的方法在图形右边绘制一条相同直线,完成后的效果如图 3-41 所示。

(5)在命令行中执行 ELLIPSE 命令,选择"圆弧"选项,在图形对象中绘制一条椭圆弧。命令行操作如下:

命令: <极轴 开>	//按 F10 键,开启极轴追踪功能
命令: ELLIPSE	//执行 ELLIPSE 命令
指定椭圆的轴端点或 [圆弧(A)/中心点(C)]: A	//选择"圆弧"选项
指定椭圆弧的轴端点或 [中心点(C)]: C	//选择"中心点"选项
指定椭圆弧的中心点: 5	//捕捉已绘制的椭圆圆心,在出现的极轴追踪线上,将鼠标向下移动,并输入值确定椭圆弧的中心点,如图 3-42 所示
指定轴的端点:	//单击左边垂直直线下端端点
指定另一条半轴长度或 [旋转(R)]: 7	//将鼠标向下移动,并输入椭圆另一条轴的半长值
指定起始角度或 [参数(P)]:	//单击左边垂直直线下端端点,确定起始点
指定终止角度或 [参数(P)/包含角度(I)]:	//沿逆时针方向拖动鼠标至右边垂直直线下端端点,并单击鼠标左键确定终止点

(6)使用相同的方法,绘制一条与下方椭圆弧同心、长半轴为 7、短半轴为 4、起始角与终止角如图 3-43 所示的椭圆弧。

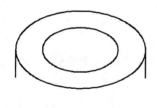
图 3-41　绘制直线

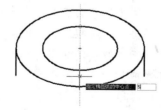
图 3-42　确定中心点

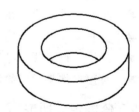
图 3-43　完成椭圆弧绘制

3.4　绘制多边形图形

在平面图绘制过程中,经常需要绘制多边形图形,在 AutoCAD 中多边形图形的绘制主要包括矩形和正多边形的绘制,下面将分别讲解其绘制方法。

3.4.1 绘制矩形

矩形就是生活中常说的长方形，在 AutoCAD 中绘制矩形不仅可以设置圆角和倒角，还可以设置矩形的宽度和厚度值。绘制矩形的方法主要有如下几种：

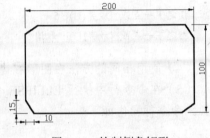

图 3-44 绘制倒角矩形

- ❧ 选择"绘图/矩形"命令。
- ❧ 单击"绘图"工具栏中的□按钮。
- ❧ 在命令行中执行 RECTANG（REC）命令。

【例 3-18】 绘制长为 200、宽为 100、倒角第一边距离为 10、第二边距离为 15 的矩形，效果如图 3-44 所示（立体化教学：\源文件\第 3 章\倒角矩形.dwg）。

命令行操作如下：

命令: RECTANG	//执行 RECTANG 命令
指定第一个角点或[倒角(C)/标高(E)/圆角(F)/厚度(T)/宽度(W)]:C	//选择"倒角"选项
指定矩形的第一个倒角距离 <0.0000>:10	//指定矩形倒角第一边距离
指定矩形的第二个倒角距离 <10.0000>: 15	//指定矩形倒角第二边距离
指定第一个角点或 [倒角(C)/标高(E)/圆角(F)/厚度(T)/宽度(W)]:	//在绘图区任意位置拾取一点
指定另一个角点或 [面积(A)/尺寸(D)/旋转(R)]: D	//选择"尺寸"选项
指定矩形的长度 <10.0000>: 200	//输入矩形的长度值
指定矩形的宽度 <10.0000>: 100	//输入矩形的宽度值
指定另一个角点或 [面积(A)/尺寸(D)/旋转(R)]:	//在绘图区中拾取一点，指定下一角点

执行 RECTANG 命令的过程中，命令行中各选项的含义分别如下。

- ❧ **倒角**：设置矩形的倒角距离，以对矩形进行倒角。
- ❧ **标高**：设置矩形在三维空间中的基面高度，用于绘制三维对象。
- ❧ **圆角**：设置矩形的圆角半径，以对矩形进行倒圆角。
- ❧ **厚度**：设置矩形厚度，表示三维空间 Z 轴方向的高度，主要用于绘制三维图形。
- ❧ **宽度**：设置矩形的线条宽度。

3.4.2 绘制正多边形

在 AutoCAD 2008 中可以绘制 3～1024 条边的正多边形。绘制正多边形的方法主要有如下几种：

- ❧ 选择"绘图/正多边形"命令。
- ❧ 单击"绘图"工具栏中的□按钮。
- ❧ 在命令行中执行 POLYGON（POL）命令。

【**例3-19**】 使用 POLYGON 命令，绘制如图 3-45 所示的六边形地砖（立体化教学:\源文件\第 3 章\六边形地砖.dwg）。

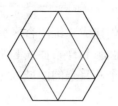

图 3-45 六边形地砖

（1）在命令行中执行 POLYGON 命令，以"外切于圆"的方式绘制一个外切圆半径为 100 的正六边形。命令行操作如下：

命令: POLYGON	//执行 POLYGON 命令
输入边的数目 <4>: 6	//指定多边形的边数
指定正多边形的中心点或 [边(E)]:	//在绘图区中拾取一点
输入选项 [内接于圆(I)/外切于圆(C)] <I>: C	//选择"外切于圆"选项
指定圆的半径: 100	//指定外切圆的半径

（2）继续在命令行中执行 POLYGON 命令，以"内接于圆"的方式绘制一个正三角形。命令行操作如下：

命令: POLYGON	//执行 POLYGON 命令
输入边的数目 <6>: 3	//指定多边形的边数
指定正多边形的中心点或 [边(E)]:	//通过极轴追踪线捕捉正六边形的中心点，如图 3-46 所示
输入选项 [内接于圆(I)/外切于圆(C)] <I>: I	//选择"内接于圆"选项
指定圆的半径:	//单击正六边形最上方的边的中点

（3）使用相同的方法绘制另一个正三角形，在指定内接半径时，单击正六边形最下方的边的中点，如图 3-47 所示。

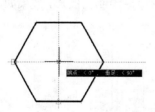

图 3-46 指定中心点

图 3-47 绘制正三角形

在执行 POLYGON 命令的过程中，命令行中各选项的含义分别如下。

↘ **边**：指定多边形边的方式来绘制正多边形，即通过边数和边长来确定正多边形。

↘ **内接于圆**：用内接圆的方式定义多边形。

➦ **外切于圆**：用外切圆的方式定义多边形。

3.4.3 创建面域

面域是将形成闭合的图形对象创建成二维闭合区域。其中闭合的图形对象可以是由直线、多段线、圆、圆弧、椭圆、椭圆弧和样条曲线等组合而成。面域具有物理特性，使用面域命令可以将现有面域组合成单个和复杂的面域来进行面积计算。绘制面域的方法主要有如下几种：

➦ 选择"绘图/面域"命令。

➦ 单击"二维绘图"工具栏中的"面域"按钮 ◎。

➦ 在命令行中执行 REGION 命令。

【例 3-20】 使用 REGION 命令，为"工字钢"图形（立体化教学：\实例素材\第 3 章\工字钢.dwg）创建面域，创建为面域的效果如图 3-48 所示（立体化教学：\源文件\第 3 章\工字钢.dwg）。

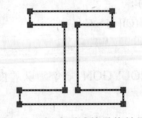

图 3-48 创建面域的最终效果

命令行操作如下：

命令: REGION	//执行 REGION 命令
选择对象: 指定对角点: 找到 12 个	//选择图形文件中的所有对象
选择对象:已提取 1 个环	//按 Enter 键确定
已创建 1 个面域	//提示创建的面域数

3.4.4 应用举例——绘制门图形

使用矩形命令、直线命令、圆命令和正多边形命令绘制门图形，效果如图 3-49 所示（立体化教学：\源文件\第 3 章\门.dwg）。

图 3-49 门

操作步骤如下：

（1）在命令行中执行 RECTANG 命令，绘制一个长和宽都为 100 的矩形。命令行操作如下：

命令：RECTANG	//执行 RECTANG 命令
指定第一个角点或 [倒角(C)/标高(E)/圆角(F)/厚度	
(T)/宽度(W)]: 0,100	//输入坐标指定第一个角点
指定另一个角点或 [面积(A)/尺寸(D)/旋转(R)]: D	//选择"尺寸"选项
指定矩形的长度 <10>: 100	//输入矩形的长度值
指定矩形的宽度 <10>: 100	//输入矩形的宽度值
指定另一个角点或 [面积(A)/尺寸(D)/旋转(R)]:	//在绘图区中单击鼠标左键确定绘制矩形

（2）使用相同的方法，绘制一个长为 92、宽为 95 的矩形，矩形的第一角点可以通过输入坐标（4,98）来确定。

（3）使用 LINE 命令，通过绘制的第二个矩形的上下两条边的中点绘制一条垂直直线。

（4）在命令行中执行 RECTANG 命令，在图形的左边绘制一个长为 17、宽为 29 的矩形，矩形的第一角点坐标为（25,79），如图 3-50 所示。

（5）在命令行中执行 CIRCLE 命令，在绘图区中绘制一个直径为 4 的圆，圆心坐标为（42,40）。

（6）使用 POLYGON 命令，绘制一个内切圆半径为 3 的正六边形，内切圆圆心与上一步绘制的圆心重合，如图 3-51 所示。命令行操作如下：

命令：POLYGON	//执行 POLYGON 命令
输入边的数目 <4>: 6	//输入绘制的多边形边数
指定正多边形的中心点或 [边(E)]:	//捕捉圆的圆心
输入选项 [内接于圆(I)/外切于圆(C)] <I>: I	//选择"内接于圆"选项
指定圆的半径: 3	//输入内接圆的半径值

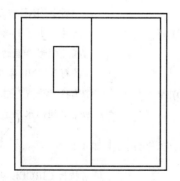

图 3-50　绘制矩形

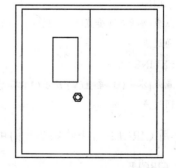

图 3-51　绘制正多边形

（7）使用相同的方法在图形的右边绘制相同的图形，其中矩形的第一角点为（58,79），圆心坐标为（58,40）。

3.5   上机及项目实训

3.5.1   绘制垫片

本次实训将绘制如图 3-52 所示的垫片平面图（立体化教学：\源文件\第 3 章\垫片.dwg）。在这个练习中将首先使用 RECTANG 命令绘制出垫片的轮廓，然后用 CIRCLE 命令绘制垫片的中孔和小孔。

操作步骤如下：

（1）用 RECTANG 命令绘制垫片的外轮廓，并绘制两条通过各边中点的辅助线，如图 3-53 所示。命令行操作如下：

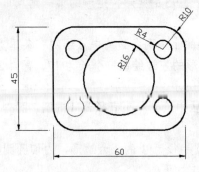

图 3-52   垫片

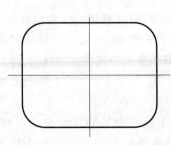

图 3-53   绘制出垫片的外轮廓

命令: RECTANG	//执行 RECTANG 命令
指定第一个角点或[倒角(C)/标高(E)/圆角(F)/厚度(T)/宽度(W)]:F	//选择"圆角"选项
指定矩形的圆角半径<0.0000>:10	//指定矩形圆角半径
指定第一个角点或[倒角(C)/标高(E)/圆角(F)/厚度(T)/宽度(W)]:	//指定圆角矩形的第一点
指定另一个角点或 [尺寸(D)]: 60,45	//指定圆角矩形的对角点
命令:XLINE	//执行 XLINE 命令
指定点或[水平(H)/垂直(V)/角度(A)/二等分(B)/偏移(O)]:H	//选择"水平"选项
指定通过点:	//指定矩形垂直边的中点
命令: XLINE	//执行 XLINE 命令
指定点或[水平(H)/垂直(V)/角度(A)/二等分(B)/偏移(O)]:V	//选择"垂直"选项
指定通过点:	//指定矩形水平边的中点

（2）用 CIRCLE 命令绘制垫片的中孔及小孔。命令行操作如下：

命令: CIRCLE	//执行 CIRCLE 命令
指定圆的圆心或[三点(3P)/两点(2P)/相切、相切、半径(T)]:0,0	//指定辅助线交点
指定圆的半径或 [直径(D)] <6.0000>: 16	//指定圆的半径
命令: CIRCLE	//执行 CIRCLE 命令
指定圆的圆心或 [三点(3P)/两点(2P)/相切、相切、半径(T)]:	//指定矩形圆角的圆心

指定圆的半径或 [直径(D)] <10.0000>: 4	//指定圆的半径
命令: CIRCLE	//执行 CIRCLE 命令
指定圆的圆心或 [三点(3P)/两点(2P)/相切、相切、半径(T)]:	//指定矩形圆角的圆心
指定圆的半径或 [直径(D)] <4.0000>:	//确定默认的半径
命令: CIRCLE	//执行 CIRCLE 命令
指定圆的圆心或 [三点(3P)/两点(2P)/相切、相切、半径(T)]:	//指定矩形圆角的圆心
指定圆的半径或 [直径(D)] <4.0000>:	//确定默认的半径
命令: CIRCLE	//执行 CIRCLE 命令
指定圆的圆心或 [三点(3P)/两点(2P)/相切、相切、半径(T)]:	//指定矩形圆角的圆心
指定圆的半径或 [直径(D)] <4.0000>:	//确定默认的半径

（3）使用鼠标单击两条辅助线，再按 Delete 键删除辅助线，完成绘制。

3.5.2　绘制螺母俯视图

综合利用本章和前面所学知识，绘制出螺母的俯视图，效果如图 3-54 所示（立体化教学：\源文件\第 3 章\螺母.dwg）。

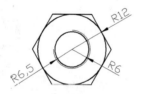

图 3-54　螺母效果

本练习可结合立体化教学中的视频演示进行学习（立体化教学：\视频演示\第 3 章\绘制螺母俯视图.swf）。主要操作步骤如下：

（1）在命令行中执行 XLINE 命令，在绘图区中绘制出一条水平构造线和一条垂直构造线。

（2）使用 CIRCLE 命令，以两条构造线的交点为圆心，绘制两个圆，半径分别为 12 和 6。

（3）使用 POLYGON 命令，以外切于半径为 12 的圆的方式绘制一个正六边形。

（4）选择"绘图/圆弧/圆心、起点、端点"命令，绘制一个半径为 6.5、圆心为两条构造线的交点的 3/4 圆弧。

（5）使用鼠标单击绘制的两条构造线，再按 Delete 键删除构造线。

3.6　练习与提高

（1）绘制如图 3-55 所示的桌椅（立体化教学：\源文件\第 3 章\桌椅.dwg）。

提示：绘制"桌椅"图形时，具体尺寸可以自定义。

（2）绘制如图 3-56 所示的墙体（立体化教学：\源文件\第 3 章\墙.dwg）。

提示：墙体使用多线命令进行绘制，其余图形对象使用直线命令和圆弧命令绘制。

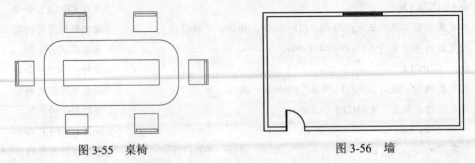

图 3-55　桌椅　　　　　　　　　　　　　　图 3-56　墙

（3）绘制如图 3-57 所示的"全波桥"图形（立体化教学：\源文件\第 3 章\全波桥.dwg）。

提示：使用多段线命令绘制图形，其中箭头的起点宽度和端点宽度值为 3 和 0，长度为 3，箭头前面的图形对象长度为 0.03，宽度为 3，绘制图形前需要开启 45°极轴追踪。

（4）绘制如图 3-58 所示的圆形桌子图形（立体化教学：\源文件\第 3 章\圆形桌子.dwg）。

提示：绘制图形的尺寸自定义。

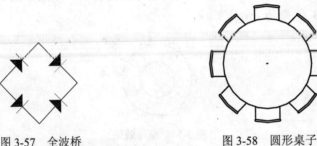

图 3-57　全波桥　　　　　　　　　　　　　　图 3-58　圆形桌子

（5）绘制如图 3-59 所示的轴测图（立体化教学：\源文件\第 3 章\轴测图.dwg）。

提示：在绘制过程中需要开启正交功能和极轴追踪功能。本练习可结合立体化教学中的视频演示进行学习（立体化教学：\视频演示\第 3 章\绘制轴测图.swf）。

（6）使用 LINE 命令和 CIRCLE 命令绘制如图 3-60 所示的图形（立体化教学：\源文件\第 3 章\公切线.dwg）。

提示：添加对象捕捉模式为"象限点"。本练习可结合立体化教学中的视频演示进行学习（立体化教学：\视频演示\第 3 章\绘制公切线.swf）。

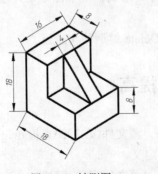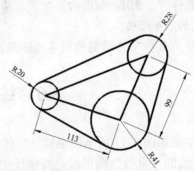

图 3-59　轴测图　　　　　　　　　　　　　　图 3-60　公切线

（7）使用 ELLIPSE 命令和 LINE 命令绘制如图 3-61 所示的水杯图形（立体化教学：\源文件\第 3 章\水杯.dwg）。

提示：本练习可结合立体化教学中的视频演示进行学习（立体化教学：\视频演示\第 3 章\绘制水杯.swf）。

（8）使用 LINE 命令和 RECTANG 命令绘制如图 3-62 所示的台灯图形（立体化教学：\源文件\第 3 章\台灯.dwg）。

提示：本练习可结合立体化教学中的视频演示进行学习（立体化教学：\视频演示\第 3 章\绘制台灯.swf）。

图 3-61　水杯

图 3-62　台灯

 绘制平面图形的方法和原则

本章主要介绍了绘制平面图形的方法，在实际设计过程中，一定要将某些设计思想或者设计内容直观、准确、醒目地表达在图纸中。这里总结以下几点绘图的注意事项供读者参考和探索：

➥ 使用 AutoCAD 绘制图形前一定要明确自己的绘图目的，只有明确了绘图目的，才能够在图纸上很好地表达自己的设计思想和设计内容。

➥ 绘制的图形一定要清晰，一眼看上去，就能分得清轴线、外轮廓线、内轮廓线、墙线、窗体、留洞、尺寸标注以及文字说明等。这里所指的清晰除了指图纸打印出来很清晰外，在显示器上显示时也必须清晰。

➥ 绘图的准确性也很重要，特别是尺寸的精确，不能擅自进行尺寸的修改。制图的准确不仅是为了图纸的美观，更重要的是可以直观地反映一些图面问题，对于提高绘图速度也有重要的影响，特别是在图纸修改时。

第4章 平面图形的基本编辑

学习目标

- ☑ 使用鼠标或键盘选择需要的图形对象
- ☑ 使用缩放、旋转、修剪和移动命令编辑"酒柜"图形
- ☑ 使用分解、打断和圆角命令编辑"办公椅"图形
- ☑ 使用直线、偏移、圆角、修剪和倒角等命令绘制曲形轴剖面图
- ☑ 综合利用平面图形的基本编辑知识布置客厅图形

目标任务&项目案例

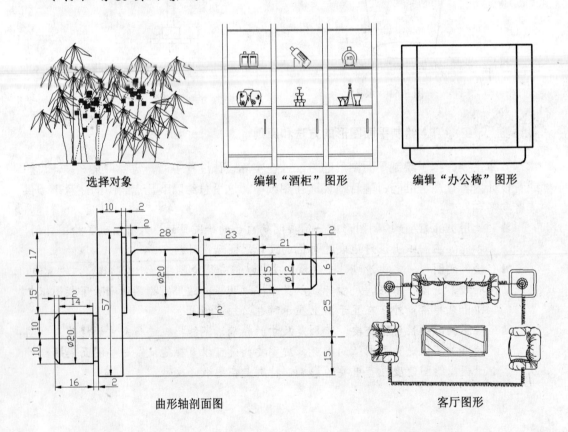

选择对象　　　　编辑"酒柜"图形　　　　编辑"办公椅"图形

曲形轴剖面图　　　　客厅图形

通过上述实例效果的展示可以发现：在 AutoCAD 2008 中制作这些实例主要用到了选择对象、移动、旋转、修剪、倒角和打断等操作。本章将具体讲解选择图形对象的方法以及删除、恢复、移动、旋转、修剪、缩放、拉长、缩短、拉伸、延伸、打断、倒角、圆角和分解等命令的使用方法。

4.1　选择图形对象的方法

在绘制完平面图形后，通常都需要对其进行编辑操作，才能使图形更符合设计者的意愿。然而选择图形对象是编辑图形的首要操作，选择图形对象主要可以使用鼠标进行或执行 SELECT 命令进行，下面将对选择图形对象的方法进行详细讲解。

4.1.1　点选对象

点选对象是最常用、最简单的一种选择方法，直接用十字光标在绘图区中单击需要选择的对象即可完成选择单个对象的操作，如图 4-1 所示。当连续单击不同的对象时则可同时选中多个对象，如图 4-2 所示。在未执行任何命令的情况下，被单击选中的对象将以虚线显示，同时在选择对象的关键点上会出现蓝色的实心小方框，这些小方框称为夹点。

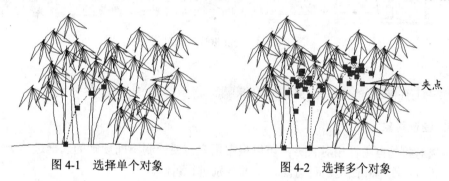

图 4-1　选择单个对象　　　　　　　　图 4-2　选择多个对象

4.1.2　框选对象

框选对象是指按住鼠标左键在绘图区拖动一个矩形框，然后通过矩形框选择图形对象。在 AutoCAD 2008 中有矩形框选和交叉框选等几种框选方法。

1．矩形框选

矩形框选是指在绘图区中按住鼠标左键从左至右拖动鼠标，此时绘图区中将呈现一个淡紫色矩形方框，释放鼠标后，被方框完全包围的对象将被选中，如图 4-3 所示。

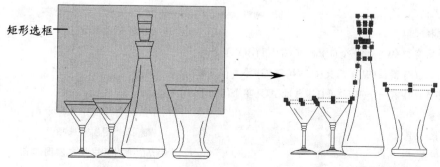

图 4-3　矩形框选目标对象

2. 交叉框选

交叉框选与矩形框选的方向恰好相反。在绘图区中按住鼠标左键从右至左拖动鼠标，此时绘图区中将呈现一个绿色矩形方框，释放鼠标后，与选框相交以及被完全包围的对象都会被选中，如图4-4所示。

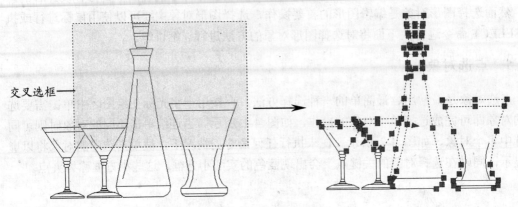

图4-4　交叉框选目标对象

提示：

在未执行任何命令的情况下，被框选的对象以虚线显示，同时显示对象的夹点。

3. 围选对象

围选对象的自主性相对较大，可以根据用户需要绘制不同规则的选框进行选取。围选对象主要包括圈围和圈交两种方法，下面分别进行讲解。

1）圈围对象

圈围是一种多边形窗口选择方法，与矩形框选对象的方法类似，但圈围方法可以构造任意形状的多边形来选择对象，完全包含在多边形区域内的对象均会被选中。

【例4-1】　在"玻璃杯"图形（立体化教学：\实例素材\第4章\玻璃杯.dwg）中使用圈围对象的方法选择图形左边的两个玻璃杯图形。

命令行操作如下：

命令: SELECT	//执行 SELECT 命令
选择对象: ?	//输入 "？" 符号
无效选择	//系统自动显示
需要点或窗口(W)/上一个(L)/窗交(C)/框(BOX)/全部(ALL)/栏选(F)/圈围(WP)/圈交(CP)/编组(G)/添加(A)/删除(R)/多个(M)/前一个(P)/放弃(U)/自动(AU)/单个(SI)/子对象/对象	//系统自动显示选择方式
选择对象: WP	//选择 "圈围" 选项
第一圈围点:	//在绘图区中指定圈围起点
指定直线的端点或 [放弃(U)]:	//指定第二圈围点

指定直线的端点或 [放弃(U)]:   //指定第三圈围点

指定直线的端点或 [放弃(U)]:   //指定第四圈围点

指定直线的端点或 [放弃(U)]:   //指定第五圈围点，如图 4-5 所示

指定直线的端点或 [放弃(U)]:   //按 Enter 键

找到 15 个: //提示选择了 15 个对象，如图 4-6

           所示

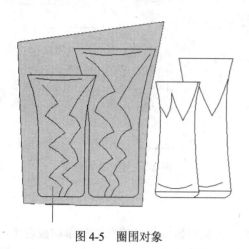

图 4-5   圈围对象   图 4-6   圈围选择结果

2）圈交对象

圈交是一种多边形交叉窗口选择方法，与交叉框选对象的方法类似，但圈交方法可以构造任意形状的多边形来选择对象，与多边形选择框相交或被其完全包围的对象均被选中。

【例 4-2】 在"玻璃杯"图形（立体化教学：\实例素材\第 4 章\玻璃杯.dwg）中使用圈交对象的方法选择图形右边的两个玻璃杯图形。

命令行操作如下：

命令: SELECT   //执行 SELECT 命令

选择对象: ?   //输入 "？" 符号

无效选择   //系统自动显示

需要点或窗口 (W)/上一个(L)/窗交(C)/框(BOX)/全部(ALL)/栏选(F)/圈围(WP)/圈交(CP)/编组(G)/添加(A)/删除(R)/多个(M)/前一个(P)/放弃(U)/自动(AU)/单个(SI)/子对象/对象   //系统自动显示选择方式

选择对象: CP   //选择"圈交"选项

第一圈围点: //在绘图区中指定圈交起点

指定直线的端点或 [放弃(U)]:   //指定第二圈交点

指定直线的端点或 [放弃(U)]:   //指定第三圈交点

指定直线的端点或 [放弃(U)]:   //指定第四圈交点

指定直线的端点或 [放弃(U)]:　　　　　　//指定第五圈围点，如图4-7所示

指定直线的端点或 [放弃(U)]:　　　　　　//按 Enter 键

找到 14 个:　　　　　　　　　　　　　　//提示选择了 14 个对象，如图4-8

　　　　　　　　　　　　　　　　　　　　所示

图 4-7　圈交对象

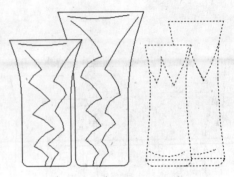
图 4-8　圈交选择结果

4.1.3　栏选对象

　　使用栏选方法选择对象时可以构造任意折线，凡是与折线相交的图形对象均被选中。该方法在选择连续性目标时非常方便，栏选线不能封闭或相交。

　　【例4-3】　在"玻璃杯"图形（立体化教学：\实例素材\第 4 章\玻璃杯.dwg）中使用栏选对象的方法选择图形中间部分的线条。

　　命令行操作如下：

命令: SELECT　　　　　　　　　　　　　　//执行 SELECT 命令

选择对象:?　　　　　　　　　　　　　　　//输入 "?" 符号

无效选择　　　　　　　　　　　　　　　//系统自动显示

需要点或窗口(W)/上一个(L)/窗交(C)/框(BOX)/全部

(ALL)/栏选(F)/圈围(WP)/圈交(CP)/编组(G)/添加(A)/删

除(R)/多个(M)/前一个(P)/放弃(U)/自动(AU)/单个(SI)/子

对象/对象　　　　　　　　　　　　　　　//系统自动显示选择方式

选择对象: F　　　　　　　　　　　　　　 //选择"栏选"选项

指定第一个栏选点:　　　　　　　　　　　//在绘图区中指定栏选线起点

指定直线的端点或 [放弃(U)]:　　　　　　//指定第二个栏选线点

指定直线的端点或 [放弃(U)]:　　　　　　//指定第三个栏选线点

指定直线的端点或 [放弃(U)]:　　　　　　//指定第四个栏选线点，如图 4-9

　　　　　　　　　　　　　　　　　　　　所示

指定直线的端点或 [放弃(U)]:　　　　　　//按 Enter 键

找到 13 个:　　　　　　　　　　　　　　//提示选择了 13 个对象，如图 4-10

　　　　　　　　　　　　　　　　　　　　所示

图 4-9 栏选对象

图 4-10 栏选选择结果

4.1.4 向选择集中添加或删除对象

选择对象后，发现所选对象不正确或漏选或多选时，可以根据需要取消选择然后重新选择，也可以向选择集中添加或删除对象。

1．取消选择

取消选择对象的方法主要有如下几种：

❧ 在执行某个命令的过程中按 Esc 键将取消当前执行的命令。

❧ 在执行某个命令的过程中选择对象，输入 U 并按 Enter 键可以取消本次的选择操作，但不退出正在执行的命令（使用点选方法除外）。

2．向选择集中添加对象

在选择编辑对象后，若还需向选择集中添加对象，可以直接用鼠标选择需要添加的对象；如果是以执行命令的方式选择对象，也可以使用前面讲的选择对象的方法进行添加。如果在"选项"对话框的"选择"选项卡中选中 ☑用 Shift 键添加到选择集(F) 复选框，则只有使用该方法才能向选择集中添加对象。

3．从选择集中删除对象

如果选择了不需要的对象，可以将其从选择集中删除，而不必取消选择后再重新进行选择。从选择集中删除对象的方法主要有如下几种：

❧ 按住 Shift 键不放，单击要从选择集中删除的对象。

❧ 在以命令的方式选择对象时，当命令行中出现"选择对象:"提示信息时（使用点选方法除外），输入 REMOVE（R）命令并按 Enter 键，然后使用任意选择方法选择要删除的对象，即可将其从选择集中删除。

◀》提示：

> 在实际绘图过程中，选择图形对象都是通过拖动鼠标进行选择。在选择图形对象时，经常需要向选择集中添加对象和删除对象，其中添加对象最常用的方法就是直接用鼠标单击或框选需要添加的对象，而删除对象则是通过按住 Shift 键的同时通过拖动鼠标框选或单击对象进行删除。

4.1.5 快速选择对象

快速选择功能可以快速选择具有特定属性值的对象，并能在选择集中添加或删除对象，以创建一个符合用户指定对象类型或特性的选择集。快速选择对象的方法主要有如下几种：

　　⮥　选择"工具/快速选择"命令。

　　⮥　在命令行中执行 QSELECT 命令。

　　【例 4-4】　快速选择"玻璃杯"图形（立体化教学：\实例素材\第 4 章\玻璃杯.dwg）中的所有圆弧对象。

　　（1）选择"工具/快速选择"命令，打开"快速选择"对话框。

　　（2）在"应用到"下拉列表框中选择一个范围。系统默认选择"整个图形"选项，即在当前绘图区的所有图形对象中进行选择。

　　（3）在"对象类型"下拉列表框中选择"圆弧"选项。

　　（4）在"特性"列表框中选择对象特性，如图层、线型、线宽和颜色等。在"对象类型"下拉列表框中选择的对象不同，"特性"列表框中显示的特性也不同。这里选择"颜色"选项。

　　（5）在"运算符"下拉列表框中选择"=等于"选项。

　　（6）在"值"下拉列表框中选择 ByLayer 选项。

　　（7）在"如何应用"栏中指定是将符合指定过滤条件的对象包括在新选择集内还是排除在新选择集之外，这里选中 ⊙包括在新选择集中(I) 单选按钮，如图 4-11 所示。

　　（8）单击 确定 按钮即可选中所有圆弧对象，如图 4-12 所示。

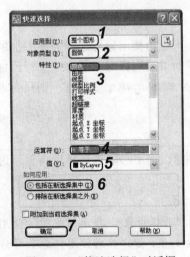

图 4-11　"快速选择"对话框

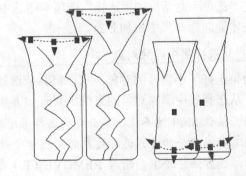

图 4-12　快速选择结果

📢提示：

> 利用快速选择功能选中图形对象后，还可以再次利用该功能选择其他类型与特性的对象。当快速选择后立即再次进行快速选择时，可以指定创建的选择集是替换当前选择集还是添加到当前选择集，若要添加到当前选择集，则选中"快速选择"对话框中的□附加到当前选择集(A)复选框，否则将替换当前选择集。另外，在"应用到"下拉列表框右侧单击 按钮，可返回绘图区选择一部分图形对象作为选择范围，并且该下拉列表框自动显示为"当前选择"选项。

4.2　常用的绘图修改命令

在选择对象后就可以对图形进行编辑了，在 AutoCAD 2008 中编辑图形的操作有很多，其中常用的操作主要包括删除、恢复、移动、旋转、缩放以及修剪等，下面将对其进行详细讲解。

4.2.1　删除操作

删除操作主要用于删除多余的图形对象，如在绘制建筑图形后删除图形中的中心线。删除对象的方法主要有如下几种：

- 选择"修改/删除"命令。
- 单击"修改"工具栏中的 按钮。
- 在命令行中执行 ERASE（E）命令。

使用 ERASE 命令删除对象时，命令行操作如下：

命令: ERASE	//执行 ERASE 命令
选择对象: 找到 1 个	//选择绘图区中要删除的对象
选择对象:	//按 Enter 键删除所选对象，并结束 ERASE 命令

注意：

在删除图形对象时，可以先选择删除的对象，然后再执行命令，也可以先执行命令，再选择对象。在对图形进行其他编辑操作时，选择对象和执行命令的先后顺序，对编辑操作的影响并不大。

4.2.2　恢复操作

使用 ERASE 命令删除的对象只是临时被删除，只要不退出当前图形，可使用 OOPS 或 UNDO 命令将其恢复。

恢复被删除对象的方法主要有如下几种：

- 紧接删除对象操作，选择"编辑/放弃"命令。
- 紧接删除对象操作，单击"标准"工具栏中的 按钮。
- 在命令行中执行 OOPS 或 UNDO 命令。

OOPS 命令与 UNDO 命令都可恢复被删除的对象，主要区别如下：

- 在命令行中执行 OOPS 命令，可撤销前一次删除的对象。使用 OOPS 命令只能恢复前一次被删除的对象而不会影响前面进行的其他操作。
- 在命令行中执行 UNDO（U）命令可撤销前一次或前几次执行的命令（其中保存、打开、新建和打印等文件操作不能被撤销）。

4.2.3　移动操作

移动命令可以将图形对象从当前位置移至新位置，这种移动不改变对象的尺寸和角度。

移动对象的方法主要有如下几种：

- ➥ 选择"修改/移动"命令。
- ➥ 单击"修改"工具栏中的 ✛ 按钮。
- ➥ 在命令行中执行 MOVE（M）命令。

【例 4-5】 将"电脑桌"图形（立体化教学：\实例素材\第 4 章\电脑桌.dwg）中的电脑显示器由电脑桌的左边移动到右边。

命令行操作如下：

命令: MOVE	//执行 MOVE 命令
选择对象:找到 7 个	//选择图 4-13 所示的图形
选择对象:	//按 Enter 键结束选择对象
指定基点或位移:	//捕捉被移动对象的基点——显示器右下角点
指定位移的第二点或 <用第一点作位移>:580	//将鼠标向右移动并输入移动距离值,完成后效果如图 4-14 所示

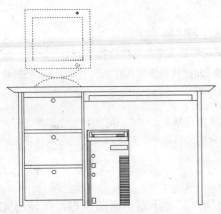

图 4-13 移动前的图形

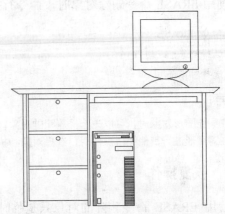

图 4-14 移动图形后的效果

📢 **提示：**

> 若在"指定位移的第二点或 <用第一点作位移>:"提示下按 Enter 键，第一点将被作为相对的 X、Y、Z 位移。如果指定（5,10）作为基点并在下一个提示下按 Enter 键，对象将相对于当前位置向 X 方向移动 5 个单位，向 Y 方向移动 10 个单位。也可以使用鼠标捕捉其余的点来确定移动的距离。

4.2.4 旋转操作

旋转命令可将对象参照某个基点进行旋转，该命令不会改变对象的整体尺寸。旋转对象的方法主要有如下几种：

- ➥ 选择"修改/旋转"命令。
- ➥ 单击"修改"工具栏中的 ◯ 按钮。
- ➥ 在命令行中执行 ROTATE（RO）命令。

【例 4-6】 将"椅子"图形（立体化教学：\实例素材\第 4 章\椅子.dwg）中的"椅子"对象沿逆时针方向旋转 90°。

命令行操作如下：

命令: ROTATE	//执行 ROTATE 命令
UCS 当前的正角方向: ANGDIR=逆时针 ANGBASE=0	//系统显示当前 UCS 坐标
选择对象: 找到 1 个	//选择如图 4-15 所示的图形
选择对象:	//按 Enter 键结束选择对象
指定基点:	//捕捉图形中的一点作为旋转参考点
指定旋转角度，或 [复制(C)/参照(R)]< 0 >: 90	//指定旋转角度，按 Enter 键确认，
	效果如图 4-16 所示

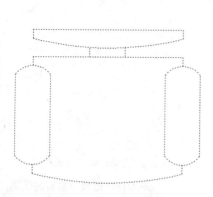

图 4-15　选择旋转对象

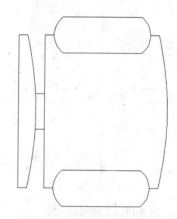

图 4-16　旋转对象后的效果

参照某个基点进行旋转对象时，如输入的旋转角度为正值，实体将按逆时针方向旋转；如输入的角度为负值，则实体按顺时针方向旋转。

当命令行中提示"指定旋转角度，或[复制(C)/参照(R)]:"时选择"参照"选项，可将对象与用户坐标系的 X 轴和 Y 轴对齐，或者与图形中的几何特征对齐。选择该选项后，系统会提示用户指定当前的绝对旋转角度和所需的新旋转角度。

技巧：

> 基点选择与旋转后图形的位置有关，因此应根据绘图需要准确捕捉基点，且基点最好选择在已知的对象上。

4.2.5　比例缩放操作

比例缩放命令可以改变实体的尺寸大小。该命令可以把整个实体或实体的一部分沿 X、Y、Z 轴方向使用相同的比例因子放大或缩小，而实体的形状不会发生改变。比例缩放对象的方法主要有如下几种：

- 选择"修改/缩放"命令。
- 单击"修改"工具栏中的按钮。
- 在命令行中执行 SCALE（SC）命令。

【例 4-7】　将"方桌"图形（立体化教学：\实例素材\第 4 章\方桌.dwg）中的花纹图

形对象放大 2 倍。

命令行操作如下：

命令: SCALE　　　　　　　　　　//执行 SCALE 命令
选择对象: 找到 2 个　　　　　　　//选择如图 4-17 所示图形中的两个菱形
选择对象:　　　　　　　　　　　//按 Enter 键结束选择对象
指定基点:　　　　　　　　　　　//利用对象追踪功能捕捉菱形的中心点
指定比例因子或 [复制(C)/参照(R)]<1 0000>:2　　//指定缩放的比例因子，完成后效果如
　　　　　　　　　　　　　　　图 4-18 所示

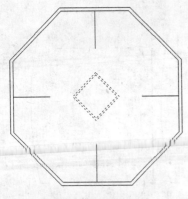　　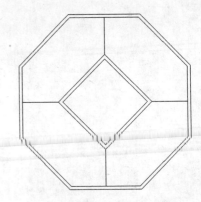

图 4-17　选择缩放对象　　　　　　　　图 4-18　缩放对象后的效果

注意:

在缩放对象时，必须指定基点和比例因子。比例因子必须是大于 0 的数值，当比例因子大于 1 时，将会放大图形对象；当比例因子在 0 和 1 之间时，将会缩小图形对象。

如果在命令行中提示"指定比例因子或 [复制(C)/参照(R)]:"时选择"参照"选项，可根据参照对象缩放对象，是将用户当前的测量值作为新尺寸的基础。以该方法缩放对象，需指定当前测量的尺寸及对象的新尺寸，如果新尺寸大于参照尺寸，则将对象放大；如果新尺寸小于参照长度，则将对象缩小。

4.2.6　修剪操作

修剪命令可以将多余的线进行修剪，被修剪的对象可以是直线、圆、弧、多段线、样条曲线和射线等。修剪对象的方法主要有如下几种：

- 选择"修改/修剪"命令。
- 单击"修改"工具栏中的 按钮。
- 在命令行中执行 TRIM（TR）命令。

使用修剪命令修剪对象需要选择修剪边界和被修剪的线段，且修剪边界与被修剪的线段必须处于相交状态。

【例 4-8】　使用 TRIM 命令修剪"木螺钉"图形（立体化教学：\实例素材\第 4 章\木螺钉.dwg）中的多余线段。

命令行操作如下：

命令: TRIM	//执行 TRIM 命令
当前设置:投影=UCS，边=无	//系统显示当前修剪设置
选择剪切边...	//系统提示
选择对象: 找到 5 个	//选择图 4-19 所示图形中的图形对象作为修剪边界
选择对象:	//按 Enter 键结束选择对象
选择要修剪的对象，或按住 Shift 键选择要延伸的对象，或 [投影(P)/边(E)/放弃(U)]:	//选择圆弧中需要修剪的多余曲线
选择要修剪的对象，或按住 Shift 键选择要延伸的对象，或 [投影(P)/边(E)/放弃(U)]:	//继续选择圆弧中需要修剪的多余曲线
选择要修剪的对象，或按住 Shift 键选择要延伸的对象，或 [投影(P)/边(E)/放弃(U)]:	//修剪完成后，按 Enter 键结束命令，效果如图 4-20 所示

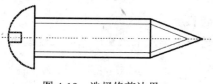

图 4-19　选择修剪边界

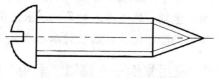

图 4-20　修剪对象后的效果

✍ 技巧：

> 在选择要修剪的对象时，只能使用点选方法进行，而不能用框选方法。另外，在"选择要修剪的对象，或按住 Shift 键选择要延伸的对象，或 [投影(P)/边(E)/放弃 (U)]:"提示信息中，系统提示按住 Shift 键选择要延伸的对象，即表示选择修剪边界后，按 Shift 键单击要延伸的线段，可将该线段自动延伸到所选择的修剪边界。

4.2.7　拉长或缩短操作

拉长或缩短命令可将非闭合的直线按指定的方式进行拉长或缩短。拉长或缩短对象的方法主要有如下几种：

- ❧　选择"修改/拉长"命令。
- ❧　在命令行中执行 LENGTHEN（LEN）命令。

【例 4-9】　使用 LENGTHEN 命令拉长"机械图样"图形（立体化教学：\实例素材\第 4 章\机械图样.dwg）中的边。

命令行操作如下：

命令: LENGTHEN	//执行 LENGTHEN 命令
选择对象或 [增量(DE)/百分数(P)/全部(T)/动态(DY)]:DE	//选择"增量"选项
输入长度增量或 [角度(A)] <0.0000>:42	//输入线段长度
选择要修改的对象或 [放弃(U)]:	//选择如图 4-21 所示的线段，完成后的效果如图 4-22 所示

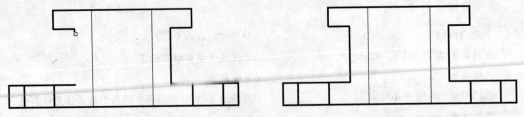

图 4-21 选择拉长线段 图 4-22 拉长对象后的效果

在执行 LENGTHEN 命令的过程中，命令行中各选项的含义分别如下。

- **增量**：通过输入增量来延长或缩短对象，输入的增量值为正表示拉长对象，负值表示缩短对象，该增量可以表示为长度或角度。
- **百分数**：通过输入百分比来改变对象的长度或圆心角大小。利用"百分数"方法对实体进行拉长操作，所输入的百分比不允许为负值，大于 100 表示拉长对象，小于 100 表示缩短对象。
- **全部**：通过输入对象的总长度来改变对象的长度。
- **动态**：选择该选项将以动态方法拖动对象的一个端点来改变对象的长度或角度。

4.2.8 应用举例——编辑"酒柜"图形

使用缩放、旋转、修剪和移动命令编辑"酒柜"图形（立体化教学：\实例素材\第 4 章\酒柜.dwg）中的酒瓶位置，效果如图 4-23 所示（立体化教学：\源文件\第 4 章\酒柜.dwg）。

图 4-23 最终效果

操作步骤如下：

（1）打开"酒柜.dwg"图形文件，并在命令行中执行 SCALE 命令。命令行操作如下：

命令: SCALE   //执行 SCALE 命令
选择对象: 指定对角点: 找到 14 个   //选择缩放对象，如图 4-24 所示

指定基点: //指定缩放对象中矩形的右下角点为基点

指定比例因子或 [复制(C)/参照(R)] <1.5000>: 0.7   //输入缩放比例因子,完成后的效果如
                                  图 4-25 所示

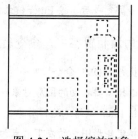

图 4-24 选择缩放对象

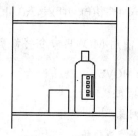

图 4-25 缩放效果

（2）在命令行中执行 ROTATE 命令,旋转缩放对象中的酒瓶图形。命令行操作如下:

命令: ROTATE   //执行 ROTATE 命令

选择对象: 指定对角点: 找到 10 个   //选择旋转对象,如图 4-26 所示

指定基点: //指定酒瓶图形的右下角为基点

指定旋转角度, 或 [复制(C)/参照(R)] <315>: 45   //输入旋转角度,完成后的效果如图 4-27
                                  所示

（3）在命令行中执行 TRIM 命令,将酒瓶图形和矩形图像相交部分进行修剪,完成后
的效果如图 4-28 所示。命令行操作如下:

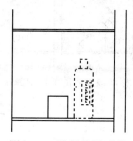

图 4-26 选择旋转对象

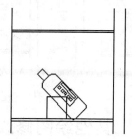

图 4-27 缩放效果

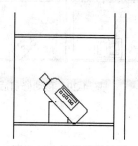

图 4-28 修剪后的效果

命令: TRIM   //执行 TRIM 命令

当前设置:投影=UCS, 边=无   //系统显示当前修剪设置

选择剪切边...   //系统提示

选择对象: 找到 13 个   //选择酒瓶图形和矩形图形作为修剪边界

选择对象: //按 Enter 键结束选择对象

选择要修剪的对象,或按住 Shift 键选择要延伸的对
象,或 [投影(P)/边(E)/放弃(U)]:   //选择需要修剪的多余线段

选择要修剪的对象,或按住 Shift 键选择要延伸的对
象,或 [投影(P)/边(E)/放弃(U)]:   //选择需要修剪的多余线段

选择要修剪的对象,或按住 Shift 键选择要延伸的对
象,或 [投影(P)/边(E)/放弃(U)]:   //选择需要修剪的多余线段

选择要修剪的对象，或按住 Shift 键选择要延伸的对

象，或 [投影(P)/边(E)/放弃(U)]:　　　　　　　　//选择需要修剪的多余线段

选择要修剪的对象，或按住 Shift 键选择要延伸的对

象，或 [投影(P)/边(E)/放弃(U)]:　　　　　　　　//修剪完成后，按 Enter 键结束命令

（4）使用 MOVE 命令将修剪后的图形移动到中间的酒柜窗格中。命令行操作如下：

命令: MOVE　　　　　　　　　　　　　　　//执行 MOVE 命令

选择对象:找到 13 个　　　　　　　　　　　//选择需要移动的图形对象

选择对象:　　　　　　　　　　　　　　　//按 Enter 键结束选择对象

指定基点或位移:　　　　　　　　　　　　//指定矩形图形的左下角点为基点

指定位移的第二点或 <用第一点作位移>:　　//将鼠标向右移动，在中间的酒柜窗格中
　　　　　　　　　　　　　　　　　　　　单击一下，确定移动的位置，完成后效
　　　　　　　　　　　　　　　　　　　　果如图 4-29 所示

（5）使用相同的方法，利用 MOVE 命令将图形中最上方的酒瓶移动至酒柜中第二排最后一个窗格中，完成后如图 4-30 所示。

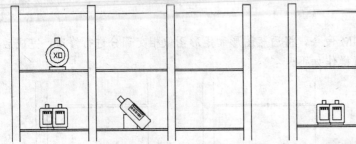 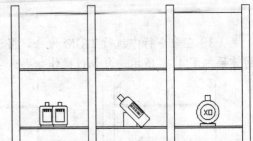

图 4-29　移动修剪后的对象　　　　　　　　图 4-30　移动最上方的酒瓶对象

4.3　其他绘图修改命令

图形的编辑命令有很多，除了前面讲到的命令外，还包括拉伸、延伸、打断、倒角、圆角以及分解等命令，只有完全掌握了图形的编辑命令，才能将绘制的图形修改得更加完美。下面将对其他绘图修改命令做详细的讲解。

4.3.1　拉伸操作

拉伸命令可以将所选对象按指定的方向及角度进行拉伸或缩短。拉伸对象的方法主要有如下几种：

➥　选择"修改/拉伸"命令。

➥　单击"修改"工具栏中的 按钮。

➥　在命令行中执行 STRETCH（S）命令。

🔔**注意：**

选择拉伸对象时，必须选择一个交叉窗口或交叉多边形来拉伸。

【例4-10】 使用 STRETCH 命令将"柜子"图形（立体化教学：\实例素材\第4章\柜子.dwg）中下面的矩形向下拉伸 30mm。

命令行操作如下：

命令: STRETCH　　　　　　　　　　　　　　//执行 STRETCH 命令

以交叉窗口或交叉多边形选择要拉伸的对象...　　//系统提示

选择对象: 指定对角点: 找到 3 个　　　　　　//以交叉框选方法选择对象

选择对象:　　　　　　　　　　　　　　　　//按 Enter 键结束选择对象

指定基点或位移:　　　　　　　　　　　　　//捕捉柜子底面中心点作为拉伸基点，如
　　　　　　　　　　　　　　　　　　　　　图 4-31 所示

指定位移的第二个点或 <用第一个点作位移>: 30　//鼠标向下移动，并输入拉伸的距离，按 Enter 键
　　　　　　　　　　　　　　　　　　　　　确认，效果如图 4-32 所示（立体化教学：\源文
　　　　　　　　　　　　　　　　　　　　　件\第4章\柜子.dwg）

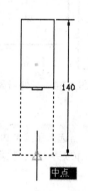

图 4-31　以交叉框选方法选择对象

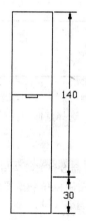

图 4-32　拉伸后的效果

📢**提示：**

拉伸对象与移动和旋转对象有相似之处，它们都需要指定编辑对象的基点，然后根据基点再指定新的位移点，读者可结合前面讲解的移动和旋转命令来学习拉伸命令。

4.3.2　延伸操作

延伸命令用于把直线、圆弧或多段线的端点延长到指定的边界，这些边界可以是直线、圆弧或多段线。延伸对象的方法主要有如下几种：

- ↘ 选择"修改/延伸"命令。
- ↘ 单击"修改"工具栏中的 ┅ 按钮。
- ↘ 在命令行中执行 EXTEND（EX）命令。

使用 EXTEND 命令延伸对象时也需要先选择延伸边界和被延伸的线段，并且延伸边界

与被延伸的线段必须处于未相交状态。

【例 4-11】 使用 EXTEND 命令将"导柱"图形（立体化教学：\实例素材\第 4 章\导柱.dwg）中闭合的直线对象进行延伸操作。

命令行操作如下：

命令: EXTEND	//执行 EXTEND 命令
当前设置:投影=UCS，边=无	//系统显示当前延伸设置
选择边界的边...	//系统提示
选择对象或<全部选择>: 找到 1 个	//选择如图 4-33 所示图形中的水平线段
选择对象:	//按 Enter 键结束选择对象
选择要延伸的对象，或按住 Shift 键选择要修剪的对象，或[栏选(F)/窗交(C)/投影(P)/边(E)/放弃(U)]:	//单击需要延伸的垂直线段
选择要延伸的对象，或按住 Shift 键选择要修剪的对象，或[栏选(F)/窗交(C)/投影(P)/边(E)/放弃(U)]:	//按 Enter 键结束命令，完成后效果如图 4-34 所示（立体化教学：\源文件\第 4 章\导柱.dwg）

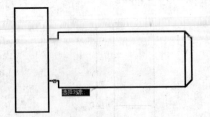

图 4-33 选择延伸边界线

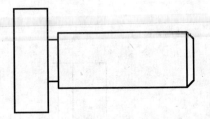

图 4-34 延伸对象后的效果

✍ **技巧：**

> 使用 EXTEND 命令修剪线条与使用 TRIM 命令延伸线条类似，当选择了延伸边界后，在"选择要延伸的对象，或按住 Shift 键选择要修剪的对象，或 [投影(P)/边(E)/放弃(U)]:" 提示下按住 Shift 键的同时单击线段修剪该线段。

4.3.3 打断操作

使用打断命令可以将单独的线条进行打断操作，打断的对象不能是任何组合形体，如图块、编组等。该命令可通过指定两点、选择物体后再指定两点等几种方法断开形体。打断对象的方法主要有如下几种：

➥ 选择"修改/打断"命令。

➥ 单击"修改"工具栏中的▫或▫按钮。

➥ 在命令行中执行 BREAK（BR）命令。

1. 将对象打断于一点

将对象打断于一点是指将线段进行无缝断开，分离成两条独立的线段，但线段之间没有空隙。单击"修改"工具栏中的▫按钮即可对线条进行无缝断开操作，如将一条直线进行打断于一点的操作效果如图 4-35 所示。

图 4-35　打断于一点的效果

在将对象打断于一点时，如果通过单击"修改"工具栏中的□按钮的方式进行打断，在单击按钮后直接在需要打断的位置处单击鼠标即可。如果以执行命令的方式进行操作，则需要选择"第一点"选项的方式进行。

命令行操作如下：

命令: BREAK　　　　　　　　　　　//执行 BREAK 命令
选择对象:　　　　　　　　　　　　//选择要打断的对象
指定第二个打断点或 [第一点(F)]: _f　//系统自动选择"第一点"选项，表示重新指定打断点

　指定第一个打断点:　　　　　　　//在对象上要打断的位置单击鼠标左键
　指定第二个打断点: @　　　　　　//系统自动输入"@"符号，表示第二个打断点与第一个打断点为同一点，然后系统将对象无缝断开，并退出 BREAK 命令

2. 以两点方法打断对象

以两点方法打断对象是指在对象上创建两个打断点，使对象以一定的距离断开。

【例 4-12】　使用 BREAK 命令将"两个圆"图形（立体化教学：\实例素材\第 4 章\两个圆.dwg）中圆的两段弧线进行打断操作，使图形成为一个月牙图形（立体化教学：\源文件\第 4 章\月牙.dwg）。

命令行操作如下：

命令: BREAK　　　　　　　　　　　//执行 BREAK 命令
选择对象:　　　　　　　　　　　　//选择如图 4-36 所示图形的小圆
指定第二个打断点或 [第一点(F)]: F　//选择"第一点"选项，重新指定打断点
指定第一个打断点:　　　　　　　　//捕捉 B 点，如图 4-37 所示
指定第二个打断点:　　　　　　　　//捕捉 A 点
命令: BREAK　　　　　　　　　　　//执行 BREAK 命令
……　　　　　　　　　　　　　　//用同样的方法打断大圆,完成后效果如图 4-38 所示

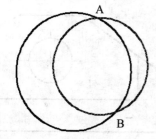

图 4-36　待打断的对象

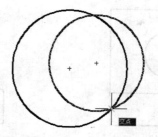

图 4-37　捕捉打断对象 B 点

图 4-38　打断对象后效果

技巧：

在对以上和类似的图形进行打断时，先捕捉圆中弧线下面一点，再捕捉弧线上面一点，将会打断圆右边弧线；若先捕捉圆中弧线上面一点，再捕捉弧线下面一点，将会打断圆左边弧线。

注意：

使用 BREAK 命令打断对象时，系统提示"选择对象:"，在选择对象的同时，将鼠标指针移到对象上的位置将会被系统作为第一个打断点，然后在系统提示下指定第二个打断点。

4.3.4 倒角操作

倒角命令主要用于将两条非平行直线或多段线做出有斜度的倒角。使用时应先设定倒角距离，然后再指定倒角线。进行倒角操作的方法主要有如下几种：

- 选择"修改/倒角"命令。
- 单击"修改"工具栏中的 按钮。
- 在命令行中执行 CHAMFER（CHA）命令。

【例 4-13】 使用 CHAMFER 命令将"托架"图形（立体化教学：\实例素材\第 4 章\托架.dwg）进行倒角操作。

命令行操作如下：

命令: CHAMFER	//执行 CHAMFER 命令
("修剪"模式) 当前倒角距离 1 = 2.0000，距离 2 = 4.0000	//系统显示当前倒角模式
选择第一条直线或 [多段线(P)/距离(D)/角度(A)/修剪(T)/方法(M)/多个(U)]: D	//选择"距离"选项，设置倒角距离
指定第一个倒角距离 <2.0000>: 4	//指定第一个倒角距离
指定第二个倒角距离 <4.0000>:2	//指定第二个倒角距离
选择第一条直线或 [放弃(U)/多段线(P)/距离(D)/角度(A)/修剪(T)/方式(E)/多个(M)]:	//选择图形中的水平直线为第一条直线，如图 4-39 所示
选择第二条直线，或按住 Shift 键选择要应用角点的直线:	//选择图形中右边的垂直直线为第二条直线，完成倒角操作，效果如图 4-40 所示（立体化教学：\源文件\第 4 章\托架.dwg）

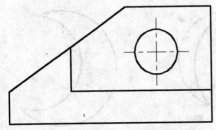

图 4-39　选择第一条直线

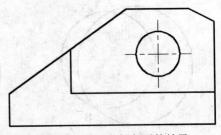

图 4-40　将对象倒角后的效果

在执行 CHAMFER 命令的过程中，命令行中各选项的含义分别如下。

- **多段线：** 在二维多段线的所有顶点处产生倒角。
- **距离：** 设置倒角距离。
- **角度：** 以指定一个角度和一段距离的方法来设置倒角的距离。
- **修剪：** 设定是否在倒角对象后，仍然保留被倒角对象原有的形状。
- **方式：** 在"距离"和"角度"两个选项之间选择一种方法。
- **多个：** 给多个对象增加倒角，命令行将重复显示提示，直到按 Enter 键结束命令。

4.3.5　圆角操作

圆角命令主要用于对两个对象进行圆弧连接，它还能对多段线的多个顶点进行一次性圆角。在使用此命令倒圆角对象时，应先设定圆弧半径，然后再进行倒圆。进行圆角操作的方法主要有如下几种：

- 选择"修改/圆角"命令。
- 单击"修改"工具栏中的 按钮。
- 在命令行中执行 FILLET 命令。

【例 4-14】　使用 FILLET 命令对"摇柄"图形（立体化教学：\实例素材\第 4 章\摇柄.dwg）进行倒圆角操作。

命令行操作如下：

命令: FILLET	//执行 FILLET 命令
当前设置: 模式 = 修剪，半径 = 10.0000	//系统显示当前圆角设置
选择第一个对象或 [放弃(U)/多段线(P)/半径(R)/修剪(T)/多个(M)]: R	//选择"半径"选项，指定圆角的半径
指定圆角半径 <15.0000>: 15	//指定圆角半径值
选择第一个对象或 [放弃(U)/多段线(P)/半径(R)/修剪(T)/多个(M)]:	//选择图形上方的圆弧对象为第一个对象，如图 4-41 所示
选择第二个对象，或按住 Shift 键选择要应用角点的对象:	//选择图形中与上方圆弧相交的直线对象为第二个对象
命令: FILLET	//执行 FILLET 命令
……	//用同样的方法对图形下方的对象进行倒圆角操作，完成后效果如图 4-42 所示

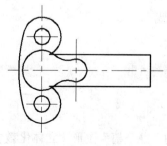

图 4-41　选择第一个对象

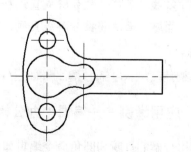

图 4-42　倒圆角后的效果

在执行 FILLET 命令的过程中，命令行中各选项的含义分别如下。

➥ **选择第一个对象**：在此提示下选择第一个对象，该对象用于定义二维圆角的两个对象之一，也可以用来选择三维实体的边。

➥ **多段线**：对二维多段线中两条线段相交的每个顶点处倒圆角。

➥ **半径**：指定圆角的半径。

➥ **修剪**：确定是否修剪选定的边到圆角的端点。

➥ **多个**：给多个对象添加圆角，命令行将重复显示提示，直到按 Enter 键结束命令。

4.3.6 分解操作

在使用 AutoCAD 绘制图形时，部分命令绘制的图形是一个整体，如矩形命令和多段线命令。如果要对绘制的整体图形对象中的部分对象进行编辑，就需要先将其分解为单个对象，然后再对其进行编辑。

分解图形对象的操作非常简单，在选择需要分解的图形对象后执行分解命令，或在执行分解命令后再选择需要分解的对象都可以完成分解操作。进行分解操作的方法主要有如下几种：

➥ 选择"修改/分解"命令。

➥ 单击"修改"工具栏中的 按钮。

➥ 在命令行中执行 EXPLODE 命令。

分解对象的结果取决于所分解的合成对象的类型，不同对象分解后的对象结果也不同。各种对象分解后的结果如下。

➥ **二维和优化多段线**：分解后将获得沿多段线中心放置的直线和圆弧。

➥ **三维多段线**：分解后将成为线段。

➥ **三维实体**：分解后平面表面将成为面域，非平面表面将成为体。

➥ **块**：如果块中包含了一个多段线或嵌套块，那么对该块的分解就首先显示出该多段线或嵌套块，然后再分解该块中的各个对象。

➥ **圆**：位于非一致比例块内的圆，将会分解为椭圆。

➥ **引线**：根据引线的不同，引线可分解成直线、样条曲线、实体（箭头）、块插入（箭头和注释块）、多行文字或公差对象。

➥ **多行文字**：对多行文字进行分解后将变成文字对象。

➥ **多线**：多线将被分解成直线和圆弧。

➥ **面域**：面域将被分解成直线、圆弧或样条曲线。

📢提示：

上述分解的对象中部分对象的绘制将会在后面的章节中详细讲解。

4.3.7 应用举例——编辑"办公椅"图形

使用分解、打断和圆角命令编辑如图 4-43 所示的"办公椅"图形（立体化教学：\实例素材\第 4 章\办公椅.dwg），效果如图 4-44 所示（立体化教学：\源文件\第 4 章\办公椅.dwg）。

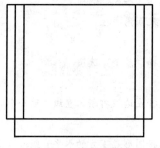

图 4-43　实例素材

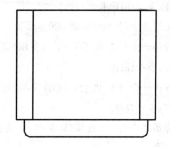

图 4-44　最终效果

操作步骤如下：

（1）打开"办公椅.dwg"图形文件，并在命令行中执行 EXPLODE 命令，对最大的正方形进行分解操作。命令行操作如下：

命令: EXPLODE	//执行 EXPLODE 命令
选择对象: 找到 1 个	//选择图形中最大的正方形为分解对象
选择对象:	//按 Enter 键结束命令，完成分解操作

（2）在命令行中执行 BREAK 命令，对分解的图形对象左边的直线进行打断操作。命令行操作如下：

命令: BREAK	//执行 BREAK 命令
选择对象:	//选择分解的图形对象左边的直线为对象
指定第二个打断点或 [第一点(F)]: F	//选择"第一点"选项，重新指定打断点
指定第一个打断点:	//捕捉 B 点，如图 4-45 所示
指定第二个打断点:	//捕捉 A 点，完成后的效果如图 4-46 所示

（3）使用相同的方法，在命令行中执行 BREAK 命令，对分解的图形对象右边的直线进行打断操作，完成后的效果如图 4-47 所示。

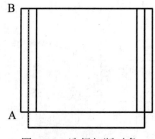

图 4-45　选择打断对象

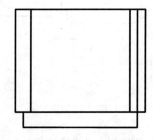

图 4-46　打断左边直线效果

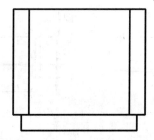

图 4-47　打断右边直线效果

（4）在命令行中执行 FILLET 命令，对图形进行圆角操作。命令行操作如下：

命令: FILLET	//执行 FILLET 命令
当前设置: 模式 = 修剪，半径 = 0.0000	//系统提示当前设置

选择第一个对象或 [放弃(U)/多段线(P)/半径(R)/修剪(T)/多个(M)]: R	//选择"半径"选项
指定圆角半径 <0.0000>: 20	//输入圆角半径
选择第一个对象或 [放弃(U)/多段线(P)/半径(R)/修剪(T)/多个(M)]: M	//选择"多个"选项
选择第一个对象或 [放弃(U)/多段线(P)/半径(R)/修剪(T)/多个(M)]:	//选择左边被打断的直线为第一个对象
选择第二个对象, 或按住 Shift 键选择要应用角点的对象:	//选择图形最下方的水平直线
选择第一个对象或 [放弃(U)/多段线(P)/半径(R)/修剪(T)/多个(M)]:	//选择右边被打断的直线为第一个对象
选择第二个对象, 或按住 Shift 键选择要应用角点的对象:	//再次选择图形最下方的水平直线
选择第一个对象或 [放弃(U)/多段线(P)/半径(R)/修剪(T)/多个(M)]:	//按 Enter 键结束操作

4.4　上机及项目实训

4.4.1　绘制六角螺栓主视图

本次实训将绘制如图 4-48 所示的零件图（立体化教学：\源文件\第 4 章\曲形轴.dwg）。在绘制过程中将运用 LINE、OFFSET、FILLET、TRIM 和 CHAMFER 命令。

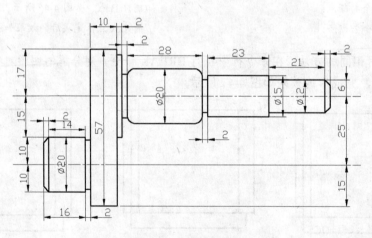

图 4-48　曲形轴剖面图

操作步骤如下：

（1）使用 LINE 命令绘制中心线，并对绘制的中心线进行偏移操作，偏移的尺寸和完成后的效果如图 4-49 所示。命令行操作如下：

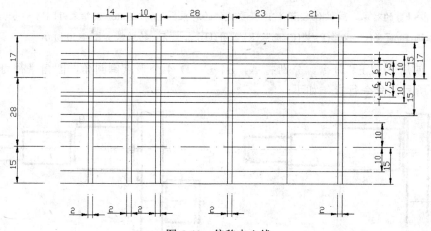

图 4-49　偏移中心线

命令：LINE	//执行 LINE 命令
指定第一点：0,0	//指定任意点为起点
指定下一点或 [放弃(U)]:200	//鼠标水平向右移动，输入直线长度 200
命令：LINE	//执行 LINE 命令
指定第一点：	//指定任意点为起点
指定下一点或 [放弃(U)]: 100	//鼠标竖直向上移动，输入直线长度 100
命令: OFFSET	//执行 OFFSET 命令
当前设置: 删除源=否　图层=源　OFFSETGAPTYPE=0	//系统提示
选择对象：	//按 Enter 键
指定偏移距离或 [通过(T)/删除(E)/图层(L)] <14.0889>: 2	//输入偏移距离为 2
选择要偏移的对象，或 [退出(E)/放弃(U)] <退出>:	//选择竖直直线
指定要偏移的那一侧上的点，或 [退出(E)/多个(M)/放弃(U)] <退出>:	//在直线对象的右方单击
选择要偏移的对象，或 [退出(E)/放弃(U)] <退出>:	//按 Esc 键退出命令
……	//使用相同的方法偏移复制出其他直线

（2）将两条水平中心线进行偏移并使用修剪命令修剪多余的线段。命令行操作如下：

命令: TRIM	//执行 TRIM 命令
当前设置:投影=UCS，边=无	//系统提示
选择剪切边…	//系统提示选择剪切边
选择对象或<全部选择>:	//选择剪切边
选择要修剪的对象，或按住 Shift 键选择要延伸的对象，或[栏选(F)/窗交(C)/投影(P)/边(E)/删除(R)/放弃(U)]:	//选择要修剪的对象

选择要修剪的对象，或按住 Shift 键选择要延伸的对象，　//按 Enter 键结束 TRIM 命令，完成后
或[栏选(F)/窗交(C)/投影(P)/边(E)/删除(R)/放弃(U)]:　　　的效果如图 4-50 所示

（3）使用 FILLET 命令，分别将 A、B、C、D 4 个顶点倒圆角，圆角半径为 3mm，如图 4-51 所示。命令行操作如下：

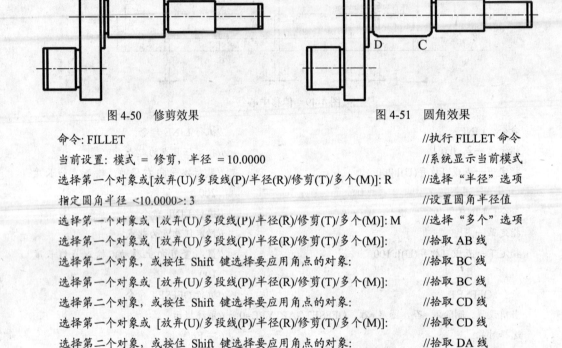

图 4-50　修剪效果　　　　　　　　　　　　　图 4-51　圆角效果

命令: FILLET　　　　　　　　　　　　　　　　　　　　//执行 FILLET 命令
当前设置: 模式 = 修剪，半径 = 10.0000　　　　　　　　//系统显示当前模式
选择第一个对象或[放弃(U)/多段线(P)/半径(R)/修剪(T)/多个(M)]: R　　//选择"半径"选项
指定圆角半径 <10.0000>: 3　　　　　　　　　　　　　//设置圆角半径值
选择第一个对象或 [放弃(U)/多段线(P)/半径(R)/修剪(T)/多个(M)]: M　　//选择"多个"选项
选择第一个对象或 [放弃(U)/多段线(P)/半径(R)/修剪(T)/多个(M)]:　　//拾取 AB 线
选择第二个对象，或按住 Shift 键选择要应用角点的对象:　　//拾取 BC 线
选择第一个对象或 [放弃(U)/多段线(P)/半径(R)/修剪(T)/多个(M)]:　　//拾取 BC 线
选择第二个对象，或按住 Shift 键选择要应用角点的对象:　　//拾取 CD 线
选择第一个对象或 [放弃(U)/多段线(P)/半径(R)/修剪(T)/多个(M)]:　　//拾取 CD 线
选择第二个对象，或按住 Shift 键选择要应用角点的对象:　　//拾取 DA 线
选择第一个对象或 [放弃(U)/多段线(P)/半径(R)/修剪(T)/多个(M)]:　　//拾取 DA 线
选择第二个对象，或按住 Shift 键选择要应用角点的对象:　　//拾取 AB 线
选择第一个对象或 [放弃(U)/多段线(P)/半径(R)/修剪(T)/多个(M)]:　　//按 Enter 键结束命令

（4）使用倒角命令将 A、B、C、D 4 个顶点倒角，倒角距离为 3mm，如图 4-52 所示。命令行操作如下：

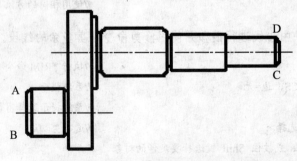

图 4-52　倒角效果

命令: CHAMFER   //执行 CHAMFER 命令

("修剪"模式) 当前倒角距离 1 = 3.0000, 距离 2 = 3.0000   //系统显示当前倒角设置

选择第一条直线或 [放弃(U)/多段线(P)/距离(D)/角度(A)/修剪(T)/方式

(E)/多个(M)]:   //拾取 A 点一侧直线

选择第二个对象, 或按住 Shift 键选择要应用角点的对象: //拾取 A 点另一侧直线

选择第一条直线或 [放弃(U)/多段线(P)/距离(D)/角度(A)/修剪(T)/方式

(E)/多个(M)]:   //拾取 B 点一侧直线

选择第二个对象, 或按住 Shift 键选择要应用角点的对象: //拾取 B 点另一侧直线

选择第一条直线或 [放弃(U)/多段线(P)/距离(D)/角度(A)/修剪(T)/方式

(E)/多个(M)]:   //拾取 C 点一侧直线

选择第二个对象, 或按住 Shift 键选择要应用角点的对象: //拾取 C 点另一侧直线

选择第一条直线或 [放弃(U)/多段线(P)/距离(D)/角度(A)/修剪(T)/方式

(E)/多个(M)]:   //拾取 D 点一侧直线

选择第二个对象, 或按住 Shift 键选择要应用角点的对象: //拾取 D 点另一侧直线

4.4.2 布置客厅图形

综合利用本章和前面所学知识, 调整如图 4-53 所示"客厅"图形(立体化教学: \实例素材\第 4 章\客厅.dwg)中的各个对象的位置, 效果如图 4-54 所示(立体化教学: \源文件\第 4 章\客厅.dwg)。

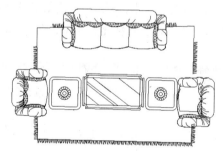

图 4-53 实例素材

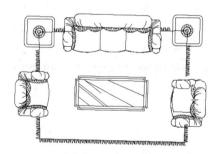

图 4-54 最终效果

本练习可结合立体化教学中的视频演示进行学习(立体化教学: \视频演示\第 4 章\布置客厅图形.swf)。主要操作步骤如下:

(1)打开"客厅.dwg"图形, 使用 MOVE 命令将"台灯"图形移动到图形的左上角。在移动图形时选择"台灯"图形的圆心为基点。

(2)使用相同的方法, 将另一个"台灯"图形移动至图形的右上角。

(3)使用 ROTATE 命令将右边的"沙发"图形进行旋转操作, 旋转的基点为"沙发"图形的左上角, 旋转角度为 15°。

(4)使用 EXPLODE 命令, 将"茶几"图形分解。

(5)使用 STRETCH 命令, 将"茶几"图形向右拉伸, 拉伸值为 300。在选择"茶几"图形时使用交叉框选方式框选茶几图形的一半对象。

（6）使用 MOVE 命令将拉伸后的图形移动至"客厅"的中间位置。

4.5 练习与提高

（1）打开"雕塑.dwg"图形文件（立体化教学：\实例素材\第 4 章\雕塑.dwg），进行矩形框选、交叉框选、点选、栏选和快速选择等操作。

（2）绘制如图 4-55 所示的图形（立体化教学：\源文件\第 4 章\图案.dwg），并对其进行比例缩放（比例因子为 3），然后再对图形进行删除和恢复操作。

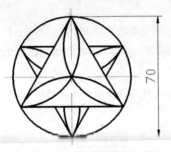

图 4-55　图案

（3）根据所学知识绘制如图 4-56 所示的螺旋线（立体化教学：\源文件\第 4 章\螺旋线.dwg）。

提示：先绘制所有的圆图形，圆心分别在 4 条中心线的交点上，再通过 TRIM 命令修剪不需要的曲线。本练习可结合立体化教学中的视频演示进行学习（立体化教学：\视频演示\第 4 章\绘制螺旋线.swf）。

（4）使用 RECTANG 命令和 CIRCLE 命令绘制"插座"图形，再使用 ROTATE 命令对需要旋转的对象进行旋转操作，完成后的效果如图 4-57 所示（立体化教学：\源文件\第 4 章\插座.dwg）。

提示：绘图尺寸自定义。本练习可结合立体化教学中的视频演示进行学习（立体化教学：\视频演示\第 4 章\绘制插座.swf）。

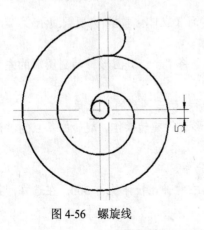

图 4-56　螺旋线

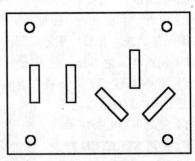

图 4-57　插座

（5）根据所学知识绘制如图 4-58 所示的底板图形（尺寸标注除外）（立体化教学：\源文件\第 4 章\底板.dwg）。

提示：利用不同命令分别绘制中间、外侧和内部圆图形。本练习可结合立体化教学中的视频演示进行学习（立体化教学：\视频演示\第 4 章\绘制底板.swf）。

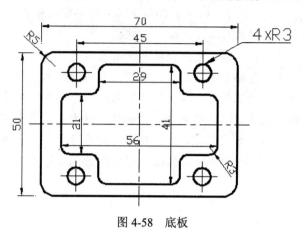

图 4-58　底板

（6）根据所学知识绘制如图 4-59 所示的吊钩图形（尺寸标注除外）（立体化教学：\源文件\第 4 章\吊钩.dwg）。

提示：先绘制需要的圆图形，然后使用修剪命令进行修剪。本练习可结合立体化教学中的视频演示进行学习（立体化教学：\视频演示\第 4 章\绘制吊钩.swf）。

（7）根据所学知识绘制如图 4-60 所示的挂轮架图形（尺寸标注除外）（立体化教学：\源文件\第 4 章\挂轮架.dwg）。

提示：可以使用构造线命令绘制几条重要的辅助线。本练习可结合立体化教学中的视频演示进行学习（立体化教学：\视频演示\第 4 章\绘制挂轮架.swf）。

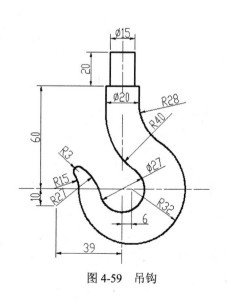

图 4-59　吊钩

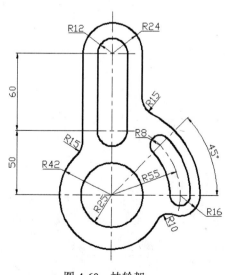

图 4-60　挂轮架

 总结平面图形的编辑方法

本章主要介绍了平面图形的基本编辑方法，为了让用户更好地掌握编辑图形的方法，这里总结以下几点供读者参考和探索：

➥ 本章中讲解到的 SCALE 命令和前面讲解到的视图缩放有很大区别，SCALE 命令将会改变图形对象的实际大小，而视图缩放只改变图形的显示比例。

➥ 在将对象打断于两点时，系统会将选择对象时用户在对象上指定的点作为第一个打断点，然后直接指定第二个打断点。在实际绘图过程中，用户在选择对象时注意单击对象的位置，可以实现快速打断图形对象于两点。

➥ 快速选择对象还可以以编组方式进行选择，该方式只能快速选择事先定义好的选择集。在使用该方式之前，必须对图形对象进行编组，方法是在命令行中执行 GROUP 命令，打开"对象编组"对话框进行设置。

第5章　平面图形的高级编辑

学习目标

☑ 使用直线、阵列、偏移、修剪和镜像等命令绘制象棋棋盘图形

☑ 使用工具栏中的各个下拉列表框设置"法兰盘"图形的特性

☑ 使用夹点编辑功能和特性匹配功能编辑"阀体盖"图形

☑ 使用矩形、圆、偏移、修剪和阵列等命令绘制机械零件俯视图

☑ 综合利用平面图形的高级编辑命令绘制阀盖俯视图

☑ 综合应用本章知识绘制"台灯"图形

目标任务&项目案例

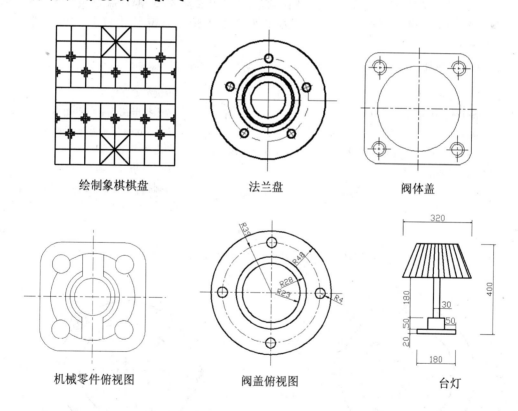

绘制象棋棋盘　　　　　法兰盘　　　　　阀体盖

机械零件俯视图　　　　阀盖俯视图　　　　台灯

通过上述实例效果的展示可以发现：在对平面图形进行高级编辑时，主要用到了复制类编辑命令、夹点功能、特殊图形的编辑命令以及设置对象特性等。本章将具体讲解复制、镜像、偏移以及阵列命令的使用方法，对象的线型、颜色和线宽特性的设置方法，夹点功能和"特性"选项板的运用，以及编辑特殊图形的方法。

5.1 复制图形类编辑命令

在绘图过程中，常需要绘制很多相同的对象，有些对象不仅相同还按一定规律排列，此时可以灵活运用复制类的编辑命令对这些对象进行复制操作，从而提高绘图效率，其中复制包括直接复制、通过剪贴板复制、镜像复制、偏移复制和阵列复制等。

5.1.1 直接复制

直接复制命令可以一次复制出一个或多个相同的对象。直接复制对象的方法主要有如下几种：

- ➥ 选择"修改/复制"命令。
- ➥ 单击"修改"工具栏中的 按钮。
- ➥ 在命令行中执行 COPY（CO）命令。

【例 5-1】 将如图 5-1 所示（立体化教学：\实例素材\第 5 章\轮盘.dwg）图形中的最小圆复制到外圆与辅助线交点处，最终效果如图 5-2 所示（立体化教学：\源文件\第 5 章\轮盘.dwg）。

命令行操作如下：

命令: COPY	//执行 COPY 命令
选择对象: 找到 1 个	//选择如图 5-1 所示图形中的小圆
选择对象:	//按 Enter 键结束选择对象
指定基点或位移: 指定位移的第二点或 <用第一点作位移>:	//选择小圆的圆心
指定位移的第二点:	//捕捉辅助线与外圆的交点
……	//捕捉辅助线与外圆的其他交点
指定位移的第二点:	//按 Enter 键结束 COPY 命令

技巧：

在指定复制对象的基点时，最好使用目标捕捉功能准确选择复制的基点。

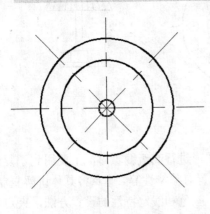

图 5-1 选择复制对象

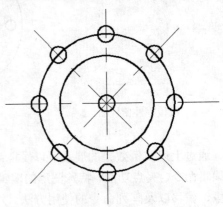

图 5-2 重复复制对象后的效果

提示：

在"指定位移的第二点或 <用第一点作位移>:"提示下按 Enter 键，则第一个点被当作相对于 X、Y、Z 方向的位移。如果指定基点为"@10,20"，并在下一个提示前按 Enter 键，表示所复制的对象位置在 X 方向上移动 10 个单位，在 Y 方向上移动 20 个单位。

5.1.2 通过剪贴板复制

剪贴板是数据的临时存储空间，通过剪贴板不仅可以在当前图形文件中进行复制操作，还可以将当前图形文件中的对象复制到其他图形文件中。通过剪贴板复制的方法主要有如下几种：

- 选择"编辑/剪切（复制）/粘贴"命令。
- 单击"标准"工具栏中的 ✂（ 📋 ）/📋 按钮。
- 在命令行中执行 CUTCLIP/COPYCLIP/PASTECLIP 命令。

【例 5-2】 将"电话机"图形文件（立体化教学：\实例素材\第 5 章\电话机.dwg）中的所有对象复制并粘贴到新建的 AutoCAD 文件中。

（1）选择"编辑/复制"命令，命令行操作如下：

命令: _COPYCLIP	//执行 COPYCLIP 命令
选择对象: 指定对角点: 找到 31 个	//选择如图 5-3 所示的图形
选择对象:	//按 Enter 键复制所选对象并结束 COPYCLIP 命令

（2）新建一个图形文件，选择"编辑/粘贴"命令，命令行操作如下：

命令: _PASTECLIP	//执行 PASTECLIP 命令
指定插入点:	//在绘图区中拾取点作为复制图形的插入点

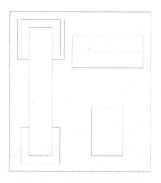

图 5-3 复制、粘贴图形

技巧：

选择要复制的图形后，按 Ctrl+C、Ctrl+V 键也可对图形进行复制、粘贴操作。

5.1.3 镜像复制

镜像命令可以生成与所选对象相对称的图形。在镜像对象时需要指出对称轴线，轴线是任意方向的，所选对象将根据该轴线进行对称，并且可选择删除或保留源对象。镜像复制对象的方法主要有如下几种：

- ❧ 选择"修改/镜像"命令。
- ❧ 单击"修改"工具栏中的 按钮。
- ❧ 在命令行中执行 MIRROR（MI）命令。

【例 5-3】 使用 MIRROR 命令镜像复制如图 5-4 所示的图形（立体化教学：\实例素材\第 5 章\沙发.dwg），并以右侧边缘线作为镜像对称轴线，效果如图 5-5 所示（立体化教学：\源文件\第 5 章\沙发.dwg）。

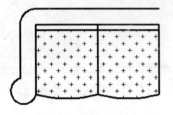
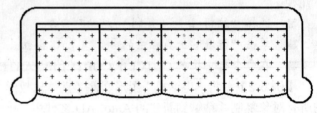

图 5-4　镜像复制前　　　　　　　　　　　　　图 5-5　镜像复制效果

命令行操作如下：

命令: MIRROR	//执行 MIRROR 命令
选择对象: 指定对角点: 找到 16 个	//选择如图 5-4 所示的图形
选择对象:	//按 Enter 键结束对象选择
指定镜像线的第一点:	//捕捉右侧边缘线的第一点
指定镜像线的第二点:	//捕捉右侧边缘线的第二点
要删除源对象吗？[是(Y)/否(N)] <N>:	//按 Enter 键，不删除源对象并结束 MIRROR 命令

📢》提示：

当命令行中显示"要删除源对象吗？[是(Y)/否(N)] <N>:"信息时，如果输入"Y"，选择"是"选项，则原来的对象将会被删除。

5.1.4　偏移复制

偏移命令可以根据指定距离或通过点，建立一个与所选对象平行或具有同心结构的形体，被偏移的对象可以是直线、圆、圆弧和样条曲线等。若偏移的对象为封闭形体，则偏移后图形被放大或缩小，原实体不变。偏移复制对象的方法主要有如下几种：

- ❧ 选择"修改/偏移"命令。
- ❧ 单击"修改"工具栏中的 按钮。
- ❧ 在命令行中执行 OFFSET（O）命令。

【例 5-4】 使用 OFFSET 命令偏移复制"洗手池"图形（立体化教学：\实例素材\第 5 章\洗手池.dwg）中的轮廓线图形，偏移距离为 20。

命令行操作如下：

命令: OFFSET　　　　　　　　　　　　　//执行 OFFSET 命令

当前设置: 删除源=否　图层=源

OFFSETGAPTYPE=0　　　　　　　　　　//系统自动显示

指定偏移距离或 [通过(T)/删除(E)/图层(L)] <通过>: 20　　//指定偏移距离，即偏移后新对象与源对象之间的距离

选择要偏移的对象或 [退出(E)/放弃(U)] <退出>:　　//选择需要偏移的对象，如图 5-6 所示

指定要偏移的那一侧上的点，或 [退出(E)/多个(M)/放弃(U)] <退出>:　　//在该图形内部的任意位置拾取一点作为偏移方向

选择要偏移的对象，或 [退出(E)/放弃(U)] <退出>:　　//按 Enter 键结束命令，完成后的效果如图 5-7 所示（立体化教学：\源文件\第 5 章\洗手池.dwg）

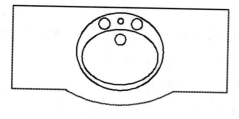

图 5-6　选择偏移对象

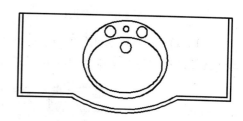

图 5-7　偏移对象后的效果

📢提示：

在偏移对象时，指定的偏移距离必须大于 0。若在"指定偏移距离或[通过(T)/删除(E)/图层(L)] <通过>:"提示下选择"通过"选项，将创建通过指定点的偏移对象。

5.1.5　阵列复制

阵列命令可以一次将选择的对象复制多个并按一定规律进行排列。阵列复制出的全部对象并不是一个整体，可对其中的每个对象进行单独编辑。阵列复制对象的方法主要有如下几种：

➡　选择"修改/阵列"命令。

➡　单击"修改"工具栏中的 田 按钮。

➡　在命令行中执行 ARRAY（AR）命令。

阵列操作又分为矩形阵列和环形阵列，下面分别进行讲解。

1．矩形阵列

选择"修改/阵列"命令，打开"阵列"对话框，在该对话框中进行参数设置后即可对图形对象进行阵列操作。

【例 5-5】　将如图 5-8 所示的"遥控器"图形（立体化教学：\实例素材\第 5 章\遥控器.dwg）中的矩形按钮进行阵列复制（行为 6，列为 5），阵列后的效果如图 5-9 所示（立体化教学：\源文件\第 5 章\遥控器.dwg）。

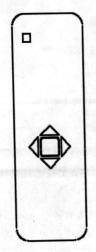

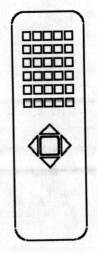

图 5-8　实例素材　　　　　　　　　　　图 5-9　矩形阵列后的效果

（1）选择"修改/阵列"命令，打开如图 5-10 所示的"阵列"对话框，选中 ◎ 矩形阵列(R) 单选按钮；在"行"文本框中输入"6"，在"列"文本框中输入"5"。

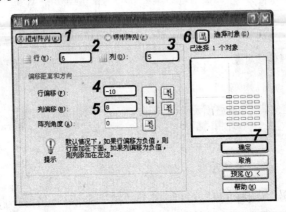

图 5-10　"阵列"对话框

（2）在"行偏移"文本框中输入偏移值为-10；在"列偏移"文本框中输入偏移值为 8。

（3）单击"选择对象"按钮 ，系统返回绘图区，命令行操作如下：

选择对象：找到 1 个　　　　　　　　　　//选择矩形按钮图形

选择对象：　　　　　　　　　　　　　　//按 Enter 键结束对象选择

（4）系统返回"阵列"对话框，单击 确定 按钮，完成矩形阵列。

2．环形阵列

选择"修改/阵列"命令，打开"阵列"对话框，选中 ◎ 环形阵列(P) 单选按钮，即可对图形对象进行环形阵列操作。

108

【**例 5-6**】　将如图 5-11 所示的"扇子"图形（立体化教学：\实例素材\第 5 章\扇子.dwg）中的直线 AB 进行环形阵列操作，效果如图 5-12 所示立体化教学：\源文件\第 5 章\扇子.dwg）。

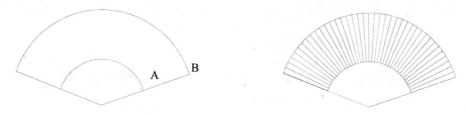

图 5-11　实例素材　　　　　　　　　　　　　图 5-12　环形阵列后的效果

（1）选择"修改/阵列"命令，打开"阵列"对话框，选中◉**环形阵列**(P)单选按钮，单击"中心点"文本框后的"拾取中心点"按钮，指定环形阵列所要围绕的中心点位置，如图 5-13 所示。系统返回绘图区中，命令行提示指定阵列中心点，捕捉图形两条边缘线段的交点。

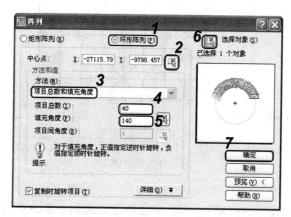

图 5-13　"阵列"对话框

（2）系统返回"阵列"对话框，在"方法"下拉列表框中选择"项目总数和填充角度"选项，在"项目总数"文本框中输入环形阵列直线所要复制对象的个数 40。

（3）在"填充角度"文本框中输入环形阵列直线所要旋转的角度 140，表示其在 140°范围内进行阵列。

（4）单击"选择对象"按钮，系统返回绘图区，命令行操作如下：

选择对象：找到 1 个　　　　　　　　　//选择如图 5-11 所示图形中的 AB 线段
选择对象：　　　　　　　　　　　　　//按 Enter 键结束对象选择

（5）系统返回到"阵列"对话框，单击 确定 按钮确认设置。

📢 **提示：**

> 在如图 5-11 所示的扇子图形中，如果需要阵列的线段是一个整体，可用打断于一点命令 BREAK 对线段进行打断操作，然后再进行阵列。

技巧：

在 AutoCAD 中，也可通过命令行的方式来完成对象的环形阵列操作，这时需在阵列命令 ARRAY 前加短横线，即"-ARRAY（-AR）"。

5.1.6 应用举例——绘制象棋棋盘

使用直线、阵列、偏移、修剪和镜像等命令绘制象棋棋盘图形，效果如图 5-14 所示（立体化教学：\源文件\第 5 章\象棋棋盘.dwg）。

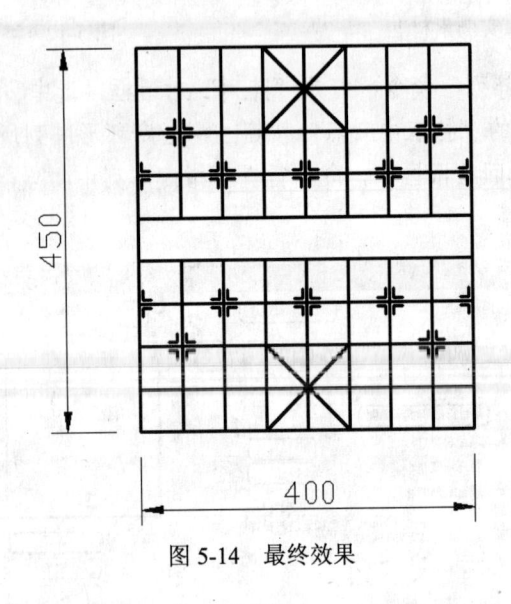

图 5-14 最终效果

操作步骤如下：

（1）在命令行中执行 **XLINE** 命令，在绘图区中绘制一条水平构造线和一条垂直构造线。命令行操作如下：

命令: XLINE	//执行 XLINE 命令
指定点或 [水平(H)/垂直(V)/角度(A)/二等分(B)/偏移(O)]:	//在绘图区中单击一点作为起点
指定通过点: <正交 开>	//按 F8 键开启正交功能，鼠标向左移动，单击鼠标左键，指定水平构造线的通过点
指定通过点:	//鼠标向上移动，单击鼠标左键，指定垂直构造线的通过点
指定通过点: *取消*	//按 Esc 键退出命令

（2）使用鼠标选择绘制的水平构造线，如图 5-15 所示。

（3）选择"修改/阵列"命令，打开"阵列"对话框，选中 ⊙ **矩形阵列** ⒭ 单选按钮，在"行"文本框中输入"6"，在"列"文本框中输入"1"，如图 5-16 所示。

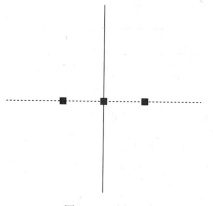

图 5-15　选择对象

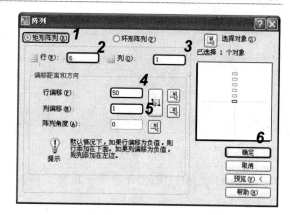

图 5-16　"阵列"对话框

（4）在"行偏移"文本框中输入偏移值为 50，在"列偏移"文本框中输入偏移值为 1，单击 确定 按钮，返回绘图区，完成矩形阵列，如图 5-17 所示。

（5）使用相同的方法，将垂直的构造线进行矩形阵列操作，其中设置"行"为 1、"列"为 9、"行偏移"为 1、"列偏移"为 50，完成后效果如图 5-18 所示。

（6）使用 TRIM 命令对阵列的图形对象进行修剪，完成后的效果如图 5-19 所示。

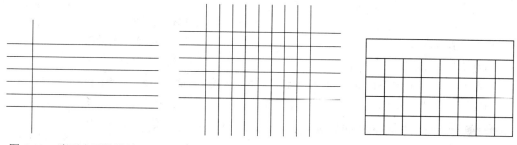

图 5-17　阵列水平构造线　　　　图 5-18　阵列垂直构造线　　　　图 5-19　修剪后的效果

（7）使用 OFFSET 命令，将从上至下的第 3 条直线向下偏移，偏移距离为 5。命令行操作如下：

命令: OFFSET	//执行 OFFSET 命令
当前设置: 删除源=否　图层=源　OFFSETGAPTYPE=0	//系统自动显示
指定偏移距离或 [通过(T)/删除(E)/图层(L)] <通过>: 5	//输入偏移距离值
选择要偏移的对象，或 [退出(E)/放弃(U)] <退出>:	//选择从上至下的第 3 条直线
指定要偏移的那一侧上的点，或 [退出(E)/多个(M)/放弃(U)] <退出>:	//在直线下方单击鼠标，确定偏移方向
选择要偏移的对象，或 [退出(E)/放弃(U)] <退出>:	//按 Enter 键退出命令

（8）使用相同的方法将从上至下的第 3 条直线向下偏移，偏移距离为 15，将左边第一条直线向右偏移，偏移距离分别为 5 和 15，完成后的效果如图 5-20 所示。

（9）使用 TRIM 命令对偏移的图形对象进行修剪，完成后的效果如图 5-21 所示。

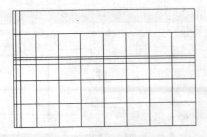

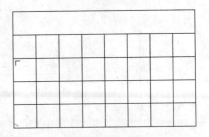

图 5-20　偏移效果　　　　　　　　　　　　　图 5-21　修剪效果

（10）使用 MIRROR 命令将修剪后的对象进行镜像操作，镜像对称轴为从上至下的第3 条直线。命令行操作如下：

命令: MIRROR	//执行 MIRROR 命令
选择对象: 指定对角点: 找到 2 个	//选择需要镜像的对象
选择对象:　指定镜像线的第一点:	//选择从上至下的第 3 条直线的端点
指定镜像线的第二点:	//选择该直线上的任意一点
要删除源对象吗? [是(Y)/否(N)] <N>:	//保持系统默认值不变，完成操作

（11）使用 COPY 命令将镜像后的对象进行复制操作。命令行操作如下：

命令: COPY	//执行 COPY 命令
选择对象:找到 4 个	//选择需要复制的对象
当前设置:　复制模式 = 多个	//系统自动显示
指定基点或 [位移(D)/模式(O)] <位移>: 指定第二个点或 <使用第一个点作为位移>:	//指定左边第一条直线与从上至下第 3 条直线的交点为基点
指定第二个点或 [退出(E)/放弃(U)] <退出>:	//指定复制对象的目标点
……	//使用相同的方法，继续复制对象
指定第二个点或 [退出(E)/放弃(U)] <退出>:	//按 Enter 键退出命令，效果如图 5-22 所示

（12）使用相同的方法将复制后的对象进行镜像操作，完成后的效果如图 5-23 所示。

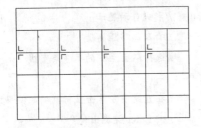

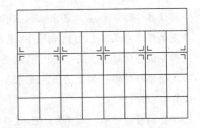

图 5-22　复制效果　　　　　　　　　　　　　图 5-23　镜像效果

（13）继续使用 COPY 命令复制镜像后的图形对象，复制的效果如图 5-24 所示。

（14）使用 LINE 命令在图形中下方绘制两条直线，完成后使用 MIRROR 命令，将对象向上镜像，完成整个图形的绘制，如图 5-25 所示。

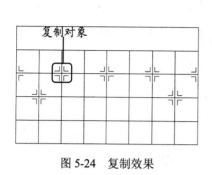

图 5-24 复制效果

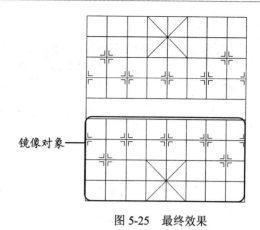

图 5-25 最终效果

5.2 设置对象特性

为了使图形文件更加直观、形象，还需要对图形对象的相关特性进行设置，如线型、颜色和线宽等。

5.2.1 设置对象的线型

在设计绘图中，不同类型的图形对象拥有不同的线型，如轮廓线采用直线、中心线采用点划线等。在 AutoCAD 2008 中提供了多种线型，供用户选择和使用。

在绘制图形之前，单击"对象特性"工具栏中"线型"栏后的 ∨ 按钮，弹出如图 5-26 所示的下拉列表，选择一种线型后，即可使用该线型绘制图形对象了。

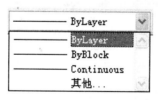

图 5-26 选择线型

如果"线型"下拉列表框中没有用户所需的线型，可通过"线型管理器"对话框加载需要的线型。打开"线型管理器"对话框的方法主要有如下几种：

- 选择"线型"下拉列表框中的"其他"选项。
- 选择"格式/线型"命令。
- 在命令行中输入 LINETYPE 命令。

【例 5-7】 通过在"线型管理器"对话框中进行设置，加载 ACAD_ISO02W100 线型。

（1）选择"格式/线型"命令，打开如图 5-27 所示的"线型管理器"对话框。

（2）单击 加载(L)... 按钮，打开如图 5-28 所示的"加载或重载线型"对话框，在"可用线型"列表框中选择 ACAD_ISO02W100 线型。单击 文件(F)... 按钮，还可在打开的对话框中选择电脑中保存的线型。

图 5-27 "线型管理器"对话框

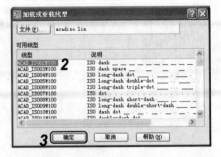

图 5-28 "加载或重载线型"对话框

（3）单击 确定 按钮，返回"线型管理器"对话框，此时在"当前线型"列表框中已出现了选择的线型，如图 5-29 所示。

（4）单击 确定 按钮，关闭"线型管理器"对话框并返回绘图区，单击"线型"栏后的 按钮，在弹出的下拉列表中可发现新加载的线型，如图 5-30 所示。

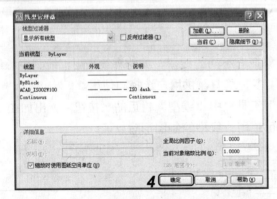

图 5-29 加载线型后的"线型管理器"对话框

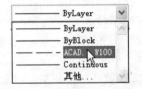

图 5-30 选择加载后的线型

"线型管理器"对话框是加载非常用线型的主要场所，其中未讲解选项的含义如下。

➥ "线型过滤器"下拉列表框：单击右侧的 按钮，在弹出的下拉列表中选择不同的选项，"当前线型"列表框中显示的线型种类也将发生改变。选中 反向过滤器(I) 复选框，则以相反的过滤条件显示线型。

➥ 当前(C) 按钮：单击该按钮可以将选择的线型设置为当前图形使用的线型。新建对象的默认线型是当前线型（包括 ByLayer 或 ByBlock 线型值）。

➥ 删除 按钮：单击该按钮可删除选择的线型。但在"线型管理器"对话框中删除的线型只是从当前图形中删除；而不是从线型库文件中删除。

◢技巧：

若需同时选择或清除线型列表中所有的线型，在列表中单击鼠标右键，在弹出的快捷菜单中选择"全部选择"或"全部清除"命令即可。

➡ 显示细节(D) 按钮：单击该按钮，"线型管理器"对话框的下方将出现"详细信息"栏，如图 5-31 所示，同时 显示细节(D) 按钮变为 隐藏细节(D) 按钮。

图 5-31 "详细信息"栏

在"详细信息"栏中，用户可设置线型的属性，其中各选项的含义分别如下。

➡ **"名称"文本框**：显示选择线型的名称，输入新字符可修改选择线型的名称。

➡ **"说明"文本框**：显示线型的描述说明，输入新字符可修改选择线型的形状描述。

➡ ☑缩放时使用图纸空间单位(U) **复选框**：用于控制图纸空间和模型空间是否用相同线型比例因子。

➡ **"全局比例因子"文本框**：控制线型的比例因子。

➡ **"当前对象缩放比例"文本框**：设置新建对象的线型比例。

➡ **"ISO 笔宽"下拉列表框**：将线型比例设置为标准 ISO 值，实际比例是全局比例因子与对象比例因子的乘积。

📢提示：

在绘图过程中，用户可随时更改线型名称，更改线型名称后线型库文件中的线型不变。其中，ByLayer、ByBlock 和 Continuous 线型都依赖于外部参照的线型，所以名称不能更改。

5.2.2 设置对象的颜色

为方便用户分清图形对象各要素之间的关系，可以为不同的元素设置不同的显示颜色，其操作方法很简单，与设置对象线型类似。在绘制图形之前，单击"对象特性"工具栏中"颜色"栏后的 ▼ 按钮，弹出如图 5-32 所示的下拉列表，选择一种颜色后，即可使用该颜色的线型绘制图形对象。

如果"颜色"下拉列表框中没有用户所需的颜色，可选择"选择颜色"选项或选择"格式/颜色"命令，然后在打开的"选择颜色"对话框中进行设置，如图 5-33 所示。

图 5-32 选择颜色

图 5-33 "选择颜色"对话框

5.2.3 设置对象的线宽

在绘制图形时，不同对象的图形应拥有不同的线宽，如轮廓线较粗，一般为 0.5～2mm，其余的线如中心线、细实线等较细，一般为轮廓线的一半。通过 AutoCAD 2008 的线宽设置就可满足这 实际绘图要求。

单击"对象特性"工具栏中"线宽"栏后的 按钮，在弹出的下拉列表中选择一种线宽后，即可使用该线宽绘制图形对象，如图 5-34 所示。如用户需对线宽进行其他设置，可在"线宽设置"对话框中完成。选择"格式/线宽"命令或在命令行中输入 LWEIGHT 命令，打开如图 5-35 所示的"线宽设置"对话框，在该对话框中可设置线宽的单位、尺寸及显示效果等。

图 5-34 "线宽"下拉列表

图 5-35 "线宽设置"对话框

设置线型的宽度后，单击状态栏中的 线宽 按钮，使其呈凹下状态，或在"线宽设置"对话框中选中 ☑显示线宽(D) 复选框，此时绘图区中所有设置了线宽的图形均以实际线宽显示。

5.2.4 应用举例——设置"法兰盘"图形的特性

通过工具栏中的各个下拉列表框设置如图 5-36 所示"法兰盘"图形（立体化教学：\实例素材\第 5 章\法兰盘.dwg）对象的颜色和线型特性并显示其线宽特性，效果如图 5-37 所示（立体化教学：\源文件\第 5 章\法兰盘.dwg）。

图 5-36 实例素材

图 5-37 最终效果

操作步骤如下：

（1）打开"法兰盘.dwg"图形文件，单击"对象特性"工具栏中"线型"栏后的 按钮，在弹出的下拉列表中选择"其他"选项。

（2）在打开的"线型管理器"对话框中单击 加载① 按钮。

（3）在打开的"加载或重载线型"对话框中选择需要的线型，这里选择 CENTER 选项，完成后单击 确定 按钮，如图 5-38 所示。

（4）返回"线型管理器"对话框，完成加载线型，单击 确定 按钮，如图 5-39 所示。

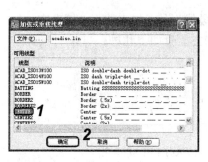

图 5-38 "加载或重载线型"对话框

图 5-39 "线型管理器"对话框

（5）选择图形中的辅助线和中心线对象，然后单击"对象特性"工具栏中"线型"栏后的 按钮，在弹出的下拉列表中选择 CENTER 选项，如图 5-40 所示。

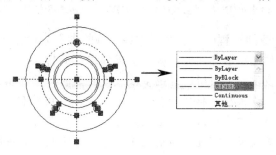

图 5-40 设置线型

（6）保持选择的对象不变，单击"对象特性"工具栏中"颜色"栏后的 按钮，在弹出的下拉列表中选择"红"选项，如图 5-41 所示。

（7）单击状态栏中的 线宽 按钮，显示线宽，如图 5-42 所示。

图 5-41 设置线型颜色

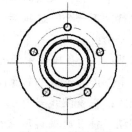

图 5-42 显示线宽

5.3 特殊图形编辑命令

在 AutoCAD 中绘制的多段线、样条曲线以及多线等特殊图形对象，除了可以使用前面介绍过的编辑命令外，还有专门的编辑命令可以对其进行编辑，下面将具体讲解编辑这类特殊图形的方法。

5.3.1 编辑多段线

在 AutoCAD 中可以编辑任何类型的多段线、多段线形体（如多边形、填充实体、二维或三维多段线等）及多边形网络。编辑多段线的方法主要有如下几种：

➥ 选择"修改/对象/多段线"命令。

➥ 单击"修改 II"工具栏中的 ✐ 按钮。

➥ 在命令行中执行 PEDIT（PE）命令。

执行编辑多段线 PEDIT 命令时，命令行操作如下：

命令: PEDIT   //执行 PEDIT 命令

选择多段线或 [多条(M)]:   //选择要编辑的多段线，或选择"多条"
　　　　　　　　　　　　　　　　　　　　　　　　　　　　选项同时编辑多条多段线

输入选项[打开(O)/合并(J)/宽度(W)/编辑顶点(E)/拟合
(F)/样条曲线(S)/非曲线化(D)/线型生成(L)/放弃(U)]:   //选择相应的选项，进行所需的编辑操作

在执行 PEDIT 命令的过程中，命令行中各选项的含义分别如下。

➥ **多条**：选择该选项后可同时对多条多段线进行编辑操作。

➥ **打开**：打开多段线。当所选择的多段线是打开的，该选项为"闭合(C)"。

➥ **合并**：把与多段线相连接的非多段线对象（如直线或圆弧）与多段线连接成一条完整的多段线。该选项只有在多段线"打开"状态时才可用。

➥ **宽度**：修改多段线的宽度。执行该选项后，可输入多线段的新宽度。

➥ **编辑顶点**：修改多段线的相邻顶点。执行该选项后，命令行提示输入"顶点编辑选项 [下一个(N)/上一个(P)/打断(B)/插入(I)/移动(M)/重生成(R)/拉直(S)/切向(T)/宽度(W)/退出(X)] <N>: "，输入顶点编辑选项即可执行相应的选项。各选项含义分别如下。

　　◇ **下一个**：把多段线的第一个顶点作为当前的修改顶点，并显示标记点的记号。执行"下一个"选项后，点的标记移动到下一顶点。

　　◇ **上一个**：与"下一个"选项相反，它将当前编辑顶点返回到上一顶点。

　　◇ **打断**：打断多段线中的部分线段。执行该选项后，命令行提示输入"选项 [下一个(N)/上一个(P)/转至(G)/退出(X)] <N>: "，选择相应的选项进行相应操作。

　　◇ **插入**：在多段线当前顶点的后面插入一个新顶点。

　　◇ **移动**：将当前编辑顶点移动到新位置。

　　◇ **重生成**：该选项用于重生成编辑后的多段线，使其编辑的特性显示出来。

↻ **拉直**：将两顶点之间的多段线拉直。

     ↻ **切向**：指定当前修改顶点的切线方向。

     ↻ **宽度**：改变当前顶点到下一顶点之间的线宽。

     ↻ **退出**：退出编辑顶点操作，返回到多段线编辑的主提示。

➥ **拟合**：创建圆弧平滑曲线拟合多段线。

➥ **样条曲线**：用样条曲线拟合多段线。

➥ **非曲线化**：拉直多段线，保留多段线顶点和切线不改变。

➥ **线型生成**：通过多段线的顶点生成连续线型。关闭此选项，将在每个顶点处以点划线开始和结束生成线型。

➥ **放弃**：取消上一次操作。

✍ **技巧：**

> 在执行多段线编辑命令时，当命令行提示选择多段线，若选择的是直线，则命令行提示是否将直线转换为多段线，若选择"是"，则可将直线转换为多段线，从而对其进行各种编辑操作。

5.3.2　编辑样条曲线

使用编辑样条曲线命令 SPLINEDIT 可对样条曲线的顶点、精度和反转方向等参数进行设置。编辑样条曲线的方法主要有如下几种：

➥ 选择"修改/对象/样条曲线"命令。

➥ 单击"修改 II"工具栏中的 按钮。

➥ 在命令行中执行 SPLINEDIT 命令。

执行 SPLINEDIT 命令时，命令行操作如下：

命令：SPLINEDIT	//执行 SPLINEDIT 命令
选择样条曲线：	//选择要编辑的样条曲线
输入选项[拟合数据(F)/闭合(C)/移动顶点(M)/精度	
(R)/反转(E)/放弃(U)]：	//选择相应的选项来编辑样条曲线

在执行 SPLINEDIT 命令的过程中，命令行中各选项的含义分别如下。

➥ **拟合数据**：选择该选项后，命令行提示"输入拟合数据选项[添加(A)/闭合(C)/删除(D)/移动(M)/清理(P)/相切(T)/公差(L)/退出(X)] <退出>："，其中各选项含义分别如下。

     ↻ **添加**：在样条曲线中增加拟合点。

     ↻ **闭合/打开**：如果选择的样条曲线是闭合的，AutoCAD 将用"打开"选项来代替"闭合"选项。选择该选项可以闭合或打开样条曲线。

     ↻ **删除**：从样条曲线中删除拟合点并且用其余点重新拟合样条曲线。

     ↻ **移动**：移动拟合点到新位置。

     ↻ **清理**：从图形数据库中删除样条曲线的拟合数据。

     ↻ **相切**：编辑样条曲线的起点和终点切向。

     ↻ **公差**：使用新的公差值将样条曲线重新拟合至现有点。

↻ 退出：退出拟合数据操作，返回到 SPLINEDIT 主提示。

↯ **闭合/打开**：如果选定的样条曲线已闭合，则"闭合"选项变为"打开"。主要用于闭合或打开样条曲线。

↯ **移动顶点**：重新定位样条曲线的控制顶点并且清理拟合点。

↯ **精度**：精确调整样条曲线定义。选择该选项后，命令行提示"输入精度选项[添加控制点(A)/提高阶数(E)/权值(W)/退出(X)] <退出>："，其中各选项含义分别如下。

　　↻ 添加控制点：增加控制部分样条的控制点数。

　　↻ 提高阶数：增加样条曲线上控制点的数目。

　　↻ 权值：更改不同样条曲线控制点的权值。较大的权值将样条曲线拉近其控制点。

　　↻ 退出：退出精度操作，返回到 SPLINEDIT 主提示。

↯ **反转**：反转样条曲线的方向。

↯ **放弃**：取消上一次操作。

5.3.3 编辑多线

多线是由具有多个线型和颜色的线混合成的单一对象，用户可将其作为一个整体进行编辑，也可以使用标准的对象修改命令，如复制、旋转、拉伸和比例缩放对其进行编辑，但其他命令如修剪命令 TRIM、延伸命令 EXTEND 和打断命令 BREAK 不能作用于多线。编辑多线的方法主要有如下几种：

↯ 选择"修改/对象/多线"命令。

↯ 在命令行中执行 MLEDIT 命令。

使用 MLEDIT 命令可以编辑多线的交点，修改多线的顶点，剪切或缝合多线。执行 MLEDIT 命令后，打开如图 5-43 所示的"多线编辑工具"对话框，在该对话框中选择相应的多线编辑工具后，单击 关闭(C) 按钮，返回绘图区中即可编辑多线。其中各个编辑工具的含义分别如下。

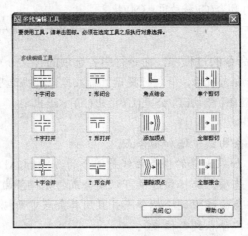

图 5-43 "多线编辑工具"对话框

↯ 　（十字闭合）：两条多线相交为闭合的十字交点，选择的第一条多线被修剪，第二条多线保持原状。

- ➡ ⊹（十字打开）：两条多线相交为开放的十字交点，选择的第一条多线的内部和外部元素都被打断，第二条多线的外部元素被打断。
- ➡ ⊹（十字合并）：两条多线相交为合并的十字交点，选择的第一条多线和第二条多线都被修剪到交叉的部分。
- ➡ ⊤（T 形闭合）：两条多线相交为闭合的 T 形交点，选择的第一条多线被修剪或延伸到与第二条多线的交点处。
- ➡ ⊤（T 形打开）：两条多线相交为开放的 T 形交点，选择的第一条多线被修剪或延伸到与第二条多线的交点处。
- ➡ ⊤（T 形合并）：两条多线相交为合并的 T 形交点，选择的第一条多线被修剪或延伸到与第二条多线的交点处。
- ➡ ∟（角点结合）：两条多线相交为角点连接。
- ➡ ‖|〉（添加顶点）：在多线上添加一个顶点。
- ➡ 〉|‖（删除顶点）：删除多线上的交点，使其成为直的多线。
- ➡ ‖|‖（单个剪切）：用于切断多线中的一条，只需要拾取要切断的多线某一条上的两点。
- ➡ ‖|‖（全部剪切）：通过两个拾取点使多线的所有线都间断。
- ➡ ‖|‖（全部接合）：可以重新显示所选两点间的任何切断部分。

【例 5-8】　使用"十字闭合"和"T 形打开"编辑工具编辑如图 5-44 所示的多线（立体化教学：\实例素材\第 5 章\建筑图形.dwg），效果如图 5-45 所示（立体化教学：\源文件\第 5 章\建筑图形.dwg）。

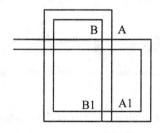

图 5-44　实例素材

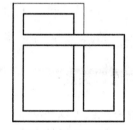

图 5-45　最终效果

命令行操作如下：

命令: MLEDIT	//执行 MLEDIT 命令，在打开的"多线编辑工具"对话框中单击 ⊹，再单击 关闭(C) 按钮
选择第一条多线:	//选择第一条多线 A
选择第二条多线:	//选择第二条多线 B
选择第一条多线或[放弃(U)]:	//按 Enter 键结束 MLEDIT 命令
命令: MLEDIT	//执行 MLEDIT 命令，在"多线编辑工具"对话框中单击 ⊤，再单击 关闭(C) 按钮
选择第一条多线:	//选择第一条多线 A1
选择第二条多线:	//选择第二条多线 B1
选择第一条多线或[放弃(U)]:	//按 Enter 键结束 MLEDIT 命令，用同样的方法编辑另一条多线

5.4　利用夹点和"特性"选项板编辑对象

在对图形对象进行编辑的过程中，可以利用夹点功能和"特性"选项板来改变对象的部分特征参数，如改变线型特性、对象位置、拉伸对象、调整对象缩放比例或创建新的对象以及修改对象等，从而使编辑更加方便和快捷。

5.4.1　夹点的含义

夹点是一些实心的小方框，使用定点设备指定对象时，对象关键点上将出现夹点，如图 5-46 所示；当将十字光标移动到夹点上时夹点呈绿色显示（系统默认），如图 5-47 所示；单击夹点时，夹点呈红色显示（系统默认），并显示该夹点的提示信息，如图 5-48 所示。

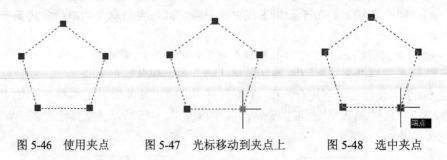

图 5-46　使用夹点　　　图 5-47　光标移动到夹点上　　　图 5-48　选中夹点

📢提示：

在选择夹点时，按住 Shift 键的同时单击夹点，可同时选中多个夹点。

5.4.2　编辑与设置夹点

在选择夹点后，就可以拖动鼠标对其进行移动、伸长、缩短或旋转等操作，也可以在选择夹点后直接输入编辑类的命令对对象进行编辑，其操作方法与前面讲解的图形编辑方法相同。一般情况下，选择夹点后默认执行的是拉伸操作。

在 AutoCAD 中，夹点的大小和颜色等参数还可以在"选项"对话框中进行设置。

【例 5-9】　在"选项"对话框中设置夹点的大小和颜色。

（1）选择"工具/选项"命令，在打开的"选项"对话框中选择"选择集"选项卡，如图 5-49 所示。

（2）在"夹点大小"栏中拖动滑块调整夹点的显示大小。

（3）在"未选中夹点颜色"下拉列表框中设置未选中对象时夹点的显示颜色。

（4）在"选中夹点颜色"下拉列表框中设置选中夹点时夹点的显示颜色。

（5）在"悬停夹点颜色"下拉列表框中设置将光标移动到夹点上时夹点的显示颜色。

（6）选中 ☑启用夹点⒠ 复选框，在绘图区中启用夹点编辑功能，反之，在对象关键点上不会出现夹点。

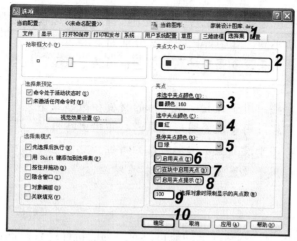

图 5-49 设置夹点参数

（7）选中 ☑在块中启用夹点(B) 复选框，表示选中图块后，在图块上也显示夹点。

（8）选中 ☑启用夹点提示(T) 复选框，表示选中某个夹点时，光标处会显示夹点的提示信息。

（9）在"选择对象时限制显示的夹点数"文本框中设置当选择了多于指定数目的对象时，禁止显示夹点。

（10）完成设置后，单击 确定 按钮即可。

5.4.3 "特性"选项板

通过"特性"选项板可以快捷地修改选中对象的颜色、图层、线型、线宽和厚度等特性，还可对图形输出、视图设置和坐标系的特性等进行设置。"特性"选项板如图 5-50 所示，打开"特性"选项板主要有如下几种方法：

- ➥ 直接双击某个图形对象。
- ➥ 选择"修改/特性"命令。
- ➥ 单击"标准"工具栏中的 按钮。
- ➥ 按 Ctrl+1 键。
- ➥ 在命令行中执行 PROPERTIES 命令。

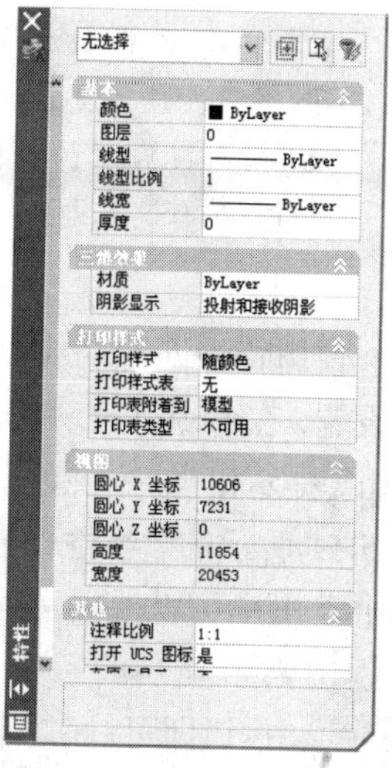

"特性"选项板顶部的下拉列表框用于选择要修改的对象，其右侧的 3 个工具按钮的含义分别如下。

- ➥ 按钮：该按钮用于设置在绘图区中选择对象时，是否采用按住 Shift 键向选择集中添加对象。该功能也可通过 PICKADD 系统变量进行设置。
- ➥ 按钮：单击此按钮后可以在绘图区选择对象。
- ➥ 按钮：单击此按钮可以打开"快速选择"对话框创建快速选择集。

在"无选择"下拉列表框中选择某个对象后，在某项特性栏后面单击，即可在出现的

图 5-50 "特性"选项板

文本框中输入新的数据或在出现的下拉列表框中选择所需的选项。选择的对象不同，所包含的特性选项也会有所不同，其中各栏的含义分别如下。

- **"基本"栏**：用于设置图形对象的颜色、图层、线型、线型比例、线宽和厚度等普通特性。
- **"三维效果"栏**：用于设置三维对象的材质和阴影显示。
- **"打印样式"栏**：用于设置图形对象的打印输出特性。
- **"视图"栏**：用于设置显示图形对象的特性。
- **"其他"栏**：用于设置显示 UCS 坐标系特性。

5.4.4　特性匹配

在 AutoCAD 2008 中，特性匹配功能可以对对象的特性进行复制，如对象的颜色、线宽、线型及所在图层等特性。特性匹配功能的实现方法主要有如下几种：

- 选择"修改/特性匹配"命令。
- 单击"标准"工具栏中的"特性"按钮 。
- 在命令行中输入 MATCHPROP（MA）命令。

使用特性匹配的方法很简单，执行命令后，命令行操作如下。

命令: MATCHPROP	//执行 MATCHPROP 命令
选择源对象:	//选择作为特性匹配的源对象
当前活动设置:颜色 图层 线型 线型比例 线宽 厚度 打印样式 文字 标注 填充图案 多段线 视口 表格 材质 阴影显示 多重引线	//系统提示当前可以进行特性匹配的对象特性类型
选择目标对象或 [设置(S)]:	//选择需特性匹配的目标对象
选择目标对象或 [设置(S)]:	//继续选择其他目标对象，完成特性匹配后，按 Enter 键结束命令

使用特性匹配功能复制的对象特性需要进行设置，在命令行出现"选择目标对象或 [设置(S)]:"提示信息时，选择"设置"选项，打开如图 5-51 所示的"特性设置"对话框。在该对话框中，用户可以根据实际情况选择在特性匹配过程中需要复制的特性，完成设置后，单击 确定 按钮即可。在"特性设置"对话框中各栏的功能分别如下。

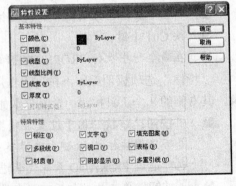

图 5-51　"特性设置"对话框

- **"基本特性"栏**：显示了源对象的特性，用户可通过选中复选框来选择需要进行复制对象的特性。
- **"特殊特性"栏**：选中该栏中相应的复选框表示将复制对象的这些特殊特性。

5.4.5　应用举例——编辑"阀体盖"图形

通过夹点编辑功能和特性匹配功能将如图 5-52 所示的"阀体盖"图形（立体化教学：\实例素材\第 5 章\阀体盖.dwg）对象的孔对象进行复制，并设置中心线的线型，效果如图 5-53 所示（立体化教学：\源文件\第 5 章\阀体盖.dwg）。

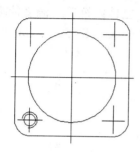

图 5-52　实例素材

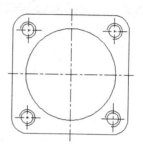

图 5-53　最终效果

操作步骤如下：

（1）打开"阀体盖.dwg"图形文件，选择图形中的孔对象后，单击孔对象的夹点。

（2）在命令行中执行 COPY 命令，将对象复制到其余的孔位置。命令行操作如下：

** 拉伸 **	//系统自动显示
指定拉伸点或 [基点(B)/复制(C)/放弃(U)/退出(X)]:	
COPY	//执行 COPY 命令
** 拉伸 (多重) **	//系统自动显示
指定拉伸点或 [基点(B)/复制(C)/放弃(U)/退出(X)]:	//选择右下角中心线的交点为拉伸点
……	//使用相同的方法指定其余的中心线交点为拉伸点
** 拉伸 (多重) **	//系统自动显示
指定拉伸点或 [基点(B)/复制(C)/放弃(U)/退出(X)]:	//按 Enter 键退出命令

（3）选择图形对象中的任意一条中心线，单击"对象特性"工具栏中"线型"栏后的 按钮，在弹出的下拉列表中选择 CENTER 选项。

（4）单击"标准"工具栏中的 按钮，将该中心线的线型特性复制给其他中心线。命令行操作如下：

命令:'_MATCHPROP	//单击"标准"工具栏中的 按钮
选择源对象:	//选择设置了线型特性的中心线
当前活动设置: 颜色 图层 线型 线型比例 线宽 厚度 打印样式 标注 文字 填充图案 多段线 视口 表格材质 阴影显示 多重引线	//系统自动显示
选择目标对象或 [设置(S)]:	//选择需要特性匹配的对象
……	//使用相同的方法，选择其余的中心线
选择目标对象或 [设置(S)]:	//按 Enter 键退出命令

5.5 上机及项目实训

5.5.1 绘制机械零件俯视图

本次实训将绘制如图 5-54 所示的机械零件俯视图（立体化教学：\源文件\第 5 章\机械零件.dwg）。在这个练习中主要使用 RETANG、CIRCLE、OFFSET、TRIM 和 ARRAY 等命令完成。

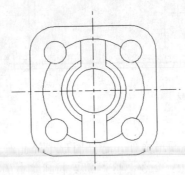

图 5-54　机械零件的俯视图

操作步骤如下：

（1）用构造线命令 XLINE 绘制图形的垂直轴线与水平轴线，再执行矩形命令 RECTANG 绘制圆角矩形。命令行操作如下：

命令: RECTANG	//执行 RECTANG 命令
指定第一个角点或 [倒角(C)/标高(E)/圆角(F)/厚度(T)/宽度(W)]: F	//选择"圆角"选项
指定矩形的圆角半径 <0.0000>: 2	//指定矩形圆角半径
指定第一个角点或 [倒角(C)/标高(E)/圆角(F)/厚度(T)/宽度(W)]:	//在绘图区任意位置拾取一点
指定另一个角点或 [尺寸(D)]: D	//选择"尺寸"选项
指定矩形的长度 <0.0000>: 10	//指定矩形长度
指定矩形的宽度 <0.0000>: 10	//指定矩形宽度
指定另一个角点或 [尺寸(D)]:	//在绘图区右下方任意拾取一点

（2）执行直线命令 LINE，捕捉矩形上下两边的中点作一条垂直辅助线，然后用移动命令 MOVE 将矩形移动到轴线上，使辅助线的中点与两轴线的交点重合。命令行操作如下：

命令: MOVE	//执行 MOVE 命令
选择对象: 找到 2 个	//选择矩形和辅助线
选择对象:	//按 Enter 键确认选择的对象
指定基点或位移:	//捕捉辅助线的中点作为基点
指定位移的第二点或 <用第一点作位移>:	//捕捉两条轴线的交点，完成矩形的移动

（3）用 CIRCLE 命令在中心点处分别绘制半径为 1.7、2.13 和 2.56 的圆，绘制完成后的效果如图 5-55 所示。

（4）用 OFFSET 命令偏移复制垂直的辅助线。命令行操作如下：

命令: OFFSET　　　　　　　　　　　　　　　//执行 OFFSET 命令

指定偏移距离或 [通过(T)] <1.0000>:2　　　//指定对象的偏移距离

选择要偏移的对象或 <退出>:　　　　　　　//选择垂直辅助线

指定点以确定偏移所在一侧:　　　　　　　//在垂直轴线左侧拾取一点，复制出第一条直线

选择要偏移的对象或 <退出>:　　　　　　　//再次选择垂直辅助线

指定点以确定偏移所在一侧:　　　　　　　//在垂直轴线右侧拾取一点，复制出第二条直线

选择要偏移的对象或 <退出>:　　　　　　　//按 Enter 键结束 OFFSET 命令

（5）用 TRIM 命令修剪圆与直线，效果如图 5-56 所示。命令行操作如下：

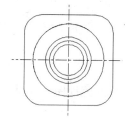

图 5-55　绘制不同直径的圆

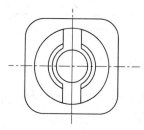

图 5-56　修剪后的效果

命令:TRIM　　　　　　　　　　　　　　　　//执行 TRIM 命令

当前设置:投影=UCS，边=无　　　　　　　　//系统显示当前设置

选择剪切边...　　　　　　　　　　　　　　//系统提示选择剪切边界

选择对象:找到 5 个　　　　　　　　　　　//选择所有的圆和偏移的两条直线

选择对象:　　　　　　　　　　　　　　　　//按 Enter 键确认选择的对象

选择要修剪的对象，或按住 Shift 键选择要延伸　　//在命令行的提示下依次单击不需要的部分将

　的对象，或[投影(P)/边(E)/放弃(U)]:　　　　其裁剪掉，最后按 Enter 键结束 TRIM 命令

（6）用 CIRCLE 命令以倒圆矩形的圆心为圆心绘制半径为 0.86 的圆，如图 5-57 所示。

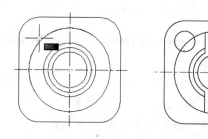

图 5-57　绘制小圆后的效果

（7）选中绘制的源对象，再单击"修改"工具栏中的品按钮，打开"阵列"对话框，选中⊙矩形阵列(R)单选按钮，设置"行"和"列"都为 2，"行偏移"为-6，"列偏移"为 6，

如图 5-58 所示。

（8）单击 ⬛确定 按钮，完成阵列，然后使用 TRIM 命令修剪小圆与大圆之间的弧线，最终效果如图 5-59 所示。

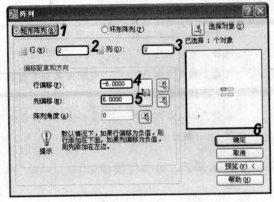

图 5-58　设置阵列参数

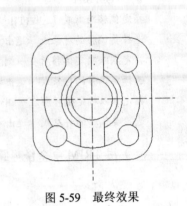

图 5-59　最终效果

5.5.2　绘制阀盖俯视图

综合利用本章和前面所学知识，绘制如图 5-60 所示的阀盖俯视图（立体化教学：\源文件\第 5 章\阀盖俯视图.dwg）。

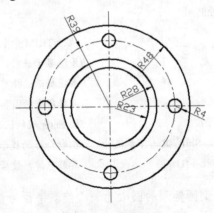

图 5-60　最终效果

本练习可结合立体化教学中的视频演示进行学习（立体化教学：\视频演示\第 5 章\绘制阀盖俯视图.swf）。主要操作步骤如下：

（1）使用 XLINE 命令，在绘图区中绘制一条垂直中心线和一条竖直中心线。

（2）以中心线的交点为圆心绘制一个半径为 48 的圆。

（3）将绘制的圆对象向内偏移，偏移距离分别为 9、20、25。

（4）选择半径为 39 的圆对象和两条中心线对象，并设置其线型特性为 CENTER。

（5）以中心线与半径为 39 的圆的任意一个交点为圆心绘制一个半径为 4 的圆。

（6）使用复制或阵列的方式将半径为 4 的圆复制到其余的交点上，完成绘制。

5.6　练习与提高

（1）绘制如图 5-61 所示的机械手柄图形（立体化教学：\源文件\第 5 章\机械手柄.dwg）。

提示：先绘制出上半部分或下半部分，然后通过镜像完成绘制。本练习可结合立体化教学中的视频演示进行学习（立体化教学：\视频演示\第 5 章\绘制机械手柄.swf）。

（2）根据所学知识绘制如图 5-62 所示的小便器图形（立体化教学：\源文件\第 5 章\小便器.dwg）。

提示：在绘制图形边缘时可以通过偏移命令进行绘制。本练习可结合立体化教学中的视频演示进行学习（立体化教学：\视频演示\第 5 章\绘制小便器.swf）。

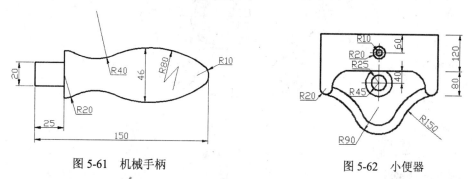

图 5-61　机械手柄

图 5-62　小便器

（3）根据所学知识绘制如图 5-63 所示的图形（立体化教学：\源文件\第 5 章\矩形阵列图形.dwg）。

提示：图中的矩形和圆对象使用矩形阵列的方式进行。本练习可结合立体化教学中的视频演示进行学习（立体化教学：\视频演示\第 5 章\绘制矩形阵列图形.swf）。

（4）根据所学知识绘制如图 5-64 所示的图形（立体化教学：\源文件\第 5 章\台灯.dwg）。

提示：灯罩上面的线条使用环形阵列绘制。本练习可结合立体化教学中的视频演示进行学习（立体化教学：\视频演示\第 5 章\阵列绘制台灯.swf）。

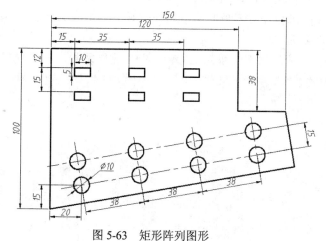

图 5-63　矩形阵列图形

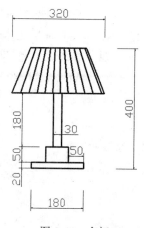

图 5-64　台灯

（5）根据所学知识绘制如图 5-65 所示的机械图形（尺寸标注除外）（立体化教学：\源文件\第 5 章\泵盖.dwg），并设置中心线线型为 CENTER，轮廓线宽为 0.30 毫米。

提示：在绘制过程中，可以使用陈列命令绘制部分圆对象。本练习可结合立体化教学中的视频演示进行学习（立体化教学：\视频演示\第 5 章\绘制泵盖.swf）。

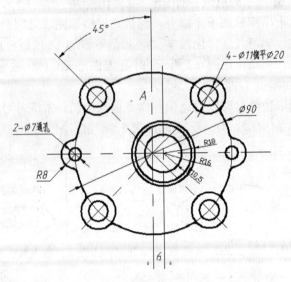

图 5-65　泵盖

 **图形编辑的技巧**

本章主要介绍了平面图形的高级编辑方法，为了让用户更好地掌握编辑图形的方法，这里总结以下几点供读者参考和探索：

- 多线常用于绘制建筑图形的墙体，在实际绘图过程中很少使用多线编辑命令对图形进行操作，通常使用的方法是将多线图形进行分解，然后再使用常用的编辑命令对图形进行操作。
- 为图形对象设置线型、颜色和线框，最快捷的方法是在工具栏的下拉列表框中设置一个对象，使用特性匹配功能对其他对象进行快速设置。其实为图形对象设置特性还体现了绘图的美观要求。
- 在绘制数量不多的相同图形时，通常会采用 COPY 命令进行复制，而不使用 ARRAY 命令进行阵列操作。

第6章 图层管理

学习目标

- ☑ 理解图层的含义
- ☑ 掌握创建新图层和设置图层特性的方法
- ☑ 掌握设置当前图层的方法
- ☑ 掌握控制图层状态的方法
- ☑ 熟悉保存图层状态的方法
- ☑ 熟悉调用图层状态的方法

目标任务&项目案例

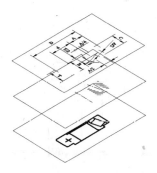

图层概念示意图

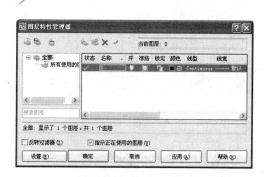

"图层特性管理器"对话框

"选择颜色"对话框

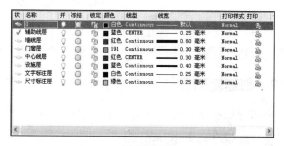

设置图层

　　AutoCAD 中的图层就如同手工绘图中使用的透明纸一样，可以使用图层来管理不同类型的信息，图形的每一个对象都位于一个图层上。通过本章的学习，可以让读者对图层有一个初步认识并可使用图层绘制图形，包括图层的基本概念、创建图层、设置图层特性、设置当前图层、控制图层状态、保存图层状态以及调用图层状态等。

6.1 图层的基本操作

在AutoCAD中绘制各种图形都会使用到图层，而且图形越多、越复杂，所涉及的图层也越多，图层是AutoCAD中较简单的工具，也是最常用的工具之一。正确理解图层的概念，合理运用图层的各项操作，可使繁琐的工作变得简单而有趣。通过创建图层，可方便地对绘制的图形对象进行修改和管理。

6.1.1 认识图层

在AutoCAD中绘制任何对象都是在图层上进行的，图层可以是系统默认的图层，也可以自行创建。如在进行建筑设计绘图时，每一幅建筑图都是由许多不同对象组成的，通常用户需要自行创建不同的图层，然后将不同的对象绘制在不同的图层上，从而独立地对每一个图层中的对象进行编辑、修改和效果处理等操作，而不影响其他图层中的对象。因此在绘图过程中，图层功能非常重要。图层概念的示意图如图6-1所示。

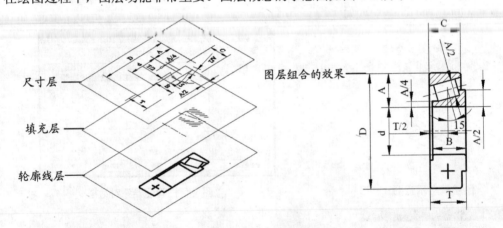

图6-1　图层概念示意图

如用户不进行任何图层设置，所绘制的对象都在AutoCAD固有的0层上，根据需要用户还可新建任意多个图层，并可进行相应的管理。

6.1.2 创建新图层

创建图层的方法主要有如下几种：

➥ 选择"格式/图层"命令。

➥ 单击"图层"工具栏中的"图层特性管理器"按钮 。

➥ 在命令行中执行LAYER命令。

执行LAYER命令后，系统打开"图层特性管理器"对话框，如图6-2所示，其中对话框左边的列表框称为"树状图"，图层的所有操作都可在该对话框中完成。

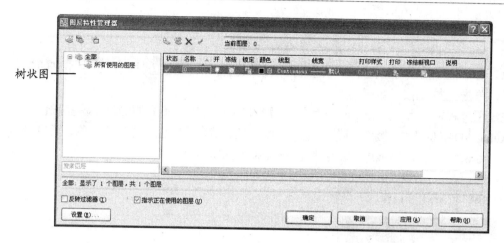

图 6-2 "图层特性管理器"对话框

在"图层特性管理器"对话框中，单击 按钮，在其下方的图层列表中将会创建一个新图层，创建的新图层将会依次命名为"图层 1"、"图层 2"……如创建的某些图层无用，可选中该图层，然后单击对话框中的 ✕ 按钮或按 Delete 键将其删除，此时其图层不会立即消失，只是图层图标表现为 ，如发现删除错误可再次单击 ✕ 按钮，取消删除此图层，有效地避免了误操作带来的不必要麻烦。但 0 图层、当前图层、依赖外部参照的图层和包含对象的图层不能被删除。

【例 6-1】 创建新的图层后，对各个图层进行重命名。

（1）选中要重命名的图层，如选中"图层 1"图层。

（2）将鼠标移动到所选图层的图层名上单击鼠标，图层名呈编辑状态，如图 6-3 所示。

（3）在图层名位置处输入新的图层名称，这里输入"轴线"，然后按 Enter 键即可，如图 6-4 所示。

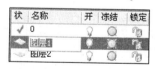

图 6-3 指定要重命名的图层

图 6-4 重命名图层

✎ 技巧：

在选择需要重命名的图层后，按 F2 键或在选择的图层上单击鼠标右键，在弹出的快捷菜单中选择"重命名图层"命令，都可以对图层进行重命名操作。

6.1.3 设置图层特性

为了方便操作，在绘制图形之前，应先创建绘图过程中需要的图层，再对新建的图层设置相应的图层特性。图层特性主要包括图层颜色、图层线型、图层线宽以及图层打印样式，通过"图层特性管理器"对话框就可以设置图层特性。

1．设置图层颜色

在"图层特性管理器"对话框中单击"颜色"特性图标■ 白，打开如图 6-5 所示的"选择颜色"对话框，在该对话框中即可进行图层的颜色特性设置。方法是在选中相应的颜色图标后，单击 确定 按钮即可。

在绘图过程中，为了区分不同的对象，通常将图层设置为不同的颜色，这些颜色一般都在 AutoCAD 提供的 7 种标准颜色中选择，即红色、黄色、绿色、青色、蓝色、紫色和白色。如图 6-6 所示是将"轴线"图层设置为红色特性后的效果。

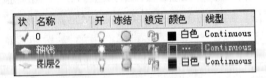

图 6-5 "选择颜色"对话框　　　　图 6-6 设置图层颜色特性

2．设置图层线型

在"图层特性管理器"对话框中单击"线型"特性图标 Continuous，打开"选择线型"对话框，如图 6-7 所示，通过该对话框可设置图层的线型特性。由于系统默认只加载了 Continuous 线型，因此要使用其他线型，还需要加载。加载线型的方法与前面讲解的设置对象线型特性的方法相同，这里不再赘述。

3．设置图层线宽

在"图层特性管理器"对话框中单击"线宽"特性图标—— 默认，打开"线宽"对话框，如图 6-8 所示，通过该对话框可设置图层的线宽特性。方法是在该对话框中选中所需的线宽后，单击 确定 按钮即可。

图 6-7 "选择线型"对话框　　　　图 6-8 "线宽"对话框

6.1.4　应用举例——创建机械绘图图层

通过"图层特性管理器"对话框，创建机械绘图过程中常用的图层，并设置图层的相应特性，完成后的效果如图 6-9 所示。

图 6-9　最终效果

操作步骤如下：

（1）单击"图层"工具栏中的"图层特性管理器"按钮，打开"图层特性管理器"对话框。

（2）单击两次该对话框中的按钮，创建两个新图层。

（3）依次选择新创建的图层，并按 F2 键，当图层名称呈可编辑状态时，输入图层的新名称，将创建的图层重命名为"轴线"和"轮廓线"。

（4）单击"轴线"图层中的■白图标，在打开的"选择颜色"对话框中选择红色，并单击 确定 按钮，如图 6-10 所示。

（5）返回"图层特性管理器"对话框中，单击"轴线"图层中的 Continuous 图标，在打开的"选择线型"对话框中单击 加载(L)... 按钮，如图 6-11 所示。

图 6-10　"选择颜色"对话框

图 6-11　"选择线型"对话框

（6）在打开的"加载或重载线型"对话框中选择 CENTER 选项，如图 6-12 所示，单击 确定 按钮，返回"选择线型"对话框，选择加载的线型后，单击 确定 按钮。

（7）单击"轮廓线"图层的—— 默认图标，打开"线宽"对话框，选择"0.50毫米"选项，单击 确定 按钮，如图6-13所示。

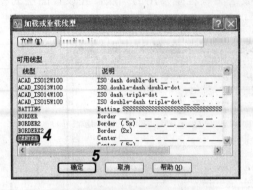

图6-12　加载线型

图6-13　选择线宽

（8）使用相同的方法创建名为"尺寸标注"、"文字标注"和"标题栏"图层，并设置"尺寸标注"的颜色特性为"绿"色，"标题栏"图层的线宽特性为"0.30毫米"，"文字标注"图层的特性与0图层保持一致。

6.2　管理图层

管理图层是为了使繁琐的绘图工作变得简单有序。另外AutoCAD 2008 图层特性管理器的可用性已得到了增强，可以更有效地访问、组织和管理图层；更好地控制要显示的图层；并可按名称或特性对图层进行排序、搜索图层的组、删除和锁定图层等。

6.2.1　设置当前图层

若要在某个图层上绘制具有该图层特性的对象，应将该图层设置为当前图层。在AutoCAD中有如下几种设置当前图层的方法：

➥　在"图层特性管理器"对话框中选中需置为当前的图层，然后单击✓按钮。

➥　在"图层特性管理器"对话框中选中需置为当前的图层，并在其上单击鼠标右键，在弹出的快捷菜单中选择"置为当前"命令。

➥　在"图层特性管理器"对话框中直接双击需置为当前的图层。

➥　在"图层"工具栏的"图层"下拉列表框中选择需置为当前的图层，如图 6-14所示。

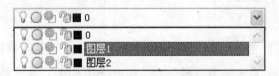

图6-14　通过"图层"工具栏设置当前图层

提示：

单击"图层"工具栏中的 按钮可将选中对象所在的图层置为当前图层；单击 按钮可快速将前一个图层置为当前图层。

6.2.2 控制图层状态

控制图层的状态，会直接影响绘图的效果和质量。在绘制复杂图形时，往往某一位置的图形线条比较集中，在绘制或修改过程中容易产生误操作，如果将某些图层关闭或锁住，使其不可见或不可选，待绘制完成后，再将其恢复，可以减少误操作的发生。

图层状态的控制可通过单击"图层特性管理器"对话框中的相应图标完成，下面将具体讲解。

1．图层开/关状态

控制图层的开/关状态即设定图层的开启或关闭。系统默认将图层置于开启状态，被关闭的图层上的对象不会显示在绘图区中，也不能打印输出。但在执行某些特殊命令需要重生成视图时，该图层上的对象仍然会被作为计算的对象。

默认状态下控制图层开关状态的图标是 ，表示图层处于开启状态；单击该图标，当图标变为 状态时，表示图层被关闭。

2．图层冻结/解冻状态

冻结图层有利于减少系统重生成图形的时间，冻结的图层不参与重生成计算，且不显示在绘图区中，用户不能对其进行编辑。若用户绘制的图形较大，且需要重生成图形时，即可使用图层的冻结功能将不需要重生成的图层进行冻结，完成重生成后，可使用解冻功能将其解冻，恢复为原来的状态。

在默认状态下控制图层冻结及解冻状态的图标是 ，表示图层处于解冻状态；单击该图标，当 图标变为 状态时，表示图层被冻结。

注意：

当前图层不能被冻结。

3．图层锁定/解锁状态

在编辑特定的图形对象时，若需参照某些对象，但又担心误操作删除某个对象，即可使用图层的锁定功能。锁定图层后，该层上的对象不可编辑，但仍然会显示在绘图区中，此时可方便编辑其他图层上的对象。

在默认状态下控制图层锁定及解锁状态的图标是 ，表示图层处于解锁状态；单击该图标，当 图标变为 状态时，表示图层被锁定。

4．图层可打印性

当用户在输出绘制的整个图形时，若不希望输出某图层上的对象，可将该图层设置为不打印状态。

图层的可打印性可通过 🖨 图标来完成，单击该图标，当 🖨 图标变为 🚫 状态时，该图层上的对象将不会被打印输出，再次单击该图标则可打印该图层上的对象。

✍ **技巧：**

控制图层的打开/关闭、冻结/解冻和锁定/解锁等状态也可以直接通过"图层"工具栏进行操作，方法是单击"图层"工具栏中下拉列表框右侧的 ▾ 按钮，然后在弹出的图层下拉列表中单击某个图层的状态控制图标即可实现相应的状态控制。

6.2.3 保存与调用图层特性

AutoCAD 2008 提供了图层状态的保存及调用功能。如要绘制多幅较复杂的图形，需依次创建多个图层，从而占用较多时间，此时可调用前面已定义的图层状态，将其调入到当前图形中，再做适当修改即可使用。

要让其他图形能够调用当前图层状态，首先要将当前创建的各个图层进行保存。

【**例 6-2**】 保存已创建的图层（立体化教学：\源文件\第 6 章\机械绘图.las）。

（1）设定图层后，单击"图层特性管理器"对话框中的"图层状态管理器"按钮 🖳，打开"图层状态管理器"对话框，如图 6-15 所示。

（2）单击 新建(N) 按钮，打开"要保存的新图层状态"对话框，在"新图层状态名"文本框中输入图层状态要保存的名称，这里输入"机械绘图"，在"说明"文本框中输入所保存的图层说明，这里输入"绘制简单的机械图形"，如图 6-16 所示。

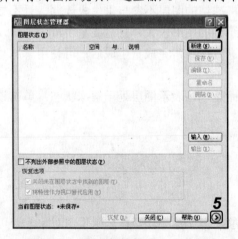

图 6-15 "图层状态管理器"对话框

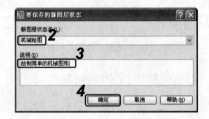

图 6-16 "要保存的新图层状态"对话框

（3）单击 确定 按钮返回"图层状态管理器"对话框，单击 ⊙ 按钮，在"要恢复的图层特性"栏中单击 全部选择(S) 按钮选择所有设置，如图 6-17 所示。

（4）单击 输出(X)... 按钮，打开"输出图层状态"对话框，选择合适的位置后输入文件名称，这里输入"机械绘图"，完成后单击 保存(S) 按钮，如图 6-18 所示。

（5）返回"图层状态管理器"对话框，单击 关闭(C) 按钮返回"图层特性管理器"对话框，完成图层状态的保存。

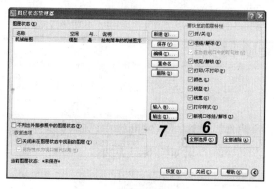

图 6-17　选择所有设置

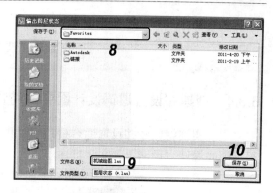

图 6-18　保存图层状态

提示：

> 调用图层特性的方法与保存图层特性的方法相似，只需在"图层状态管理器"对话框中单击 输入(M)... 按钮，然后在打开的对话框中选择需要调用的图层特性即可。

6.2.4　应用举例——调用并管理图层特性

通过"图层状态管理器"对话框，调用已保存的"机械制图"图层（立体化教学：\实例素材\第 6 章\机械绘图.las），完成后冻结"轮廓线"图层，锁定"轴线"图层。

操作步骤如下：

（1）打开"图层状态管理器"对话框，单击 输入(M)... 按钮，在打开的"输入图层状态"对话框的"文件类型"下拉列表框中选择"图层状态（*.las）"选项，如图 6-19 所示，单击 打开(O) 按钮。

（2）系统会自动打开如图 6-20 所示的提示对话框，单击 是(Y) 按钮，确定调用图层。

图 6-19　选择输入的图层

图 6-20　确定调用图层

（3）在"图层特性管理器"对话框中单击"轮廓线"图层中的○图标，冻结该图层。

（4）单击"轴线"图层中的○图标，锁定该图层。

提示：

> 如果在系统自动打开的提示对话框中单击 否(N) 按钮，在以后需要调用时，在"图层状态管理器"对话框的"图层状态"列表框中选择调用的图层特性文件，单击 恢复(R) 按钮即可。

6.3 上机及项目实训

6.3.1 创建并设置建筑设计图层的特性

本次实训将创建并设置适合建筑设计的图层特性，其中包括辅助线层、墙线层、门窗层、中心线层、设施层、文字标注层和尺寸标注层等，效果如图 6-21 所示。

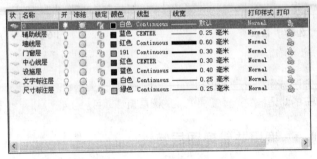

图 6-21 设置的图层

- **辅助线层**：CENTER 线型、0.25 毫米线宽、图层颜色为蓝色。
- **墙线层**：Continuous 线型、0.60 毫米线宽、图层颜色为红色。
- **门窗层**：Continuous 线型、0.30 毫米线宽、图层颜色为紫色。
- **中心线层**：CENTER 线型、0.30 毫米线宽、图层颜色为红色。
- **设施层**：Continuous 线型、0.40 毫米线宽、图层颜色为蓝色。
- **文字标注层**：Continuous 线型、0.25 毫米线宽、图层颜色为白色。
- **尺寸标注层**：Continuous 线型、0.25 毫米线宽、图层颜色为绿色。

操作步骤如下：

（1）单击"图层"工具栏中的"图层特性管理器"按钮，打开"图层特性管理器"对话框。

（2）单击按钮，在对话框下方的图层列表中创建名为"图层 1"的新图层。

（3）选中要重命名的"图层 1"，将鼠标指针移动到所选图层的图层名上并单击，图层名呈可编辑状态，输入新的图层名称"辅助线层"。

（4）用同样的方法创建墙线层、门窗层、中心线层、设施层、文字标注层和尺寸标注层，如图 6-22 所示。

（5）选中需设置线型的"辅助线层"图层，单击"线型"特性图标 Continuous，在打开的"选择线型"对话框中单击 加载(L)... 按钮，打开"加载或重载线型"对话框。

（6）在"可用线型"列表框中选择线型 CENTER，单击 确定 按钮返回"选择线型"对话框。

（7）在"选择线型"对话框中再次选中加载的线型 CENTER，单击 确定 按钮。

（8）在"图层特性管理器"对话框中单击"线宽"特性图标——默认，打开"线宽"

对话框，在该对话框中选中所需的线宽"0.25 毫米"，单击 确定 按钮。

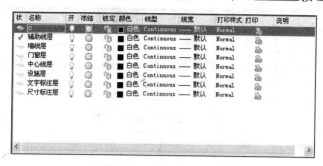

图 6-22 输入图层名称

（9）在"图层特性管理器"对话框中单击"颜色"特性图标■白色，在打开的"选择颜色"对话框中选中蓝色，单击 确定 按钮。

（10）用同样的方法设置其他图层的颜色、线型和线宽。

6.3.2 设置并输出机械装配图图层

综合利用本章和前面所学知识，设置并输出机械装配图图层，其中图层参数如表 6-1 所示。

装配图是表达机器工程部件的图样。一般情况下，机械装配图的图层包括轴线、轮廓线、剖面、标准件、组件、零件标号和文字标注等。

表 6-1 装配图图层参数列表

图 层 名 称	颜 色	线 型	线宽/mm
轴线	蓝色	CENTER	0.15
轮廓线	绿色	Continuous	0.30
剖面	红色	Continuous	0.15
标准件	白色	Continuous	0.20
组件	青色	Continuous	0.15
零件标号	蓝色	Continuous	0.15
文字标注	蓝色	Continuous	0.15

本练习可结合立体化教学中的视频演示进行学习（立体化教学：\视频演示\第 6 章\设置并输出机械装配图图层.swf）。主要操作步骤如下：

（1）打开"图层特性管理器"对话框，单击 按钮新建一个图层，并命名为"轴线"。

（2）在"选择颜色"对话框中选择"索引颜色"选项卡中的"蓝色"色块。

（3）设置该图层的线型特性和线宽特性。

（4）使用相同的方法创建其他图层并设置相应的特性参数。

（5）打开"图层状态管理器"对话框，新建一个名为"机械装配图"的图层状态。

（6）输出创建的图层状态，名称为"机械装配图"。

6.4 练习与提高

（1）根据所学知识设置图层，其参数如表6-2所示，设置完成后以名称"样板图形"将其保存在电脑中。

表6-2 样板图形参数列表

图层名称	颜色	线型	线宽/mm
粗线层	红色	Continuous	0.50
细线层	蓝色	Continuous	0.30
辅助线层	紫色	Continuous	0.25
中心线层	黄色	CENTER	0.30
虚线层	黄色	ACAD-ISO10W100	0.30
细线层	青色	Continuous	0.30

（2）在"图层特性管理器"对话框中完成墙体层、门窗层、设施层和标注层的设置，绘制如图6-23所示的房间平面图（立体化教学：\源文件\第6章\建筑平面图.dwg），并关闭标注层和设施层，效果如图6-24所示。

提示：本练习可结合立体化教学中的视频演示进行学习（立体化教学：\视频演示\第6章\设置图层并绘制建筑平面图.swf）。

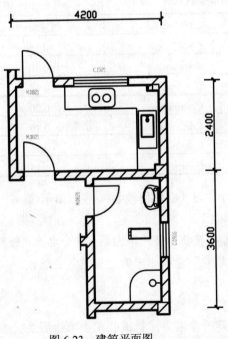

图6-23 建筑平面图

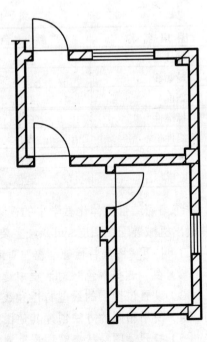

图6-24 关闭图层

 图层的使用技巧

　　本章主要介绍了管理图层的方法，在绘图前设置图层、线型、字体和标注等是非常必要的，只有各项设置合理了，才能为接下来的绘图工作打下良好的基础。为了让用户更好地掌握管理图层的方法，了解图层的重要性，这里总结以下几点供读者参考和探索：

> 　　不管是什么专业、什么阶段的图纸，图纸上所有的图元都可以用一定的规律来组织整理。如建筑专业的图纸，可以分为柱、墙、轴线、尺寸标注、一般标注、门窗、家具等，在绘图时，应该分辨清楚图形对象是哪个类别的，以将其放到相应的图层中去。

> 　　虽然需将图纸中的对象进行分类，并放在相应的图层中，但图形对象的分类并不是越细越好。分得太细，图层太多，在接下来的绘制过程中反而会造成不便，如门、窗、台阶、楼梯，虽然不是同一类，但是也可以使用同一个图层来进行管理。

> 　　0 图层上尽量不要绘制图形，通常该图层是用来定义块的。定义块时，先将所有图元设置为 0 层（有特殊时除外），然后对块进行定义，这样在插入块时，插入时是哪个层，块进行属于哪个层（关于块的知识将会在后面章节中详细讲解）。

> 　　定义图层的颜色时也需要注意，不同的图层一般需要用不同的颜色，这样在绘图时才能够在颜色上进行很明显的区分。如果两个层是同一个颜色，则在显示时很难判断正在操作的图元是在哪一个层上。颜色的选择应该根据打印时线宽的粗细进行。打印时，线型设置越宽，该图层就应该选用越亮的颜色；反之，打印时，线型设置越窄，该图层就应该选用暗色或类似的颜色。

第7章 使用图块和图案完善图形

学习目标

☑ 使用创建内部图块命令以及从设计中心插入块的方法完善客厅立面图
☑ 使用属性图块标注机械零件表面粗糙度
☑ 使用填充命令填充"沙发"图形
☑ 使用填充命令和创建内部图块的方法完善"门"图形
☑ 综合利用图块与图案的使用方法完善"卫生间"图形

目标任务&项目案例

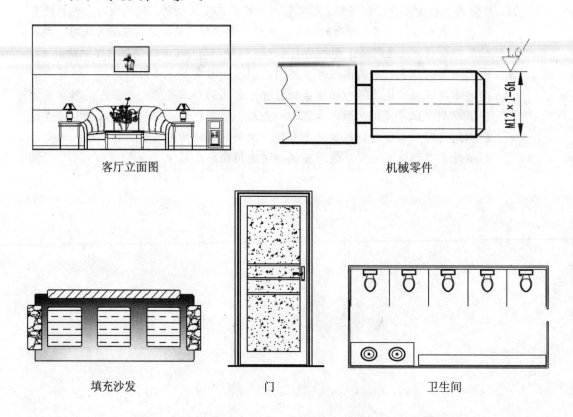

客厅立面图　　　　　　　　　　机械零件

填充沙发　　　　　　　门　　　　　　　卫生间

通过上述实例效果的展示可以发现：在使用图块和图案完善图形的过程中，图块、属性图块以及填充图形的操作比较频繁。本章将具体讲解创建内部图块、创建外部图块、插入图块、编辑图块、定义与编辑属性图块、创建图案填充边界、创建图案填充、创建渐变色填充以及编辑图案填充等的操作方法。

7.1 图块的应用

图块是一个或多个对象形成的对象集合，多用于绘制重复或复杂的图形。将几个对象组合成图块后，就可根据作图的需要将这组对象插入到绘图区中，并可对图块进行不同的比例缩放和角度旋转等操作，从而提高绘图速度。

7.1.1 图块的特点与应用范围

将复杂且经常用到的图形组合成图块，需要时再进行插入，可提高绘图效率，减少工作量。块主要分为内部图块与外部图块，下面将对图块的特点和应用范围进行讲解。

1. 图块的特点

在 AutoCAD 中，使用图块可以提高绘图效率、节省存储空间，同时还便于修改和重新定义图块，下面简要介绍图块的特点。

- **提高绘图效率**：使用 AutoCAD 进行绘图的过程中，经常需绘制一些重复出现的图形，如建筑工程图中的门和窗等，如果把这些图形做成图块并以文件的形式保存于电脑中，当需要时再将其调用插入，这样可以避免大量的重复工作，从而提高工作效率。
- **节省存储空间**：在执行存储操作时，AutoCAD 要保存图形中的每一个相关信息，如对象的图层、线型和颜色等，这些信息都占用大量的空间，因此可以把这些相同的图形先定义成一个块，然后再插入到所需的位置。如在绘制建筑工程图时，可将需修改的对象用图块定义，从而节省大量的存储空间。
- **为图块添加属性**：AutoCAD 允许为图块创建具有文字信息的属性，并可以在插入图块时指定是否显示这些属性。

2. 图块的应用范围

在 AutoCAD 中，图块分为内部图块和外部图块两类，各自的含义如下。

- **内部图块**：只能在定义它的图形文件中调用，它是跟随定义它的图形文件一起保存的，存储在图形文件内部。
- **外部图块**：又称为外部图块文件，它是以文件的形式保存在电脑中。当定义好外部图块文件后，定义它的图形文件中不会包含该外部图块，也就是指外部图块与定义它的图形文件没有任何关联，可根据外部图块特有的功能，随时将其调用到其他图形文件中。

7.1.2 创建内部图块

内部图块跟随定义它的图形文件一起存储在图形文件内部，因此只能在当前图形文件中调用，而不能在其他图形文件中调用。创建内部图块的方法主要有如下几种：

- 选择"绘图/块/创建"命令。

➡ 单击"绘图"工具栏中的 按钮。

➡ 在命令行中执行 BLOCK（B）命令。

【例 7-1】 将如图 7-1 所示的标高符号定义为内部图块。

（1）单击"绘图"工具栏中的 按钮，打开"块定义"对话框，如图 7-2 所示，在"名称"下拉列表框中输入要定义的图块名称"标高符号"。

图 7-1 标高符号　　　　　　　　　　　　图 7-2 定义图块

（2）单击"基点"栏中的 按钮返回绘图区，捕捉标高最下方的点作为图块的基点。系统自动返回"块定义"对话框，并在"基点"栏的 X、Y 和 Z 文本框中显示基点的坐标，也可以直接在这几个文本框中输入坐标值来指定基点。

（3）单击"对象"栏中的 按钮返回绘图区（单击该栏中的 按钮可以使用快速选择方式），框选如图 7-1 所示的标高符号。

（4）按 Enter 键或单击鼠标右键返回"块定义"对话框，在"设置"栏的"块单位"下拉列表框中选择通过设计中心拖放块到绘图区时的缩放单位，这里保持默认的"毫米"选项。

（5）在"说明"文本框中可输入该图块的说明文字，单击 确定 按钮，完成该图块的定义。

✍**技巧：**

定义内部图块时选中"对象"栏中的 ⊙保留(R) 单选按钮，表示被定义的图块源对象仍然以原格式保留在绘图区中；选中 ⊙转换为块(C) 单选按钮，表示定义内部图块后，被定义的图块源对象同时被转换为图块；选中 ⊙删除(D) 单选按钮，表示定义内部图块后，将删除绘图区中被定义的图块源对象。

7.1.3　创建外部图块

外部图块又称为外部图块文件，它以文件的形式保存在本地磁盘中，可根据需要随时将外部图块调用到其他图形文件中。

外部图块的创建方法是在命令行中执行 WBLOCK（W）命令。

【例 7-2】 将如图 7-3 所示的圆头木螺钉（立体化教学：\实例素材\第 7 章\圆头木螺钉.dwg）定义为外部图块，并以"新块"为名保存在 E 盘根目录下。

（1）在命令行中执行 WBLOCK 命令，打开"写块"对话框，如图 7-4 所示。

图 7-4　"写块"对话框

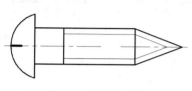

图 7-3　圆头木螺钉

（2）系统默认选中"源"栏中的 ◎对象(O) 单选按钮，表示将所选对象保存为外部图块。若选中 ◎块(B): 单选按钮，可在其右侧的下拉列表框中选择当前文件中的内部图块并将其作为外部图块进行保存；若选中 ◎整个图形(E) 单选按钮，表示将当前绘图区中的所有图形对象以外部图块的形式进行保存。

（3）单击"对象"栏中的 按钮返回绘图区（单击该栏中的 按钮可以使用快速选择方式），框选如图 7-3 所示的螺钉，按 Enter 键或单击鼠标右键返回"写块"对话框。在"对象"栏中还可以选中不同的单选按钮来指定外部图块的源对象处理方式，其意义与"块定义"对话框中"对象"栏中的 3 个单选按钮含义相同。

（4）单击"基点"栏中的 按钮返回绘图区，捕捉螺钉中螺帽的中点作为图块的基点，返回"写块"对话框，并在下面的 3 个文本框中显示基点的坐标。如果不指定图块基点，则系统默认将坐标原点作为图块的插入基点。

（5）在"文件名和路径"下拉列表框中输入要将外部图块保存到的位置及名称。

提示：

> 单击"文件名和路径"下拉列表框后面的 按钮，在打开的"浏览图形文件"对话框中指定文件的保存位置与名称，单击 保存(S) 按钮也可将图块保存到电脑中。

（6）在"插入单位"下拉列表框中选择通过设计中心拖放图块到绘图区时的缩放单位，这里选择"毫米"选项。

（7）单击"写块"对话框中的 确定 按钮，即可完成外部图块的创建。

7.1.4　插入单个图块

定义好图块后，即可将图块插入到当前图形中。在插入图块的过程中，还可指定图块的缩放比例和旋转角度等参数。插入单个图块的方法主要有如下几种：

➥　选择"插入/块"命令。

➥　单击"绘图"工具栏中的 按钮。

➥　在命令行中执行 INSERT 命令。

【例 7-3】　将前面定义的螺钉外部图块（立体化教学：\实例素材\第 7 章\新块.dwg）

插入到当前图形文件中。

（1）单击"绘图"工具栏中的 按钮，打开如图 7-5 所示的"插入"对话框。

（2）单击"名称"下拉列表框后面的 浏览(B)... 按钮，打开如图 7-6 所示的"选择图形文件"对话框。

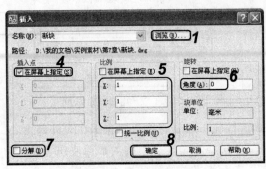

图 7-5　"插入"对话框

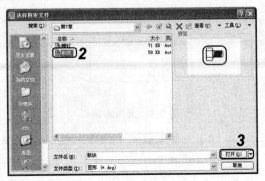

图 7-6　"选择图形文件"对话框

（3）找到螺钉图块所在的位置，选中该图块文件，单击 打开(0) 按钮返回"插入"对话框。

（4）在绘图区中以拾取点方式指定图块的插入位置，在"插入点"栏中选中 ☑ 在屏幕上指定(S) 复选框。若取消选中该复选框，则可在 X、Y、Z 文本框中指定图块要插入的坐标位置。

（5）在"比例"栏中指定图块插入到绘图区后的缩放比例，可选中 ☑ 在屏幕上指定(S) 复选框，在命令行中指定缩放比例；也可在 X、Y、Z 文本框中分别指定图块在各个方向上的缩放比例；若选中 ☑ 统一比例(U) 复选框，则可将图块进行整体缩放。

（6）在"旋转"栏中指定图块插入到绘图区后的旋转角度，可在"角度"文本框中输入相应的角度，也可选中 ☑ 在屏幕上指定(S) 复选框，在命令行中指定旋转角度。

（7）若选中 ☑ 分解(D) 复选框，插入到绘图区中的图块将被分解，在此不选中。

（8）完成设置后单击 确定 按钮，返回绘图区中，命令行操作如下：

命令: INSERT　　　　　　　　　　　　　　//执行 INSERT 命令

指定插入点或 [比例(S)/X/Y/Z/旋转(R)/预览比例

(PS)/PX/PY/PZ/预览旋转(PR)]:　　　　　　//在绘图区中拾取点作为图块的插入点

技巧：

> 在指定比例因子时，可将比例因子设为负值，当为负值时，调入的图块将作镜像变化；-X 以 Y 轴作镜像，-Y 以 X 轴作镜像。

7.1.5　插入多个图块

插入多个图块的方法很多，如用前面讲解到的定数等分方式、定距等分方式以及阵列方式等都能实现多个图块的同时插入，下面将分别进行讲解。

1. 以定数等分方式插入图块

按照以定数等分命令 DIVIDE 插入点的操作方法，也可以插入图块，只是把点对象替换成了图块。

【例 7-4】 将如图 7-7 所示图形（立体化教学：\实例素材\第 7 章\路灯.dwg）中左边的图块（已定义为内部块，图块名为 A）以定数等分方式插入到右边图形上，效果如图 7-8 所示（立体化教学：\源文件\第 7 章\路灯.dwg）。

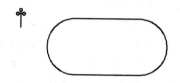

图 7-7 实例素材

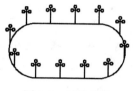

图 7-8 最终效果

命令行操作如下：

命令: DIVIDE   //执行 DIVIDE 命令
选择要定数等分的对象: //选择图形中的多段线对象
输入线段数目或 [块(B)]: B   //选择"块"选项，插入图块
输入要插入的块名:A   //指定要插入的图块的名称
是否对齐块和对象? [是(Y)/否(N)] <Y>:N   //指定是否将图块与所选对象对齐
输入线段数目:12   //指定要将所选对象等分的线段数

🔔 注意：

使用定数等分方式插入图块时，只能插入内部图块，不能插入外部图块。

2. 以定距等分方式插入图块

以定距等分方式插入图块与以定数等分方式插入图块的方法类似。执行 MEASURE 命令或选择"绘图/点/定距等分"命令后按命令行提示进行操作，在此不再举例介绍。

3. 以阵列方式插入图块

在命令行中执行 MINSERT 命令可进行阵列插入图块操作，该命令是结合插入图块命令 INSERT 和阵列命令 ARRAY 而形成的。当需要插入多个相同图块时，就可使用 MINSERT 命令进行操作，这样不仅能节省绘图时间，还可减少占用的磁盘空间。

【例 7-5】 使用 MINSERT 命令将如图 7-9 所示的图块（立体化教学：\实例素材\第 7 章\墙砖.dwg）进行阵列插入，效果如图 7-10 所示（立体化教学：\源文件\第 7 章\墙砖.dwg）。

图 7-9 实例素材

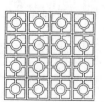

图 7-10 最终效果

命令行操作如下：

命令: MINSERT	//执行 MINSERT 命令
输入块名或 [?] <图块 1>:	//指定要插入的图块的名称
指定插入点或 [比例(S)/X/Y/Z/旋转(R)/预览比例 (PS)/PX/PY/PZ/预览旋转(PR)]:	//在绘图区中拾取一点作为图块的插入位置
输入 X 比例因子,指定对角点,或 [角点(C)/XYZ] <1>:	//指定图块在 X 方向上的缩放比例,直接按 Enter 键则默认在 X 方向上的缩放比例为 1
输入 Y 比例因子或 <使用 X 比例因子>:	//指定图块在 Y 方向上的缩放比例,直接按 Enter 键则默认在 Y 方向上的比例与 X 方向上的比例相同,即 1
指定旋转角度 <0>:	//按 Enter 键默认旋转角度为 0
输入行数 (---) <1>: 4	//指定阵列的行数
输入列数 (|||) <1>: 4	//指定阵列的列数
输入行间距或指定单位单元 (---): 102	//指定阵列的行间距
指定列间距 (|||): 105	//指定阵列的列间距

注意：

> 使用 MINSERT 命令只能以矩形阵列方式插入图块，并且插入的图块是一个整体，不能用 EXPLODE 命令分解，但可以通过 DDMODIFY 命令改变插入图块的特性，如插入点、比例因子、旋转角度、行数、列数、行间距和列间距等参数。

7.1.6　插入设计中心的图块

　　设计中心是 AutoCAD 绘图的一项特色，设计中心包含了多种图块，如建筑设施图块、机械零件图块和电子电路图块等，通过它可方便地将这些图块应用到图形中。

　　单击"标准"工具栏中的 按钮，或按 Ctrl+2 键都可以打开"设计中心"选项板，如图 7-11 所示。

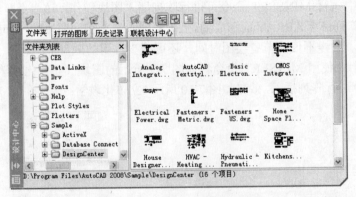

图 7-11　"设计中心"选项板

将设计中心的图块添加到绘图区中的方法主要有如下几种：

- 将图块直接拖动到绘图区中，按照默认设置将其插入。
- 在内容区域中的某个项目上单击鼠标右键，在弹出的快捷菜单中包含若干选项，通过该快捷菜单也可将图块插入到绘图区中。
- 双击相应的图块打开"插入"对话框，若双击填充图案将打开"边界图案填充"对话框，通过这两个对话框也可将图块插入到绘图区中。

【例 7-6】 将位于 D:\Program Files\AutoCAD 2008\Sample\Design Center\House Designer. dwg 文件下的"窗-半圆"图块（如图 7-12 所示）插入到绘图区中。

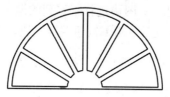

图 7-12 通过设计中心插入"窗-半圆"图块

（1）单击"标准"工具栏中的 按钮，打开"设计中心"选项板。

（2）在设计中心的左侧目录中找到 D:\Program Files\AutoCAD 2008\Sample\Design Center\House Designer.dwg 文件，双击 House Designer.dwg 文件，展开其下级菜单，单击"块"选项，在窗口右侧将显示该文件所包含的图块。

（3）在设计中心右侧窗口中单击"窗-半圆"图块，如图 7-13 所示，在该窗口的下方将显示该图块的预览图。

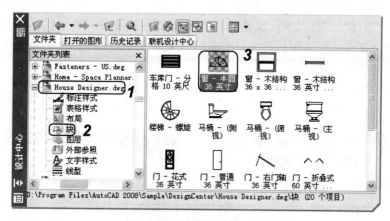

图 7-13 选择图块所在文件

（4）按住鼠标不放，直接将"窗-半圆"图块拖动到绘图区中即可。

7.1.7 编辑图块

在绘图过程中，图块在创建完成后还可根据需要进行编辑，如编辑图块内容、重命名图块、删除图块、分解和重新定义图块等，下面将分别进行讲解。

1．编辑图块内容

编辑图块内容是 AutoCAD 2008 的一项新功能，通过该功能可以对图块的图形对象进行删除、绘制和修改等操作。编辑图块内容主要是在"编辑块定义"对话框中选择需要进行编辑的图块，然后在打开的"块编辑器"窗口中进行编辑。打开"块编辑器"窗口的方法主要有如下几种：

- ➥ 选择"工具/块编辑器"命令。
- ➥ 双击需要编辑的图块。
- ➥ 在命令行中执行 BEDIT（BE）命令。

进入"块编辑器"窗口后可以对图块进行一系列的编辑操作，其方法与前面讲解的编辑平面图形的方法相同。编辑完成后单击 按钮保存图块，然后单击 关闭块编辑器 ©按钮退出"块编辑器"窗口即可。

2．重命名图块

创建图块后，对其进行重命名的方法有多种，如果是外部图块文件，可直接在保存目录中对该图块文件进行重命名；如果是内部图块文件，可使用重命名命令 RENAME（REN）或选择"格式/重命名"命令来更改图块的名称。

【例 7-7】 将"窗-半圆 36 英寸"图块重命名为"窗"。

（1）选择"格式/重命名"命令或在命令行中执行 RENAME 命令，打开如图 7-14 所示的"重命名"对话框。

（2）在左侧的"命名对象"列表框中选择"块"选项，则右侧的"项目"列表框中立即显示出当前图形文件中的所有内部块。

（3）在"项目"列表框中选择要修改的图块"窗-半圆 36 英寸"，在下面的"旧名称"文本框中便自动显示该图块的名称"窗-半圆 36 英寸"，在 重命名为(R): 按钮后面的文本框中输入新的名称"窗"。

（4）单击 重命名为(R): 按钮将图块名称"窗-半圆 36 英寸"修改为"窗"，如图 7-15 所示。

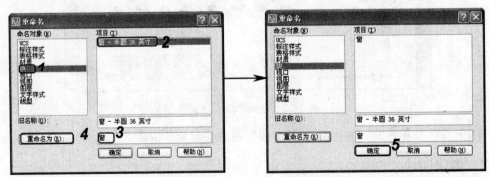

图 7-14　输入新的名称　　　　　　　图 7-15　重命名效果

（5）修改完毕单击 确定 按钮关闭"重命名"对话框。如果需重命名多个图块名称，则可在该对话框中继续选择要重命名的图块，然后进行相关操作，最后单击 确定 按钮。

提示：

> 在"重命名"对话框中还可对坐标系、标注样式、文字样式、图层、视图、视口和线型等对象进行重命名，其方法与重命名图块类似。

3．删除图块

如果图块是外部图块文件，可直接在电脑中删除。如果图块是内部图块，删除图块的方法主要有如下几种：

- ➥ 选择"文件/绘图实用程序/清理"命令。
- ➥ 在命令行中执行 PURGE 命令。

【**例 7-8**】　删除"螺钉 M10×60"图形（立体化教学：\实例素材\第 7 章\螺钉 M10×60.dwg）中的内部图块"螺钉 GB T 68-2000 M10×60"。

（1）选择"文件/绘图实用程序/清理"命令，打开如图 7-16 所示的"清理"对话框。

（2）选中◎查看能清理的项目(v)单选按钮，在"图形中未使用的项目"栏中双击"块"选项，显示出当前图形文件中的所有内部图块，如图 7-17 所示。

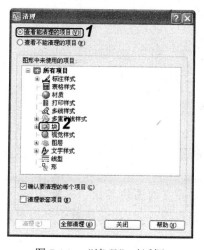

图 7-16　"清理"对话框

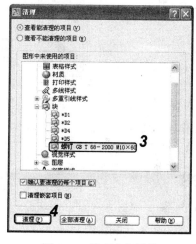

图 7-17　清理内部图块

（3）选择要删除的图块"螺钉 GB T 68-2000 M10×60"，然后单击 清理(P) 按钮即可。

4．分解图块

在绘图过程中，插入的图块与需要的图形一般都有一定的差异，此时就需对其进行编辑。因为插入的图块是一个整体，所以必须将其分解后才能使用其他的编辑命令，分解图块使用到的命令是前面讲解过的 EXPLODE 命令，其操作方法也一样。

技巧：

> 用 EXPLODE 命令分解图块与插入图块时在"插入"对话框中选中☑分解(D)复选框的功能相同。不过对于具有相同 X、Y、Z 比例的图块，分解后将被分解成它的原始对象组件；具有不同 X、Y、Z 比例的图块则可能被分解成未知的对象，且不均匀缩放图块中的三维实体不能被分解。

5．重新定义图块

在绘图过程中如果需要重复插入一个图块，同时又需将所有相同的图块统一修改成另一个标准，此时可运用图块的重新定义功能来进行操作。

重新定义图块的方法是：将需要插入的图块插入到绘图区进行分解后再编辑，然后用创建图块命令 BLOCK 重新定义为同名的图块，从而将原有的图块覆盖，此时图形文件中的所有相同图块同时被重新定义为分解后编辑的特性。

7.1.8　应用举例——完善客厅立面图

使用创建内部图块命令和从设计中心插入块的方法完善客厅立面图（立体化教学：\实例素材\第 7 章\客厅立面图.dwg），效果如图 7-18 所示（立体化教学：\源文件\第 7 章\客厅立面图.dwg）。

图 7-18　最终效果

操作步骤如下：

（1）打开"客厅立面图.dwg"图形文件，并在命令行中执行 BLOCK 命令，打开"块定义"对话框，如图 7-19 所示。

（2）在该对话框的"名称"下拉列表框中输入要定义的图块名称"花瓶"。

（3）单击"基点"栏中的 按钮返回绘图区，捕捉图 7-20 中花瓶最下方的中点为图块的基点，系统自动返回"块定义"对话框。

（4）单击"对象"栏中的 按钮返回绘图区，选择图 7-20 中的图形对象。

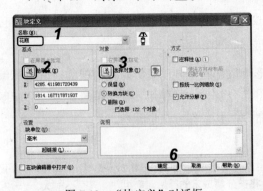

图 7-19　"块定义"对话框

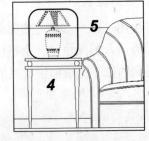

图 7-20　指定图块基点并选择块对象

（5）按 Enter 键返回"块定义"对话框，单击 确定 按钮完成该图块的定义。

（6）使用相同的方法将右边的花瓶创建为名称为"花瓶 2"的内部图块。

（7）按 Ctrl+2 键，打开"设计中心"选项板，并在左侧目录中找到 D:\Program Files\AutoCAD 2008\Sample\DesignCenter\Kitchens.dwg 文件，双击 Kitchens.dwg 文件，展开其下级菜单，选择"块"选项，在窗口右侧将显示该文件所包含的图块，如图 7-21 所示。

（8）在图块列表窗口中找到"冰和水"图块，并将其拖动到图形的最右方，如图 7-22 所示。

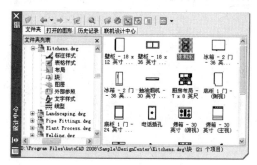

图 7-21　选择"冰和水"图块

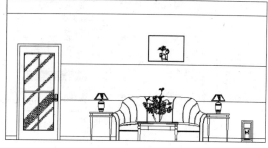

图 7-22　插入图块

（9）在命令行中执行 SCALE 命令，将插入的图块放大 1.5 倍，命令行操作如下：

命令: SCALE	//执行 SCALE 命令
选择对象: 找到 1 个	//选择插入的图块为缩放对象
指定基点:	//指定缩放对象中右下角点为基点
指定比例因子或 [复制(C)/参照(R)] <1.5000>: 1.5	//输入缩放比例因子，完成操作

7.2　属性图块与外部参照的应用

在绘图过程中，常需要插入多个不同名称或附加信息的图块，如绘制建筑图形时的门图形、绘制机械图形的表面粗糙度符号等。如果依次对各个图块进行文本标注，则会降低绘图速度，此时可以通过为图块定义属性来解决这个难题。

7.2.1　定义属性图块

属性是与图块相关联的文字信息。属性定义是创建属性的样板、指定属性的特性及插入图块时显示的提示信息，属性图块依赖于图块而存在，没有图块就没有属性。定义图块属性的方法主要有如下几种：

- 选择"绘图/块/定义属性"命令。
- 在命令行中执行 ATTDEF（ATT）命令。

【例 7-9】　绘制基准图标，并将其定义为属性图块（立体化教学：源文件\第 7 章\基准符号.dwg）。

（1）使用直线命令和圆命令绘制出基准符号，然后选择"绘图/块/定义属性"命令，打开"属性定义"对话框。

（2）在"属性"栏的"标记"文本框中输入"A"，在"提示"文本框中输入提示信息，在"默认"文本框中输入默认值为 A。

（3）在"文字设置"栏的"对正"下拉列表框中选择"正中"选项，设置"文字高度"为 4，如图 7-23 所示。

（4）保持其余设置不变，单击[确定]按钮。

（5）返回绘图区中，在圆对象中单击鼠标指定属性的位置，如图 7-24 所示。

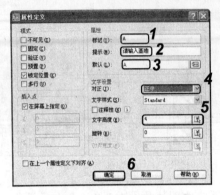

图 7-23　"属性定义"对话框　　　　　　　　图 7-24　基准符号

（6）使用创建图块的方法将属性与图块重新定义为一个新图块，图块名为 JZ，定义时在"块定义"对话框的"对象"栏中选中 ⊙转换为块(C) 单选按钮，在"说明"文本框中输入"基准符号"，然后指定图块的基点并选择定义为图块的对象，如图 7-25 所示。

（7）单击[确定]按钮，打开如图 7-26 所示的"编辑属性"对话框，这里保持默认值不变，单击[确定]按钮即可创建属性图块。

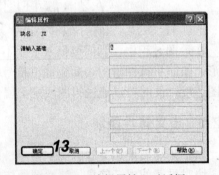

图 7-25　定义新图块　　　　　　　　图 7-26　"编辑属性"对话框

在"属性定义"对话框的"模式"栏中，主要复选框的含义如下。

- ☐不可见(I)复选框：表示插入图块并输入图块的属性值，该属性值不会在图中显示。
- ☐固定(C)复选框：表示定义的属性值为一常量，插入图块时将保持不变。
- ☐验证(V)复选框：表示在插入图块时，系统将对用户输入的属性值再次给出验证提示，以确认输入的属性值是否正确。
- ☐预置(P)复选框：表示在插入图块时将直接以图块默认的属性值插入。

7.2.2 插入属性图块

创建带属性的图块后,即可在插入图块时为其指定相应的属性值。

【例 7-10】 插入前面定义的带属性的图块 JZ,并将其属性值指定为 C,效果如图 7-27 所示。

图 7-27 插入指定的带属性图块

(1) 单击"绘图"工具栏中的 按钮,打开"插入"对话框。

(2) 在"名称"下拉列表框中选择要插入的图块 JZ,其他参数保持默认值。

(3) 单击 确定 按钮,返回绘图区中,命令行操作如下:

命令: INSERT	//执行 INSERT 命令
指定插入点或[比例(S)/X/Y/Z/旋转(R)/预览比例	
(PS)/PX/PY/PZ/预览旋转(PR)]:	//在绘图区中拾取一点作为图块的插入点
输入属性值	//系统提示指定图块属性值
请输入基准 <A>: C	//指定图块的属性值

7.2.3 修改属性图块

为带属性的图块指定相应的属性值后,若要对其进行修改,主要有如下几种方法:

- ➦ 选择"修改/对象/属性/单个"命令。
- ➦ 单击"块属性"工具栏中的 按钮。
- ➦ 在命令行中执行 DDATTE(ATE)命令。

当执行前两种命令并选择图块后将打开"增强属性编辑器"对话框,在该对话框中可以修改图块的属性、文字选项和特性等,如图 7-28 所示;如果在命令行执行 DDATTE(ATE)命令将会打开"编辑属性"对话框,在该对话框中可以修改图块属性,但不能编辑属性块的文字选项和其他特性,如图 7-29 所示。

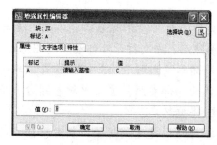

图 7-28 "增强属性编辑器"对话框

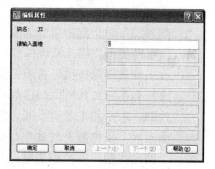

图 7-29 "编辑属性"对话框

7.2.4 外部参照的应用

在 AutoCAD 中将外部参照作为一种图块类型定义，也可提高绘图效率。但外部参照与图块有一些区别，当将图形作为图块插入时，将存储在图形中，但并不随原始图形的改变而更新；将图形作为外部参照时，会将该参照图形链接至当前图形，打开外部参照时，对参照图形所做的任何修改都会显示在当前图形中。一个图形可以作为外部参照同时附着到多个图形中；也可以将多个图形作为外部参照附着到单个图形中。如果外部参照包含任何可变图块属性，AutoCAD 都会将其忽略。

1．附着外部参照

附着外部参照的方法主要有如下几种：

- ↘ 选择"插入/外部参照"命令。
- ↘ 单击"参照"工具栏中的 按钮。
- ↘ 在命令行中执行 XATTACH 命令。

要附着外部参照，首先应在命令行中执行 XATTACH 命令，打开如图 7-30 所示的"选择参照文件"对话框，选择附着文件，单击 打开(O) 按钮，打开如图 7-31 所示的"外部参照"对话框，在"参照类型"栏中选中 附着型(A) 单选按钮，然后按照插入图块的方法指定外部参照的插入点、缩放比例和旋转角度，然后单击 确定 按钮即可。

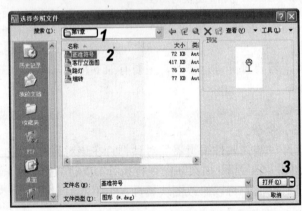

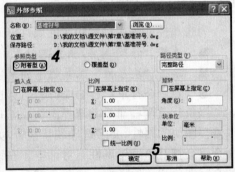

图 7-30 "选择参照文件"对话框　　　　　图 7-31 "外部参照"对话框

"外部参照"对话框中包含的主要选项的含义如下。

- ↘ **"参照类型"栏**：在该栏中指定外部参照的类型。选中 附着型(A) 单选按钮，表示指定外部参照将被附着而非覆盖。附着外部参照后，每次打开外部参照原图形时，对外部参照文件所做的修改将反映在插入的外部参照图形中。选中 覆盖型(O) 单选按钮，表示指定外部参照为覆盖型，当图形作为外部参照被覆盖或附着到另一个图形时，任何附着到该外部参照的嵌套覆盖图将被忽略。

- ↘ **"路径类型"下拉列表框**：指定外部参照的保存路径是完整路径、相对路径，还是无路径。将路径类型设置为"相对路径"之前，必须保存当前图形。

△注意：

> 如果选择"插入/外部参照"命令，将会打开"外部参照"选项板，在该选项板中单击□·按钮，才能打开"选择参照文件"对话框。在"外部参照"选项板中还可以对附着的外部参照进行控制，如卸载、重载、拆离和绑定等，其方法是在需要选择控制的外部参照上单击鼠标右键，在弹出的快捷菜单中选择相应的命令即可。

2．剪裁外部参照

外部参照被插入到当前图形后，虽然不能对其组成元素进行编辑操作，但可对外部参照进行剪裁。剪裁外部参照的方法主要有如下几种：

- 单击"参照"工具栏中的 按钮。
- 在命令行中执行 XCLIP 命令。

如图 7-32 所示的图形为插入到当前图形中的外部参照，这两个图形是一个整体，下面将该外部参照中左侧的图形剪裁掉，只保留右侧部分，效果如图 7-33 所示。

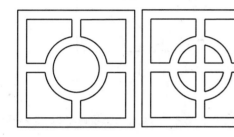

图 7-32 外部参照

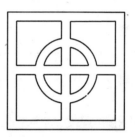

图 7-33 剪裁外部参照

命令行操作如下：

命令: XCLIP   //执行 XCLIP 命令
选择对象: 找到 1 个   //选择如图 7-32 所示的外部参照图形
选择对象: //按 Enter 键结束选择对象
输入剪裁选项[开(ON)/关(OFF)/剪裁深度(C)/删除
(D)/生成多段线(P)/新建边界(N)] <新建边界>:   //按 Enter 键新建剪裁边界
指定剪裁边界:
[选择多段线(S)/多边形(P)/矩形(R)] <矩形>:   //以矩形框选方式选择要剪裁的部分
指定第一个角点: 指定对角点: //框选如图 7-32 所示外部参照的右侧图形

△注意：

> 在选择剪裁边界时，被边界所包围的对象将被保留，而未被框选的部分则被剪裁。

3．绑定外部参照

绑定外部参照的方法主要有如下几种：

- 执行"修改/对象/外部参照/绑定"命令。
- 单击"参照"工具栏中的 按钮。
- 在命令行中执行 XBIND 命令。

外部参照是一个被附着或覆盖到当前图形中的图形。在外部参照中，相关定义是命名的对象，如块、标注样式、图层、线型和文字样式等。

使用 XBIND 命令可以将选定的相关定义添加到当前图形中，并在任务结束时将其与图形一起保存，可以与对待其他命名对象一样对它们进行操作。

执行绑定命令 XBIND 后，系统将打开如图 7-34 所示的"外部参照绑定"对话框，在"外部参照"栏中选中相应类型下的条目名称，单击 添加(A) -> 按钮，即可将该条目添加到当前图形中；在"绑定定义"栏中选中相应的条目名称，单击 <- 删除(R) 按钮则可将其从当前图形中删除。完成设置后，单击 确定 按钮即可。

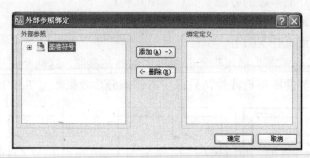

图 7-34 "外部参照绑定"对话框

🔔注意：

使用 XBIND 命令绑定单个相关定义，而使用 XREF 命令的"绑定"选项则可以绑定外部参照文件。

7.2.5 应用举例——标注机械零件表面粗糙度

通过直线命令在机械零件图（立体化教学：\实例素材\第 7 章\机械零件图.dwg）中绘制粗糙度符号，并将其定义为带属性的图块，完成后将其标注在机械图形的相应位置，效果如图 7-35 所示（立体化教学：\源文件\第 7 章\机械零件图.dwg）。

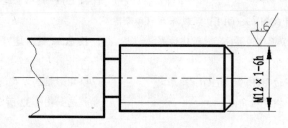

图 7-35 标注表面粗糙度

操作步骤如下：

（1）打开"机械零件图.dwg"图形文件，并在图形旁边绘制出粗糙度符号。

（2）选择"绘图/块/定义属性"命令，打开"属性定义"对话框。

（3）在"属性"栏的"标记"文本框中输入"ccd"，在"提示"文本框中输入提示信息，这里输入"请输入粗糙度"，在"默认"文本框中输入默认值为 3.2。

（4）在"文字设置"栏的"对正"下拉列表框中选择"正中"选项，设置"文字高度"

为 1.5，如图 7-36 所示。

（5）保持其余设置不变，单击 确定 按钮。

（6）返回绘图区中，在符号上方单击鼠标指定属性的位置，完成后如图 7-37 所示。

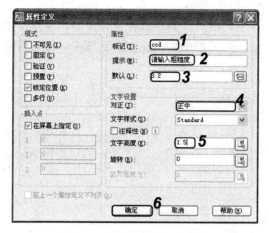

图 7-36 "属性定义"对话框   图 7-37 确定属性位置

（7）单击"绘图"工具栏中的 按钮，打开"块定义"对话框，并在"名称"下拉列表框中输入要定义的图块名称"粗糙度"。

（8）单击"对象"栏中的 按钮返回绘图区（单击该栏中的 按钮可以使用快速选择方式），框选绘制的符号和定义的属性。

（9）按 Enter 键返回"块定义"对话框，在"基点"栏中单击 按钮返回绘图区，选择粗糙度符号下方的交点为基点。

（10）在"设置"栏的"块单位"下拉列表框中选择拖放块到绘图区时的缩放单位，这里保持默认的"毫米"选项，如图 7-38 所示。

（11）单击 确定 按钮，在打开的"编辑属性"对话框的"请输入粗糙度"文本框中输入"1.6"，并单击 确定 按钮，如图 7-39 所示。

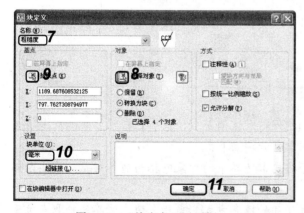

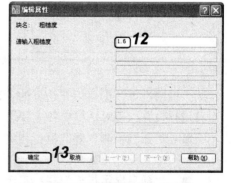

图 7-38 "块定义"对话框   图 7-39 "编辑属性"对话框

（12）使用移动命令将粗糙度符号移动到图形的相应位置，完成标注。

7.3 图 案 填 充

图案填充主要用于在定义的填充边界内填充图案。如在机械零件图中，可以用图案填充来表达一个剖面区域；在室内装饰设计中，可以用图案填充来表示施工中用的材料和材料规格。

7.3.1 创建填充边界

AutoCAD 提供了简单方便的图案填充方法，可以选用不同的填充方式和填充图案，也可根据需要定制填充图案，还可以创建渐变色填充。在 AutoCAD 中可通过"图案填充和渐变色"对话框创建图案填充边界。打开"图案填充和渐变色"对话框的方法主要有如下几种：

- ➥ 选择"绘图/图案填充"命令。
- ➥ 单击"绘图"工具栏中的 按钮。
- ➥ 在命令行中执行 BHATCH（BH/H）命令。

执行上述任意一种操作后都将打开"图案填充和渐变色"对话框，如图 7-40 所示。在该对话框中单击右下角的"更多选项"按钮 还可以展开更多创建填充边界的选项，如图 7-41 所示。

图 7-40 "图案填充和渐变色"对话框

图 7-41 显示更多选项

一般情况下，创建填充边界的各选项都保持默认值不变，只有在特殊要求的情况下才对其进行设置。该对话框中各主要选项的含义分别如下。

- ➥ **"孤岛检测"复选框**：指定是否将内部边界中的对象包括为边界对象，这些内部对象就称为孤岛。
- ➥ **"孤岛显示样式"栏**：用于设置孤岛的填充方式。当指定填充边界的拾取点位于多重封闭区域内部时，需选择一种填充方式。AutoCAD 提供了 3 种方式，选中 ⊙普通(N)单选按钮，将从最外层的边界向内边界填充，第一层填充，第二层不填充，如此交替进行，直到选定边界被填充完毕为止；选中⊙外部(O)单选按钮，则只填充最外层边界与向内第一层边界之间的区域；选中⊙忽略(G)单选按钮，则忽略内边界，最外层边界的内部将被全部填充。

- “**边界保留**”栏：用于控制新边界对象的类型。选中☑保留边界(T)复选框后，创建填充边界时，可以通过“对象类型”下拉列表框将边界创建为面域或多段线；如果未选中该复选框，系统将在填充指定区域的同时保留源对象。
- “**边界集**”栏：指定是使用当前视口中的对象还是使用现有选择集中的对象作为边界集，单击后面的“新建”按钮，可以返回绘图区选择作为边界集的对象。
- “**允许的间隙**”栏：将几乎封闭一个区域的一组对象视为一个闭合的图案填充边界，系统默认值为 0，表示封闭该区域且没有间隙。

7.3.2　创建图案填充

图案填充的边界可以是圆和矩形等单个封闭对象，也可以是由直线、多段线和圆弧等对象首尾相连的封闭区域。在为图形创建图案填充时，一般都需先创建填充区域，然后再选择填充图案。默认情况下填充图案为 ANGLE，用户可以根据需要选择其他填充图案。进行这一系列操作都可以在“图案填充和渐变色”对话框中进行。

【例 7-11】　通过“图案填充和渐变色”对话框为“床”图形（立体化教学：\实例素材\第 7 章\床.dwg）填充图案，完成后的效果如图 7-42 所示（立体化教学：\源文件\第 7 章\床.dwg）。

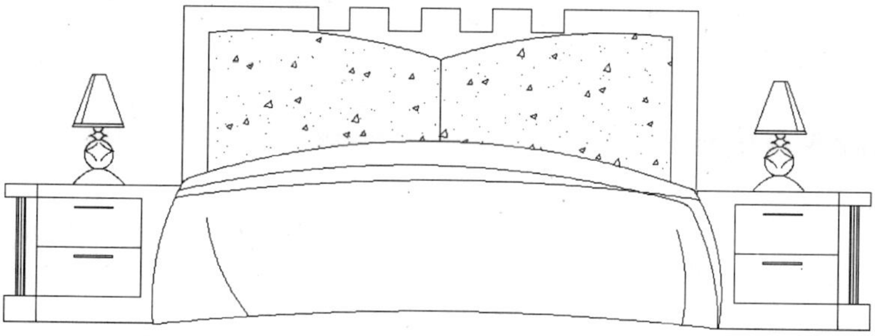

图 7-42　填充效果

（1）单击“绘图”工具栏中的按钮，打开“图案填充和渐变色”对话框并自动选择“图案填充”选项卡，如图 7-43 所示。

（2）在“类型”下拉列表框中选择填充图案的类型，有“预定义”、“用户定义”和“自定义”3 种类型，这里保持默认的“预定义”选项。

（3）在“图案”下拉列表框中选择要使用的填充图案，如果该下拉列表框中没有所需的图案，可单击其右侧的按钮，打开“填充图案选项板”对话框，在其中选择要使用的填充图案，这里选择填充图案 AR-CONC，如图 7-44 所示。

（4）单击 确定 按钮，返回“图案填充和渐变色”对话框，在“角度”下拉列表框中指定填充图案的填充角度，在“比例”下拉列表框中设置填充图案的填充比例，这里均保持默认设置。

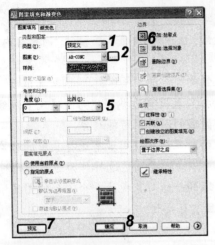

图 7-43 "图案填充和渐变色"对话框

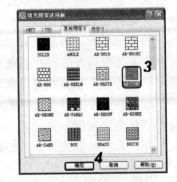

图 7-44 "填充图案选项板"对话框

（5）单击"边界"栏中的"添加：拾取点"按钮返回绘图区中，在需要填充的图形对象内部单击鼠标，然后按 Enter 键返回"图案填充和渐变色"对话框。

（6）单击 预览 按钮可以预览所选对象的填充效果，按 Esc 键返回"图案填充和渐变色"对话框。如果效果不满意，可以再修改，如果效果满意，单击 确定 按钮即可应用设置。

📢 提示：

> 在进行图案填充时，若命令行有"图案填充间距太密，或短划尺寸太小"或"无法对边界进行图案填充。"这样的提示，表示比例不正确，需要根据绘图区的图形界限进行比例调整。比例值小于 1 则填充图案越密，大于 1 则填充图案越疏。另外，在选择填充边界时，也可单击"添加：选择对象"按钮进行选择。

7.3.3 创建渐变色填充

渐变色填充是在一种颜色的不同灰度之间或两种颜色之间使用过渡。渐变色填充可用于增强演示图形的效果，使其呈现出光在对象上的反射效果，也可以用作徽标中的背景。填充渐变色可以在"图案填充和渐变色"对话框中的"渐变色"选项卡中进行设置，如图 7-45 所示，其方法和图案填充的方法相同。"渐变色"选项卡中各选项的含义分别如下。

➨ ◉单色(O)单选按钮：创建从较深色调到较浅色调平滑过渡的单色填充。

➨ ◉双色(T)单选按钮：创建在两种颜色之间平滑过渡的双色渐变填充。

➨ 渐变图案区域：该区域显示了用于渐变填充的 9 种固定图案，包括线性扫

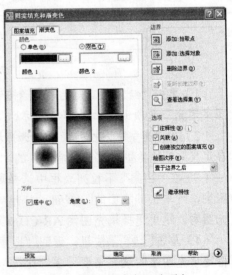

图 7-45 "渐变色"选项卡

掠状、球状和抛物面状图案等，单击某种图案的示例框即可使用该图案。

- ☑居中(C) **复选框**：选中该复选框可以创建对称性的渐变配置；取消选中该复选框，则渐变填充将从右下方向左上方变化，创建出光源从对象右边照射的图案效果。
- **"角度"下拉列表框**：用于设置渐变填充时颜色的填充角度。
- **"添加：选择对象"按钮**：在绘图区采用选择对象的方式选择需要填充的对象。
- **"删除边界"按钮**：若用户选择了多个填充区域，单击该按钮，可删除其中部分填充区域。
- **"重新创建边界"按钮**：要求取消已创建的边界，重新创建新的边界。
- **"查看选择集"按钮**：返回绘图区中查看填充区域。
- **"关联"复选框**：控制填充图案是否与填充边界关联，即当改变填充边界时，填充图案是否也随着改变，一般保持选中状态。
- **"绘图次序"下拉列表框**：指定图案填充的绘图顺序。图案填充可以放在所有其他对象之后、所有其他对象之前、图案填充边界之后或图案填充边界之前。
- **"继承特性"按钮**：在绘图区中选择已填充好的填充图案，在下次进行图案填充时继承所选对象的参数设置。

7.3.4 编辑图案填充

在 AutoCAD 中，可以编辑现有图案的填充特性（如比例和填充角度），或者为它选择一个新图案，还可以将填充图案分解为它的组成对象。编辑填充图案的方法主要有如下几种：

- 选择"修改/对象/图案填充"命令。
- 单击"修改 II"工具栏中的 按钮。
- 在命令行中执行 HATCHEDIT 命令。

执行 HATCHEDIT 命令后，命令行操作如下：

命令: HATCHEDIT   //执行 HATCHEDIT 命令
选择关联填充对象: //选择要编辑的填充图案

选择相应的图案填充后，打开"图案填充编辑"对话框，在对话框中可修改各项参数，其方法与创建图案填充的方法相同，编辑完成后，单击 确定 按钮即可。

✍ 技巧：

双击图案填充也可打开"图案填充编辑"对话框进行编辑操作。

7.3.5 修剪图案填充

修剪图案填充是指使用修剪命令 TRIM 对图案填充进行修剪，和修剪其他对象一样。修剪填充图案的方法主要有如下几种：

- 选择"修改/修剪"命令。
- 单击"修改"工具栏中的 按钮。

➥ 在命令行中执行 TRIM（TR）命令。

【例 7-12】 对如图 7-46 所示图形（立体化教学：\实例素材\第 7 章\修剪图案.dwg）中两矩形交集部分的图案填充进行修剪，效果如图 7-47 所示（立体化教学：\源文件\第 7 章\修剪图案.dwg）。

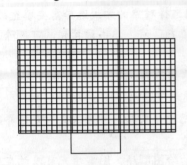

图 7-46 图案填充修剪前

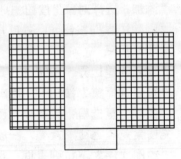

图 7-47 图案填充修剪后

命令行操作如下：

命令: TRIM	//执行 TRIM 命令
当前设置:投影=UCS，边=无	//系统显示当前修剪设置
选择剪切边...	//系统提示选择剪切边界
选择对象: 找到 1 个	//选择图 7-46 所示的其中一个矩形
选择对象: 找到 1 个，总计 2 个	//选择图 7-46 所示的另一个矩形
选择对象:	//按 Enter 键结束选择对象
选择要修剪的对象，或按住 Shift 键选择要延伸的对象，或 [投影(P)/边(E)/放弃(U)]:	//选择两矩形交集内的图案
选择要修剪的对象，或按住 Shift 键选择要延伸的对象，或 [投影(P)/边(E)/放弃(U)]:	//修剪完成后，按 Enter 键结束命令

📢提示：

对填充的图案不仅可以进行修剪操作，还可以使用 EXPLODE 命令将填充的图案分解为单个对象，如果是渐变色填充则不能进行分解，将填充的图案进行分解的操作方法与前面讲到的 EXPLODE 命令的使用方法相同。

7.3.6 控制填充图案可见性

在绘制较大的图形时，需花较长时间来显示填充图形，此时可关闭"填充"模式，从而提高显示速度。

使用 FILL 命令可以控制填充图案的可见性，但执行该命令后需重生成视图才可将填充的图案关闭。

命令行操作如下：

命令: FILL	//执行 FILL 命令
输入模式[开(ON)/关 (OFF)] <开>: OFF	//选择"关"选项，即不显示填充图案

```
    _regen                          //选择"视图/重生成"命令
    正在重生成模型                    //重生成模型
```

📢提示：

> 由 FILL 命令控制的具有宽度的实体，必须是实体本身具有宽度，而并非是使用图层来设置的线宽。

7.3.7 应用举例——填充沙发图形

使用填充命令对如图 7-48 所示的沙发图形（立体化教学：\实例素材\第 7 章\沙发.dwg）进行图案填充和渐变色填充。在填充时读者可根据沙发的特点选择不同的图案填充类型，而且应控制填充图案的比例，沙发填充后的效果如图 7-49 所示（立体化教学：\源文件\第 7章\沙发.dwg）。

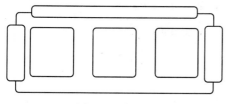

图 7-48　填充前

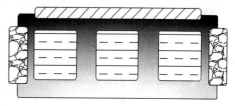

图 7-49　填充后的效果

操作步骤如下：

（1）打开"沙发.dwg"图形文件，选择"绘图/图案填充"命令，打开"图案填充和渐变色"对话框。

（2）在"图案"下拉列表框中选择 TRANS 图案。

（3）在"比例"下拉列表框中指定图案填充比例，这里输入"0.5"，如图 7-50 所示。

（4）单击"添加：拾取点"按钮🔲，返回绘图区，指定填充区域。命令行提示如下：

```
拾取内部点或 [选择对象(S)/删除边界(B)]:        //在图 7-48 所示图形的左侧坐垫中拾取点
正在选择所有对象...
正在选择所有可见对象...
正在分析所选数据...
正在分析内部孤岛...
拾取内部点或 [选择对象(S)/删除边界(B)]:        //在图 7-48 所示图形的中间坐垫中拾取点
正在分析内部孤岛...
拾取内部点或 [选择对象(S)/删除边界(B)]:        //在图 7-48 所示图形的右侧坐垫中拾取点
正在分析内部孤岛...
拾取内部点:                                  //按 Enter 键结束指定点
```

（5）系统返回"图案填充和渐变色"对话框，单击 确定 按钮即可完成指定区域的填充。

（6）按 Enter 键打开"图案填充和渐变色"对话框，继续对其他区域进行填充，分别选择图案 ANSI31 和 GRAVEL。

（7）按 Enter 键打开"图案填充和渐变色"对话框，选择"渐变色"选项卡中的填充样式，如图 7-51 所示。

（8）单击"添加：拾取点"按钮，返回绘图区，指定"渐变色"填充区域。系统返回"图案填充和渐变色"对话框，单击 确定 按钮即可完成指定区域的填充。

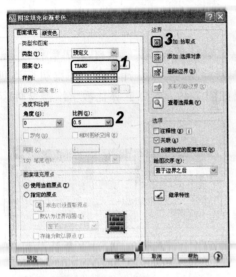

图 7-50　"图案填充和渐变色"对话框

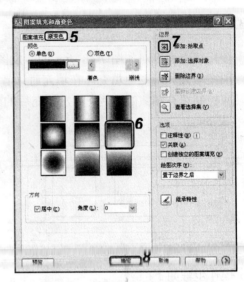

图 7-51　选择渐变色填充样式

7.4　上机及项目实训

7.4.1　完善"门"图形

本次实训将为如图 7-52 所示的"门"图形（立体化教学：\实例素材\第 7 章\门.dwg）填充图案，并将其创建为外部图块保存到电脑中，完成操作后效果如图 7-53 所示（立体化教学：\源文件\第 7 章\门.dwg）。通过该练习应熟悉创建图案填充和创建外部图块的方法。

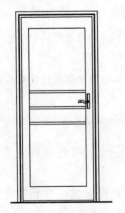

图 7-52　实例素材

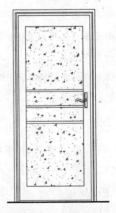

图 7-53　最终效果

操作步骤如下：

（1）打开"门.dwg"图形文件，选择"绘图/图案填充"命令，打开"图案填充和渐变色"对话框，如图 7-54 所示。

（2）单击"图案"下拉列表框左侧的□按钮，在打开的"填充图案选项板"对话框的"其他预定义"选项卡中选择 AR-CONC 选项，如图 7-55 所示。

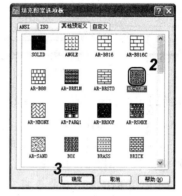

图 7-54 "图案填充和渐变色"对话框   图 7-55 选择填充图案

（3）单击 确定 按钮，返回"图案填充和渐变色"对话框，单击"添加：拾取点"按钮图，返回绘图区，单击图形中门板矩形的空白区域，并按 Enter 键确定。

（4）返回"图案填充和渐变色"对话框，保持其余设置不变，单击 确定 按钮完成填充。

（5）使用分解命令将填充的图案进行分解操作。命令行操作如下：

```
命令: EXPLODE                          //执行 EXPLODE 命令
选择对象: 指定对角点: 找到 1 个          //选择填充的图案为分解对象
选择对象:                              //按 Enter 键确认选择，完成分解操作并退
                                        出命令
```

（6）在命令行中执行 WBLOCK 命令，打开"写块"对话框。

（7）单击"对象"栏中的图按钮返回绘图区，框选所有图形对象，按 Enter 键返回"写块"对话框。

（8）单击"基点"栏中的图按钮返回绘图区，捕捉图形对象的下方中点为基点，按 Enter 键返回"写块"对话框。

（9）在"文件名和路径"下拉列表框中输入要将外部图块保存到的位置，并将其名称命名为"门"。

（10）单击 确定 按钮，完成操作。

7.4.2 完善"卫生间"图形

综合利用本章和前面所学知识，将如图 7-56 所示的"卫生间"图形（立体化教学：\实例素材\第 7 章\卫生间.dwg）中的马桶创建成名称为 MT 的内部图块，然后用阵列的方式插入到卫生间中，效果如图 7-57 所示（立体化教学：\源文件\第 7 章\卫生间.dwg）。

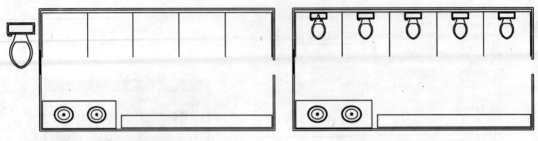

| 图 7-56　马桶和卫生间 | 图 7-57　应用阵列插入图块 |

本练习可结合立体化教学中的视频演示进行学习（立体化教学：\视频演示\第 7 章\应用图块.swf）。主要操作步骤如下：

（1）单击"绘图"工具栏中的 按钮，打开"块定义"对话框，将图形中的"马桶"对象创建成名为 MT 的内部图块。

（2）使用 MINSERT 命令将定义的马桶图块进行阵列插入，其中行数为 1、列数为 5、行间距为 0、列间距为 582。

7.5　练习与提高

（1）绘制如图 7-58 所示的建筑平面图。在绘制过程中先将门窗定义为图块（立体化教学：\源文件\第 7 章\建筑平面图.dwg）。

提示：本练习可结合立体化教学中的视频演示进行学习（立体化教学：\视频演示\第 7 章\绘制建筑平面图.swf）。

（2）通过"图案填充和渐变色"对话框创建如图 7-59 所示的图案填充效果（立体化教学：\源文件\第 7 章\填充图案.dwg）。

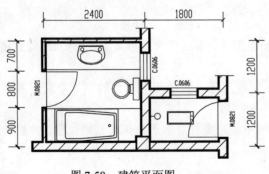

图 7-58　建筑平面图

图 7-59　创建图案填充

（3）绘制如图 7-60 所示的平面窗图形，并将其定义为图块，最后定义其属性，效果如图 7-61 所示（立体化教学：\源文件\第 7 章\平面窗.dwg）。

图 7-60　平面窗　　　　　　　　　　　　图 7-61　定义图块属性

（4）利用所学知识绘制如图 7-62 所示的房间图形（立体化教学：\源文件\第 7 章\房间.dwg），并对其进行图案填充，效果如图 7-63 所示（立体化教学：\源文件\第 7 章\房间填充图.dwg）。

提示：本练习可结合立体化教学中的视频演示进行学习（立体化教学：\视频演示\第 7 章\绘制并填充房间.swf）。

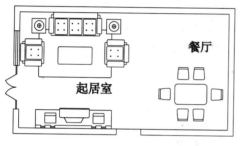

图 7-62　绘制房间　　　　　　　　　　　　图 7-63　填充房间

 图块和图案的使用技巧

　　本章主要介绍了使用图块和图案完善图形的方法。为了让读者更好地掌握图块和图案的使用方法，这里总结以下几点技巧供读者参考和探索：

- 在 AutoCAD 2008 中，可以通过工具选项板快速填充图案，通过选择"工具/工具选项板窗口"命令、单击"标准"工具栏中的　按钮、执行 TOOLPALETTES（TP）命令和按 Ctrl+3 键都可以打开工具选项板。
- 在使用工具选项板填充图形时，如果要设置填充图案的比例，方法如下：在填充图案上单击鼠标右键，在弹出的快捷菜单中选择"特性"命令，打开"工具特性"对话框，然后在"图案"栏的"比例"文本框中设置比例，再单击　确定　按钮关闭"工具特性"对话框，最后移动十字光标到要填充图案的图形区域中单击即可。
- 在进行外部参照时，如果外部参照的对象是图片，则称为附着图片。将图片附着在绘图区中后可以根据图片中的轮廓线绘制出类似的图形，还可以将图片附着在绘制的图形中打印出来，增强图形的美观性。附着图片的方法与附着外部参照的方法相同。

第8章　标注图形尺寸

学习目标

☑ 熟悉尺寸标注的相关规定及组成

☑ 使用"标注样式管理器"对话框，创建名称为"机械标注"的尺寸标注样式

☑ 使用常用的标注尺寸的命令标注"压板"图形的尺寸

☑ 使用编辑尺寸命令，编辑"高速轴"图形的尺寸标注

☑ 使用标注尺寸的相关命令标注"建筑平面图"图形中的尺寸

☑ 综合利用标注图形尺寸的知识标注"轴类零件"图形

目标任务&项目案例

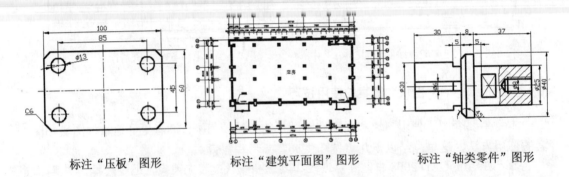

标注"压板"图形　　　　标注"建筑平面图"图形　　　　标注"轴类零件"图形

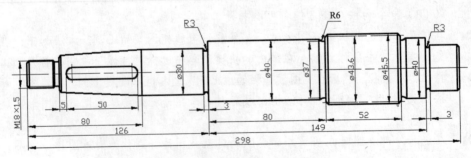

编辑"高速轴"图形的尺寸标注

通过上述实例效果的展示可以发现：标注图形尺寸的命令有多种，在制作这些实例时，不仅用到了标注尺寸的命令，还使用了编辑标注尺寸的命令。本章将具体讲解创建标注样式的方法、标注各种尺寸的方法和编辑标注尺寸的方法。

8.1　尺寸标注的规定及组成

进行尺寸标注后的图纸能够准确、清楚地反映设计对象的大小、形状和相互关系，这样施工和加工人员才能根据对象的具体尺寸，按照图纸要求进行加工。因此在使用 AutoCAD 绘制机械图和建筑施工图时必须按照有关规定进行尺寸标注。

8.1.1　机械标注的有关规定

对机械制图进行尺寸标注时，应遵循如下规定：

- 符合国家标准的有关规定，标注制造零件所需要的全部尺寸，不重复不遗漏，尺寸排列整齐，并符合设计和工艺的要求。
- 每个尺寸一般只标注一次，尺寸数值为零件的真实大小，与所绘图形的比例及准确性无关。尺寸标注以毫米为单位，若采用其他单位，则必须注明单位名称。
- 标注文字中的字体按照国家标准规定书写，图样中的字体为仿宋体，字号分 1.8、2.5、3.5、5、7、10、14 和 20 等 8 种，其字体高度应按 $\sqrt{2}$ 的比率递增。
- 字母和数字分为 A 型和 B 型，A 型字体的笔画宽度（d）与字体高度（h）符合 d=h/14；B 型字体的笔画宽度与字体高度符合 d=h/10。在同一张图样上，只允许选用一种形式的字体。
- 字母和数字分为直体和斜体两种，但在同一张图样上只能采用一种书写形式，常用形式为斜体。

8.1.2　建筑标注的有关规定

对建筑制图进行尺寸标注时，应遵循如下规定：

- 当图形中的尺寸以毫米为单位时，不需要标注计量单位。否则必须注明所采用的单位代号或名称，如 cm（厘米）和 m（米）等。
- 图形的真实大小应以图样上标注的尺寸数值为依据，与所绘制图形的大小比例及准确性无关。
- 尺寸数字一般写在尺寸线上方，也可以写在尺寸线的中断处。尺寸数字的字高必须相同。
- 标注文字中的字体必须按照国家标准规定进行书写，即汉字必须使用仿宋体，数字使用阿拉伯数字或罗马数字，字母使用希腊字母或拉丁字母。各种字体的具体大小可以从 2.5、3.5、5、7、10、14 以及 20 等 7 种规格中选取。
- 图形中每一部分的尺寸应只标注一次，并且应标在最能反映其形体特征的视图上。
- 图形中所标注的尺寸，应为该构件完工后的标准尺寸，否则须另加说明。

8.1.3　尺寸标注的组成

一个完整的尺寸标注通常由尺寸界线、尺寸线、箭头和标注文字 4 部分组成，如图 8-1

所示。

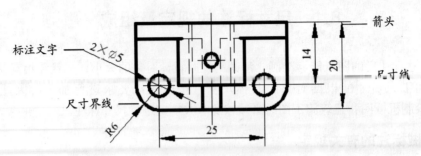

图 8-1　尺寸标注的组成元素

各组成部分的作用与含义分别如下。

- **尺寸界线：** 也称为证明线，它从图形部件延伸到尺寸线，应与尺寸线相互垂直。
- **尺寸线：** 用于表示尺寸标注的范围，有多种表示方式，如图 8-1 所示是建筑标记的表示方法，尺寸线应与所标注的线段平行，角度标注的尺寸线是一段圆弧。
- **箭头：** 在尺寸线两端，用以表明尺寸线的起始、终止位置，有多种表现方式，如箭头、方框和三角形。
- **标注文字：** 一般位于尺寸线上方或中断处，用于表示两点间的实际度量数，即尺寸值。在进行尺寸标注时，AutoCAD 会自动生成标注对象的尺寸数值，如果在尺寸界线中放不下数值，系统会自动将其放在尺寸界线外部。用户也可以对标注文字进行修改。

8.2　设置尺寸标注样式

在进行尺寸标注前，应先根据制图及尺寸标注的相关规定，对标注样式进行设置。通常设计人员都不会改变系统默认的标注样式，而是创建一个新的标注样式，设置相应的参数，从而能方便地进行管理。

8.2.1　建立标注样式

尺寸标注样式方法有如下几种：

- 选择"格式/标注样式"命令。
- 单击"样式"工具栏中的 按钮。
- 在命令行中执行 DDIM（D）或 DIMSTYLE（DIMSTY）命令。

执行 DDIM 命令，打开如图 8-2 所示的"标注样式管理器"对话框，在该对话框中可以新建尺寸标注样式。单击 新建(N)... 按钮，打开如图 8-3 所示的"创建新标注样式"对话框，在该对话框的"新样式名"文本框中可输入标注样式名，这里输入"建筑标注"，默认"基础样式"为 ISO-25，在"用于"下拉列表框中选择"所有标注"选项，单击 继续 按钮，在打开的对话框中可编辑尺寸样式。

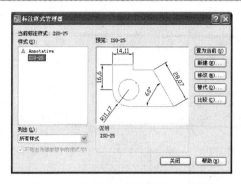

图 8-2 "标注样式管理器"对话框

图 8-3 "创建新标注样式"对话框

8.2.2 编辑尺寸样式

要创建新的尺寸标注样式，最重要的是设置尺寸标注样式的各种格式，在"创建新标注样式"对话框中单击 继续 按钮，在打开的如图 8-4 所示的"新建标注样式：建筑标注"对话框中可设置尺寸标注样式的参数。下面分别对各选项卡进行讲解。

1．"线"选项卡

默认情况下，打开"线"选项卡，在该选项卡中可对尺寸标注的尺寸线和尺寸界线进行设置。

"尺寸线"栏中各选项的含义分别如下。

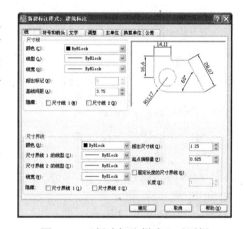

图 8-4 "新建标注样式"对话框

- ➥ **"颜色"下拉列表框**：在该下拉列表框中可选择尺寸线的颜色，一般为默认设置。
- ➥ **"线型"下拉列表框**：在该下拉列表框中可选择尺寸线的线型。
- ➥ **"线宽"下拉列表框**：在该下拉列表框中可选择尺寸线的线宽。
- ➥ **"超出标记"数值框**：设置尺寸线超出尺寸界线的长度，如图 8-5 所示。

◀》提示：

若设置的标注箭头是箭头形式，则超出标记选项不可用，若设置的箭头形式为"倾斜"、"建筑标记"等样式，则该选项可用。

- ➥ **"基线间距"数值框**：设定基线标注中尺寸线之间的间距。
- ➥ **"隐藏"栏**：控制尺寸线的可见性。若选中 ☑ 尺寸线 1(M) 复选框，则在标注对象时，隐藏尺寸线 1 的显示；选中 ☑ 尺寸线 2 复选框，则在进行尺寸标注时，隐藏尺寸线 2 的显示。

在"尺寸界线"栏中可对尺寸标注中尺寸界线的格式进行设置，其中各选项的含义分别如下。

- ➥ **"颜色"下拉列表框**：在该下拉列表框中可设置尺寸界线的颜色。
- ➥ **"线宽"下拉列表框**：在该下拉列表框中可设置尺寸界线的线宽。

➥ **"超出尺寸线"数值框**：设定尺寸界线超出尺寸线的距离，如图 8-6 所示。

➥ **"起点偏移量"数值框**：设定尺寸界线与标注对象之间的距离，如图 8-7 所示。

➥ **"隐藏"栏**：控制是否隐藏尺寸界线。

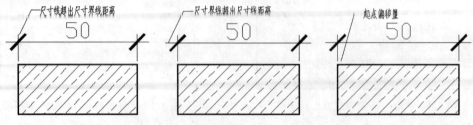

图 8-5　尺寸线超出尺寸界线　　图 8-6　尺寸界线超出尺寸线　　图 8-7　起点偏移量

2. "符号和箭头"选项卡

在该选项卡中可以设置标注尺寸中的箭头大小和弧长符号等，如图 8-8 所示。

在"箭头"栏中可对尺寸标注中尺寸箭头的格式进行设置，其中各选项的含义分别如下。

➥ **"第一个"/"第二个"下拉列表框**：控制尺寸标注中第一个标注箭头与第二个标注箭头的外观样式，在标注建筑给图时，通常将标注箭头设置为"建筑标记"或"倾斜"样式。

➥ **"引线"下拉列表框**：控制快速引线标注中箭头的类型。

➥ **"箭头大小"数值框**：控制尺寸标注中箭头的大小。

在"圆心标记"栏中可对尺寸标注中圆心标记的格式进行设置，其中各选项的含义分别如下。

➥ **⊙无(N)、⊙标记(M)、⊙直线(E)单选按钮**：主要用于设置圆心标记的类型。

➥ **数值框**：设置圆心标记的显示大小。

3. "文字"选项卡

在该选项卡中可以对尺寸标注中标注文本的参数进行设置，如图 8-9 所示。

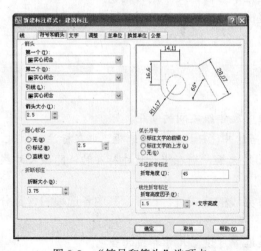

图 8-8　"符号和箭头"选项卡

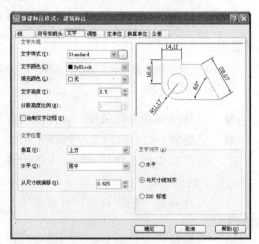

图 8-9　"文字"选项卡

在"文字外观"栏中可对尺寸标注中标注文字的格式进行设置，如文字样式、文字颜色和文字高度等，其中各选项的含义分别如下。

- ➡ **"文字样式"下拉列表框**：在该下拉列表框中可选择尺寸标注默认采用的文字样式，标注文本将按照设定的文字样式参数进行显示。也可专门为标注文字创建一个新的文字样式。
- ➡ **"文字颜色"下拉列表框**：在该下拉列表框中可设置标注文字显示的颜色。
- ➡ **"填充颜色"下拉列表框**：在该下拉列表框中可设置标注文字背景的颜色。
- ➡ **"文字高度"数值框**：设定标注文字的显示高度。若已在文字样式中设置了文字高度，则该数值框中的值无效。
- ➡ **"分数高度比例"数值框**：设定分数形式字符与其他字符的比例。只有选择了支持分数的标注格式时，此选项才可用。
- ➡ ☑绘制文字边框(F)**复选框**：选中该复选框后，在标注尺寸时，标注文字的周围会显示一个矩形框。

在"文字位置"栏中可对尺寸标注中标注文字所在的位置进行设置，其中各选项的含义分别如下。

- ➡ **"垂直"下拉列表框**：在该下拉列表框中可选择相对于尺寸线的垂直对齐位置。
- ➡ **"水平"下拉列表框**：在该下拉列表框中可选择相对于尺寸线的水平对齐位置。
- ➡ **"从尺寸线偏移"数值框**：指定标注文字到尺寸线之间的距离。

在"文字对齐"栏中可对尺寸标注中标注文字的对齐方式进行设置，其中各选项的含义分别如下。

- ➡ ◉水平 **单选按钮**：选中该单选按钮，表示将所有标注文字设置为水平方式。
- ➡ ◉与尺寸线对齐 **单选按钮**：选中该单选按钮，表示将所有标注文字与尺寸线平行对齐。
- ➡ ◉ISO 标准 **单选按钮**：选中该单选按钮，表示当标注文本在尺寸界线内部时，将文字与尺寸线对齐；当标注文字在尺寸线外部时，水平对齐文字。

4．"调整"选项卡

该选项卡可对标注文本、箭头和尺寸界线间的位置关系进行调整，如图 8-10 所示。

在"调整选项"栏中可设置当尺寸界线之间没有足够空间时，标注文本和箭头的放置位置。有如下几种设置方式，其含义分别如下。

- ➡ ◉文字或箭头 (最佳效果) **单选按钮**：选中该单选按钮，则由系统选择一种最佳方式来安排尺寸文字和箭头的位置。
- ➡ ◉箭头 **单选按钮**：选中该单选按钮，可将箭头放在尺寸界线外侧。
- ➡ ◉文字 **单选按钮**：选中该单选按钮，可将标注文字放在尺寸界线外侧。
- ➡ ◉文字和箭头 **单选按钮**：选中该单选按钮，可将标注文字和箭头都放在尺寸界线外侧。
- ➡ ◉文字始终保持在尺寸界线之间 **单选按钮**：选中该单选按钮，表示标注文字始终放在尺寸界线之间。
- ➡ ☑若箭头不能放在尺寸界线内，则将其消除**复选框**：选中该复选框，表示当尺寸界线之间不能放置箭头时，不显示标注箭头。

在"文字位置"栏中可设置当标注文字不在默认位置时应放置的位置，其中各选项的含义分别如下。

- ◉ **尺寸线旁边**⒝**单选按钮**：选中该单选按钮，表示当标注文字在尺寸界线外部时，将文字放置在尺寸线旁边。

- ◉ **尺寸线上方，带引线**⒧**单选按钮**：选中该单选按钮，表示当标注文字在尺寸界线外部时，将文字放置在尺寸线上方，并加一条引线相连。

- ◉ **尺寸线上方，不带引线**⒪**单选按钮**：选中该单选按钮，表示当标注文字在尺寸界线外部时，将文字放置在尺寸线上方，不加引线。

在"标注特征比例"栏中可设置尺寸标注的缩放比例，其中各选项的含义分别如下。

- ◉ **使用全局比例**⒮**单选按钮**：选中该单选按钮，表示在其后的数值框中可指定尺寸标注的比例，所指定的比例值将影响尺寸标注所有组成元素的大小。如将标注文字的高度设置为 5mm，比例因子设置为 2，则标注时的字高为 10mm。

- ◉ **将标注缩放到布局单选按钮**：选中该单选按钮，表示根据模型空间视口比例设置标注比例。

在"优化"栏中可对尺寸标注的其他选项进行调整，其中各选项的含义分别如下。

- ☑ **手动放置文字**⒫ **复选框**：选中该复选框，表示忽略所有水平对正设置，并将文字放直在"尺寸线位置"提示中的指定位置。

- ☑ **在尺寸界线之间绘制尺寸线**⒟**复选框**：选中该复选框，表示在标注对象时，始终在尺寸界线之间绘制尺寸线。

5．"主单位"选项卡

"主单位"选项卡通常用于机械和辅助设计绘图的尺寸标注。在该选项卡中可对尺寸标注的单位格式进行设置，如图 8-11 所示。

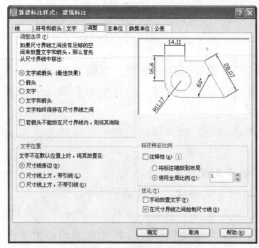

图 8-10　"调整"选项卡

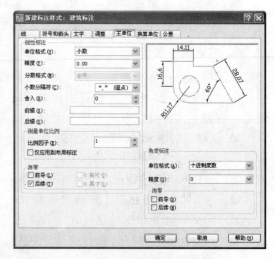

图 8-11　"主单位"选项卡

在"线性标注"栏中可设置线性尺寸的单位，其中各选项的含义分别如下。

- **"单位格式"下拉列表框**：在该下拉列表框中可选择线性标注采用的单位格式，

如"小数"、"科学"和"工程"等。

- **"精度"下拉列表框**：在该下拉列表框中可调整线性标注的小数位数。
- **"分数格式"下拉列表框**：在该下拉列表框中可设置分数的格式。只有在"单位格式"下拉列表框中选择"分数"选项时该选项才可用。
- **"小数分隔符"下拉列表框**：在该下拉列表框中可选择小数分隔符的类型，如"逗点（,）"、"句点（.）"等。
- **"舍入"数值框**：设置非角度标注测量值的舍入规则。如设置舍入值为 0.25，则所有长度都将被舍入到最接近 0.25 个单位的数值。
- **"前缀"文本框**：在标注文本前面添加一个前缀。
- **"后缀"文本框**：在标注文本后面添加一个后缀。
- **"比例因子"数值框**：设置线性标注测量值的比例因子，AutoCAD 将标注测量值与此处输入的值相乘。例如，如果输入"2"，AutoCAD 将把 1mm 的测量值显示为 2mm。该数值框中的值不影响角度标注效果。
- ☑**仅应用到布局标注复选框**：选中该复选框，表示只对布局中创建的标注应用线性比例值。
- **"消零"栏**：用于消除所有小数标注中的前导零或后续零，如 0.2400 变为.2400，0.3800 变为 0.38。

在"角度标注"栏中可设置角度标注的单位格式，其中各选项的含义分别如下。

- **"单位格式"下拉列表框**：设定角度标注的单位格式，如"十进制度数"和"度/分/秒"等。
- **"精度"下拉列表框**：设定角度标注的小数位数。

6. "换算单位"选项卡

在该选项卡中可设置不同单位尺寸间的换算格式及精度。必须选中☑**显示换算单位（D）**复选框后，该选项卡中的其他内容才可用，如图 8-12 所示。

在"换算单位"栏中可设置换算单位的单位格式、精度等参数，其中各选项的含义分别如下。

- **"单位格式"下拉列表框**：在该下拉列表框中可设置换算单位格式。
- **"精度"下拉列表框**：设置换算单位的小数位数。
- **"换算单位倍数"数值框**：指定一个乘数，作为主单位和换算单位之间的换算因子。
- **"舍入精度"数值框**：为除角度之外的所有标注类型设置换算的舍入规则。
- **"前缀"文本框**：给换算标注文字指定一个前缀。
- **"后缀"文本框**：给换算标注文字指定一个后缀。

在"消零"栏中可控制不输出前导零和后续零，以及值为零的英尺和英寸。

在"位置"栏中可设置换算单位的放置位置，其中各选项的含义分别如下。

- ⊙**主值后（A）单选按钮**：选中该单选按钮，表示将换算单位放在主单位之后。
- ⊙**主值下（B）单选按钮**：选中该单选按钮，表示将换算单位放在主单位下面。

7. "公差"选项卡

在该选项卡中可设置公差参数，从而创建公差标注，如图 8-13 所示。

图 8-12　"换算单位"选项卡

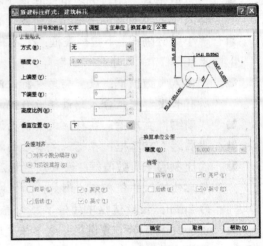

图 8-13　"公差"选项卡

在"公差格式"栏中可设置公差格式，如公差方式和精度等，其中各选项的含义分别如下。

- ➤ **"方式"下拉列表框**：在该下拉列表框中可设置计算公差的方法。如图 8-14 所示为各种计算公差方法的表现形式。

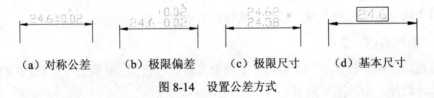

（a）对称公差　　（b）极限偏差　　（c）极限尺寸　　（d）基本尺寸

图 8-14　设置公差方式

- ➤ **"精度"下拉列表框**：设置小数位数。
- ➤ **"上偏差"数值框**：设置最大公差或上偏差。当用户在"方式"下拉列表框中选择"对称"时，AutoCAD 将该值用作公差值。
- ➤ **"下偏差"数值框**：设置下偏差值。
- ➤ **"高度比例"数值框**：设置公差文字的当前高度。
- ➤ **"垂直位置"下拉列表框**：控制对称公差和极限公差的文字对齐方式。

在"消零"栏中可控制不输出前导零和后续零，以及零英尺和零英寸部分。

在"换算单位公差"栏中可设置换算公差单位的精度和消零规则。

完成尺寸标注样式的设置后，单击 确定 按钮，返回"标注样式管理器"对话框，在该对话框中即显示了新创建的尺寸标注样式的名称。

8.2.3　将标注样式置为当前

设置标注样式参数后，可以把它设置为当前样式，从而在绘图过程中采用该标注样式标注对象。将标注样式设置为当前的方法有如下几种：

➥ 设置好新标注样式后，在"标注样式管理器"对话框左侧的"样式"列表框中选
择要置为当前的标注样式，然后单击 置为当前(U) 按钮即可，如图 8-15 所示。

➥ 在如图 8-16 所示"样式"工具栏的"标注样式管理器"下拉列表框中选择要置为
当前的标注样式，如选择"建筑标注"选项。

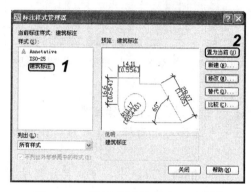

图 8-15　"标注样式管理器"对话框

图 8-16　设置当前标注样式

8.2.4　替代标注样式

替代标注样式是对已有标注的图形标注样式做局部修改，并用于当前图形的尺寸标注
中。替代标注样式不会存储在系统文件中，也不会改变原来的标注样式。在下一次使用时，
仍然采用原来的标注样式进行尺寸标注。在"标注样式管理器"对话框中，单击 替代(O)... 按
钮，可以为某个标注或当前标注样式定义替代标注样式，其方法与新建标注样式相同。

在建筑绘图中，某些标注特性对于图形或尺寸标注的样式来说是通用的，因此适合作
为通用标注样式设置。其他标注特性一般基于单个基准应用，因此可作为替代标注样式。

设置替代标注样式的方法有如下几种：

➥ 修改对话框中的选项或修改命令行的系统变量设置。

➥ 通过将修改的设置返回其初始值来撤销替代。替代将应用到正在创建和即将创建
的标注中，直到撤销替代或将其他标注样式置为当前为止。

8.2.5　删除与比较标注样式

在"标注样式管理器"对话框中还可以对标注样式进行删除和比较操作。当不再需要
创建的某个标注样式时，便可将其删除，减少文件的空间占有量。方法是在"标注样式管
理器"对话框左侧的"样式"列表框中选中需要删除的标注样式，单击鼠标右键，在弹出
的快捷菜单中选择"删除"命令，如图 8-17 所示。

在 AutoCAD 中可以比较两种标注样式的特性或显示一种标注样式的所有特性，并可以
将比较结果复制到 Windows 剪贴板上，然后粘贴到其他应用程序中。在"标注样式管理器"
对话框中，单击 比较(C)... 按钮，打开如图 8-18 所示的"比较标注样式"对话框，在该对话框
中可对两种标注样式进行比较，其比较结果显示在对话框下方的列表框中。

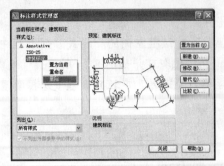

图 8-17　删除标注样式

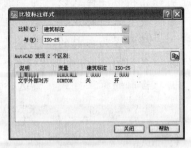

图 8-18　"比较标注样式"对话框

其中各选项的含义分别如下。

➦ **"比较"下拉列表框**：在该下拉列表框中可选择要比较的标注样式。

➦ **"与"下拉列表框**：在该下拉列表框中可选择与上面标注样式进行比较的标注样式。

➦ **按钮**：单击该按钮将比较结果复制到 Windows 剪贴板中，可供其他程序调用。

➦ **"AutoCAD 发现 x 个区别"栏**：显示两种标注样式的比较结果。

8.2.6　应用举例——创建机械标注样式

通过"标注样式管理器"对话框，创建名称为"机械标注"的尺寸标注样式。

操作步骤如下：

（1）选择"格式/标注样式"命令，打开"标注样式管理器"对话框，如图 8-19 所示。

（2）单击 新建(N)... 按钮，打开"创建新标注样式"对话框，在"新样式名"文本框中输入"机械标注"，如图 8-20 所示。

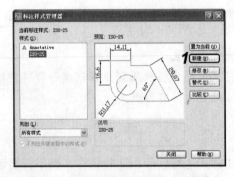

图 8-19　"标注样式管理器"对话框

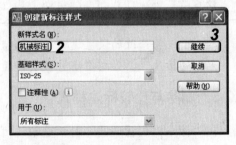

图 8-20　创建建筑标注样式

（3）单击 继续 按钮，打开"新建标注样式：机械标注"对话框，选择"线"选项卡，在"尺寸界线"栏的"超出尺寸线"数值框中输入"2"，选中 ☑固定长度的尺寸界线(O) 复选框，在"长度"数值框中输入"5"，如图 8-21 所示。

（4）选择"符号和箭头"选项卡，在"箭头"栏的"第一个"和"第二个"下拉列表框中保持默认值不变，在"箭头大小"数值框中输入"2.5"，指定箭头的大小，如图 8-22 所示。

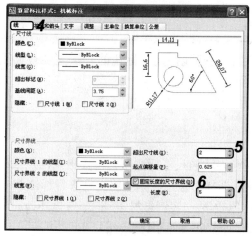

图 8-21　设置尺寸线

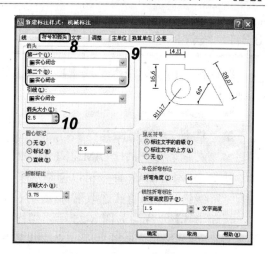

图 8-22　设置箭头类型及大小

（5）选择"文字"选项卡，在"文字位置"栏的"垂直"下拉列表框中选择"上方"选项，在"从尺寸线偏移"数值框中输入"1"，如图 8-23 所示。

（6）选择"调整"选项卡，在"标注特征比例"栏中选中 ◎使用全局比例(S) 单选按钮，并在其后的数值框中输入"5"，如图 8-24 所示。

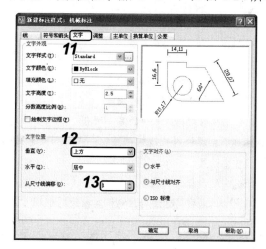

图 8-23　设置标注文字

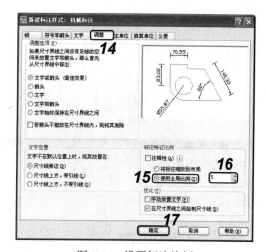

图 8-24　设置标注比例

（7）单击 确定 按钮，返回"标注样式管理器"对话框，单击 关闭 按钮，完成标注样式的创建。

8.3　标注尺寸

AutoCAD 针对不同类型的对象提供了不同的标注命令，如线性标注、坐标标注、半径标注、直径标注和角度标注等，同时为提高标注同一类型尺寸的速度，AutoCAD 还提供了对齐标注、快速标注、形位公差标注、基线标注和连续标注等标注命令。

8.3.1 线性标注

线性标注用于标注水平或垂直方向上的尺寸。创建线性尺寸标注的方法主要有如下几种：

- 选择"标注/线性"命令。
- 单击"标注"工具栏中的 ⊢ 按钮。
- 在命令行中执行 DIMLINEAR 命令。

执行 DIMLINEAR 命令可以创建水平、垂直和旋转的尺寸标注，它需要指定两点来确定尺寸界线；也可以直接选取需标注的尺寸对象，选择对象后，系统将自动进行标注。

【例 8-1】 标注如图 8-25 所示螺栓（立体化教学：\实例素材\第 8 章\螺栓.dwg）的长和直径，效果如图 8-26 所示（立体化教学：\源文件\第 8 章\螺栓.dwg）。

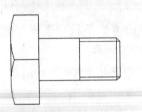

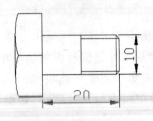

图 8-25 待标注的对象   图 8-26 创建线性标注

命令行操作如下：

命令: DIMLINEAR	//执行 DIMLINEAR 命令
指定第一条尺寸界线原点或 <选择对象>:	//拾取螺栓杆长边的端点
指定第二条尺寸界线原点:	//拾取螺栓杆长边的另一端点
指定尺寸线位置或[多行文字(M)/文字(T)/角度(A)/水平(H)/垂直(V)/旋转(R)]:	//在螺栓杆长边下侧拾取一点作为尺寸线位置
标注文字 =20	//显示标注效果
……	//用同样的方法标注螺栓直径的尺寸

在执行 DIMLINEAR 命令创建线性标注的过程中，命令行中各选项的含义分别如下。

- **多行文字**：选择该选项，打开多行文字输入框，可在其中修改标注文字，如图 8-27 所示。输入框中的尖括号即表示标注文字，可为其添加前缀或后缀，或删除标注文字。

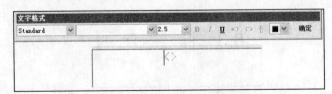

图 8-27 通过多行文字输入框修改标注内容

- **文字**：直接在命令行中输入标注文字。

- ➦ **角度**：指定标注文字在尺寸线上的角度。
- ➥ **水平**：标注水平方向上的尺寸。
- ➥ **垂直**：标注垂直方向上的尺寸。
- ➥ **旋转**：标注具有一定倾斜角度的尺寸。

8.3.2 对齐标注

对齐标注是将尺寸线与两尺寸界线原点的边线相平行。创建对齐尺寸标注的方法主要有如下几种：

- ➥ 选择"标注/对齐"命令。
- ➥ 单击"标注"工具栏中的 ↘ 按钮。
- ➥ 在命令行中执行 DIMALIGNED 命令。

对齐标注又称平行标注，是指尺寸线始终与标注对象保持平行，若是圆弧，则平行标注的尺寸线与圆弧两端点之间的弦保持平行。

【**例 8-2**】　标注如图 8-28 所示的机械零件轴测图（立体化教学：\实例素材\第 8 章\轴测图.dwg）中的所有尺寸，效果如图 8-29 所示（立体化教学：\源文件\第 8 章\轴测图.dwg）。

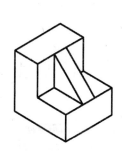

图 8-28　实例素材

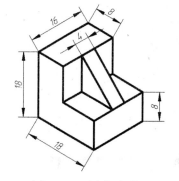

图 8-29　对齐标注效果

命令行操作如下：

命令: DIMALIGNED	//执行 DIMALIGNED 命令
指定第一条尺寸界线原点或 <选择对象>:	//捕捉顶边的一个端点
指定第二条尺寸界线原点:	//捕捉顶边的另一个端点
指定尺寸线位置或[多行文字(M)/文字(T)/角度(A)]:	//移动鼠标并在合适位置单击鼠标左键，确定尺寸线位置
标注文字 = 16	//标注效果
命令: DIMALIGNED	//按 Enter 键执行上一次命令
指定第一条尺寸界线原点或 <选择对象>:	//捕捉左边直线的一个端点
指定第二条尺寸界线原点:	//捕捉左边直线的另一个端点
指定尺寸线位置或[多行文字(M)/文字(T)/角度(A)]:	//移动鼠标并在合适位置单击鼠标左键，确定尺寸线位置

标注文字 ＝18   //标注效果
……   //使用相同的方法，完成其他边尺寸的
                                            标注

◀》提示：

> 虽然执行 DIMLINEAR 命令也可以标注具有倾斜角度的尺寸，但其设置方法较复杂，因此常使用 DIMALIGNED 命令创建对齐标注。

8.3.3 角度标注

执行 DIMANGULAR 命令可以精确测量并标注被测对象之间的夹角度数。创建角度标注的方法主要有如下几种：

> ❧ 选择"标注/角度"命令。
> ❧ 单击"标注"工具栏中的△按钮。
> ❧ 在命令行中执行 DIMANGULAR 命令。

【例8-3】 标注如图8-30所示的"偏心轮"图形（立体化教学：\实例素材\第8章\偏心轮.dwg）中的角度值，效果如图8-31所示（立体化教学：\源文件\第8章\偏心轮.dwg）。

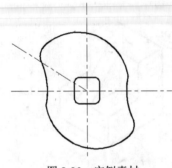

图8-30 实例素材

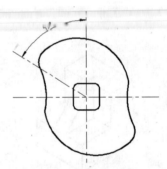

图8-31 角度标注效果

命令行操作如下：

命令: DIMANGULAR   //执行 DIMANGULAR 命令
选择圆弧、圆、直线或 <指定顶点>:   //选择竖直的中心线
选择第二条直线: //选择标注角度的第二条直线
指定标注弧线位置或 [多行文字(M)/文字(T)/角度(A)/象
限点(Q)]:   //指定标注弧线的位置
标注文字 ＝59   //显示标注效果

◀》提示：

> 标注角度时，如果选择"指定顶点"选项，可通过拾取角的顶点、起点和端点的方式标注角度。

8.3.4 坐标标注

使用 DIMORDINATE 命令可以自动测量和标注点的坐标位置，坐标标注是沿一条简

单的引线显示指定点的 X 和 Y 坐标，这类标注也称为基准标注。创建坐标标注的方法主要有如下几种：

- 选择"标注/坐标"命令。
- 单击"标注"工具栏中的 按钮。
- 在命令行中执行 DIMORDINATE（DIMORD）命令。

在 AutoCAD 中一般使用当前用户坐标系（UCS）测量 X 坐标或 Y 坐标，并且沿着与当前 UCS 轴正交的方向绘制引线。

执行 DIMORDINATE 命令创建坐标标注的命令行操作如下：

命令: DIMORDINATE	//执行 DIMORDINATE 命令
指定点坐标:	//指定要标注坐标的点对象
指定引线端点或 [X 基准(X)/Y 基准(Y)/多行文字(M)/	
文字(T)/角度(A)]:	//指定尺寸标注引线点的位置
标注文字 =20	//显示标注效果

在创建坐标标注的过程中，命令行提示信息中还有如下几个选项，其含义分别如下。

- 引线端点：使用构件位置和引线端点的坐标差确定是 X 坐标标注还是 Y 坐标标注。
- X 基准：测量 X 坐标并确定引线和标注文字的方向。
- Y 基准：测量 Y 坐标并确定引线和标注文字的方向。

✍ 技巧：

> 使用 DIMORDINATE 命令可根据引线的方向，自动标注选定点的水平或垂直坐标。若第一点和第二点夹角与 X 轴较近，则标注沿 Y 轴的距离，否则标注沿 X 轴的距离。

8.3.5 弧长标注

弧长标注用于测量圆弧或多段线弧线段的距离。创建弧长标注的方法主要有如下几种：

- 选择"标注/弧长"命令。
- 单击"标注"工具栏中的"弧长"按钮 。
- 在命令行中执行 DIMARC 命令。

【例 8-4】 标注如图 8-32 所示的"轴承盖剖面图"图形（立体化教学：\实例素材\第 8 章\轴承盖剖面图.dwg）中的弧长，效果如图 8-33 所示（立体化教学：\源文件\第 8 章\轴承盖剖面图.dwg）。

命令行操作如下：

命令:DIMARC	//执行 DIMARC 命令
选择弧线段或多段线弧线段:	//选择如图 8-32 所示的弧线
指定弧长标注位置或 [多行文字(M)/文字(T)/角度(A)/部	
分(P)/引线(L)]:	//指定弧长标注位置
标注文字 = 188	//显示标注效果，效果如图 8-33 所示

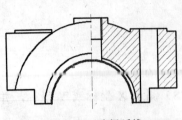

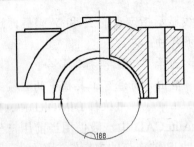

图 8-32　选择弧线　　　　　　　　图 8-33　标注圆弧后的效果

8.3.6　半径（直径）标注

半径（直径）标注用于标注圆或圆弧的半径（直径）尺寸。创建半径（直径）标注的方法主要有如下几种：

- 选择"标注/半径（直径）"命令。
- 单击"标注"工具栏中的◯（◯）按钮。
- 在命令行中执行 DIMRADIUS（DIMRAD）或 DIMDIAMETER（DIMDIA）命令。

【例 8-5】　标注如图 8-34 所示的"轴零件"图形（立体化教学：\实例素材\第 8 章\轴零件.dwg）中的圆弧半径，效果如图 8-35 所示（立体化教学．\源文件\第 8 章\轴零件.dwg）。

命令行操作如下：

命令: DIMRADIUS	//执行 DIMRADIUS 命令
选择圆弧或圆:	//选择要标注的圆弧
标注文字 =1.8	//显示标注效果
指定尺寸线位置或 [多行文字(M)/文字(T)/角度(A)]:	//指定尺寸线位置

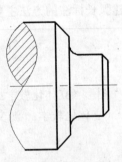

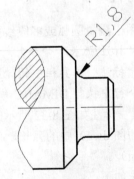

图 8-34　实例素材　　　　　　　　图 8-35　半径标注效果

✍**技巧：**

在实际绘图过程中，标注圆或圆弧的直径或半径时，过多的标注或半径过长的标注会使图形更加凌乱。此时，可以通过选择"标注/折弯"命令、单击"标注"工具栏中的 按钮或在命令行中执行 DIMJOGGED 命令，以折弯半径标注的形式标注其半径值，使标注更美观。该命令的使用方法与半径和直径的标注命令的方法相同。

8.3.7　基线标注

使用基线标注可创建相同基线测量的一系列相关标注。创建基线标注的方法主要有如下几种：

➥　选择"标注/基线"命令。

➥　单击"标注"工具栏中的 按钮。

➥　在命令行中执行 DIMBASELINE（DIMBASE）命令。

在 AutoCAD 中可使用基线增量值偏移每一条新的尺寸线并避免覆盖上一条尺寸线。

🔔注意：

> 在使用 DIMBASELINE 命令标注对象之前，图形中必须已标注了线性标注、对齐标注、坐标标注或角度标注。

【例 8-6】　使用 DIMBASELINE 命令，以如图 8-36 所示图形（立体化教学：\实例素材\第 8 章\墙线.dwg）中尺寸为 2000 的标注为基线，标注出如图 8-37 所示的尺寸效果（立体化教学：\源文件\第 8 章\墙线.dwg）。

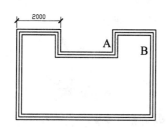

图 8-36　实例素材

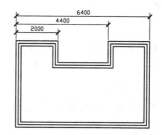

图 8-37　基线标注效果

命令行操作如下：

命令: DIMBASELINE	//执行 DIMBASELINE 命令
选择基准标注:	//单击如图 8-36 所示图形中尺寸为 2000 的标注的左侧尺寸界线
指定第二条尺寸界线原点或 [放弃(U)/选择(S)] <选择>:	//拾取 A 点
标注文字 =4400	//显示标注效果
指定第二条尺寸界线原点或 [放弃(U)/选择(S)] <选择>:	//拾取 B 点
标注文字 =6400	//显示标注效果
指定第二条尺寸界线原点或 [放弃(U)/选择(S)] <选择>:	//按 Enter 键确认

8.3.8　连续标注

连续标注用于标注同一方向上的连续线性尺寸或角度尺寸。创建连续标注的方法主要有如下几种：

➥　选择"标注/连续"命令。

➥　单击"标注"工具栏中的 按钮。

➥ 在命令行中执行 DIMCONTINUE（DIMCONT）命令。

连续标注也需要在已有的线性标注基础上进行，其操作方法与基线标注类似。

【例 8-7】 在如图 8-38 所示的"阶梯轴"图形（立体化教学：\实例素材\第 8 章\阶梯轴.dwg）中创建连续尺寸标注，效果如图 8-39 所示（立体化教学：\源文件\第 8 章\阶梯轴.dwg）。

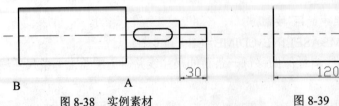

图 8-38 实例素材   图 8-39 阶梯轴连续标注效果

命令行操作如下：

命令: DIMCONTINUE	//执行 DIMCONTINUE 命令
选择连续标注:	//选择如图 8-38 所示图形中已有的线性标注
指定第二条尺寸界线原点或 [放弃(U)/选择(S)]	
<选择>:	//捕捉 A 点
标注文字 =60	//显示标注效果
指定第二条尺寸界线原点或 [放弃(U)/选择(S)]	
<选择>:	//捕捉 B 点
标注文字 =120	//显示标注效果
指定第二条尺寸界线原点或 [放弃(U)/选择(S)]	
<选择>:	//按 Enter 键结束连续标注

📢 提示：

在对图形进行连续标注时，如果选择"选择"选项，可以将已有线性标注的某个尺寸界线原点作为连续标注的基线。另外，若刚进行了线性标注后立即进行基线标注或连续标注，系统会自动选择该线性标注，并在命令行提示"指定第二条尺寸界线原点或 [放弃(U)/选择(S)] <选择>:"，如果已有多个线性标注，此时可按 Enter 键，然后重新选择一个线性标注。

8.3.9 快速标注

使用快速标注可以快速创建多种形式的标注，如创建基线标注、连续标注、半径标注和直径标注等，但不能标记圆心和标注公差。创建快速标注的方法主要有如下几种：

➥ 选择"标注/快速标注"命令。

➥ 单击"标注"工具栏中的 按钮。

➥ 在命令行中执行 QDIM 命令。

快速标注的命令行操作如下：

命令: QDIM	//执行 QDIM 命令
关联标注优先级 = 端点	//系统显示关联标注优先级为端点优先
选择要标注的几何图形:	//框选要进行标注的尺寸界线原点

选择要标注的几何图形：　　　　　　　　//按 Enter 键确认选择的对象

指定尺寸线位置或 [连续(C)/并列(S)/基线(B)/坐　　//在当前默认选项下指定尺寸线位置，也可选

标(O)/半径(R)/直径(D)/基准点(P)/编辑(E)/设置　　择相应的选项进行设置

(T)] <连续>：

确定选择的图形对象后，系统根据所选对象的类型自动采用一种最适合的标注方式，用户也可根据需要选择其他选项创建标注。命令行中各选项的含义分别如下。

- 连续/并列：创建连续或交错标注，两个命令的功能相同，但必须在已有的线性标注上进行。
- 基线：创建基线标注，与 DIMBASELINE 命令的功能相同。
- 坐标：以某一基点为准，标注其他端点相对于该基点的相对坐标。
- 半径/直径：创建半径或直径标注。
- 基准点：为基线标注和坐标标注设置新的基准点。
- 编辑：编辑标注，用于增加或减少尺寸标注中尺寸界线原点的数目。
- 设置：为指定的尺寸界线原点设置默认的对象捕捉模式。

8.3.10　圆心标记

圆心标记用于标注圆或圆弧的圆心。创建圆心标记的方法主要有如下几种：

- 选择"标注/圆心标记"命令。
- 单击"标注"工具栏中的⊕按钮。
- 在命令行中执行 DIMCONTINUE（DIMCONT）命令。

圆心标记的方法很简单，当执行 DIMCONTINUE 命令后，命令行中将出现"选择圆弧或圆："的提示信息，此时选择要标注圆心标记的圆弧或圆即可。

注意：

圆心标记必须在系统变量 DIMCEN 大于 0 的情况下才能进行标注，如果无法标注出圆心标记，可以在命令行中执行 DIMCEN 命令，然后将其值设置为大于 0 的值并确认即可。

8.3.11　公差标注

公差标注主要用于标注机械图形。公差主要包括形状公差和位置公差，它是指导生产、检验产品和控制质量的技术依据。创建形位公差标注的方法主要有如下几种：

- 选择"标注/公差"命令。
- 单击"标注"工具栏中的▥按钮。
- 在命令行中执行 TOLERANCE 命令。

执行 TOLERANCE 命令后，打开如图 8-40 所示的"形位公差"对话框，在该对话框中可对形位公差的参数进行设置。各选项的含义分别如下。

- "符号"栏：单击该栏中的图标框，打开如图 8-41 所示的"特征符号"对话框，通过该对话框可选择所需的形位公差符号，这些符号代表的含义如表 8-1 所示。

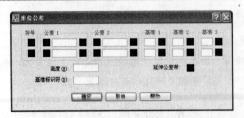

图 8-40　"形位公差"对话框

图 8-41　"特征符号"对话框

表 8-1　形位公差符号及含义

符　号	含　义	符　号	含　义	符　号	含　义
—	直线度	○	圆度	▱	平面度
⌒	线轮廓度	⌓	面轮廓度	⊕	位置度
//	平行度	⊥	垂直度	↗	圆跳度
⫤	对称度	◎	同轴度	↗↗	全跳度
⌭	圆柱度	∠	倾斜度		

■▶ "公差"栏：该栏包含两个图标框和一个文本框，左边为直径图标框，单击该图标框将在形位公差前面添加直径符号"∅"；中间为数值文本框，用于输入形位公差值；右边为附加条件图标框，单击该图标框将打开如图 8-42 所示的"附加符号"对话框，从中可选择表示材料状况的符号，这些符号的含义如表 8-2 所示。

图 8-42　"附加符号"对话框

表 8-2　材料符号及含义

符　号	含　义
Ⓜ	包容原则
Ⓛ	最大实体原则
Ⓢ	最小实体原则

■▶ "基准"栏：可分别在"基准 1"、"基准 2"和"基准 3"栏中设置参数，用于表达基准的相关参数。

■▶ "高度"文本框：在特征控制框中创建投影公差带的值。投影公差带控制固定垂直部分延伸区的高度变化，并以位置公差控制公差精度。

■▶ "基准标识符"文本框：创建由参照字母组成的基准标识符。基准是理论上精确的几何参照，用于建立其他特征的位置和公差带。点、直线、平面、圆柱和其他几何图形都能作为基准。

■▶ "延伸公差带"栏：在延伸公差带值的后面插入延伸公差带符号Ⓟ。

在"形位公差"对话框中设置好各项参数后，单击 确定 按钮返回绘图区中，系统提示"输入公差位置:"，然后确定形位公差的标注位置即可。

【例 8-8】　创建如图 8-43 所示的形位公差。

图 8-43　创建形位公差

（1）选择"标注/公差"命令，打开"形位公差"对话框。

（2）单击"符号"栏中的图标框，在打开的对话框中单击◎图标。

（3）单击"公差 1"栏中的图标框，在图标框中显示⌀图标。

（4）在该图标框右侧的文本框中输入"0.010"。

（5）单击 确定 按钮，返回绘图区中，命令行操作如下:

命令: TOLERANCE　　　　　　　　　　　　　//执行 TOLERANCE 命令

输入公差位置:　　　　　　　　　　　　　//在绘图区中拾取一点作为公差的位置

🔊**提示:**

在上述实例中创建形位公差后，还需要手动绘制出公差指引线。在实际绘图过程中可以先使用多段线绘制出公差指引线，然后再创建形位公差。也可以通过创建快速引线标注的方法进行形位公差标注，创建快速引线的方法将在下面进行详细讲解。

8.3.12　创建快速引线标注

创建快速引线标注常用于对各个标注的对象进行注释，以使图形表达更清晰。同时用户也可对引线标注进行设置，如标注的箭头类型、引线类型和标注文字的位置等。

在命令行中执行 QLEADER 命令，直接按 Enter 键，选择默认的"设置"选项，系统自动打开如图 8-44 所示的"引线设置"对话框，通过该对话框可对引线标注的各项参数进行设置。其中在"注释"选项卡中，选中◎公差(T)单选按钮，可快速创建带指引线的公差标注。

🔊**提示:**

设置引线标注的方法和各选项卡的含义与前面讲解的设置标注样式的方法类似，用户可参考前面的知识进行学习。

【例 8-9】　在"厕所"平面图（立体化教学：\实例素材\第 8 章\厕所.dwg）中创建引线标注，效果如图 8-45 所示（立体化教学：\源文件\第 8 章\厕所.dwg）。

图 8-44　"引线设置"对话框

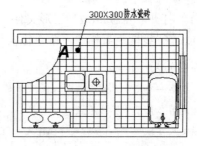

图 8-45　创建引线标注

（1）在命令行中执行 QLEADER 命令，命令行操作如下：

命令: QLEADER   //执行 QLEADER 命令

指定第一个引线点或 [设置(S)] <设置>:   //按 Enter 键，对引线标注进行设置

（2）打开"引线设置"对话框，在"注释"选项卡的"注释类型"栏中选中◉多行文字(M)单选按钮。

（3）选择"引线和箭头"选项卡，在"箭头"栏中的下拉列表框中选择"点"选项。

（4）选择"附着"选项卡，选中☑最后一行加下划线(U)复选框。

（5）单击 确定 按钮，返回绘图区中，命令行操作如下：

指定第一个引线点或 [设置(S)] <设置>:   //选取如图 8-45 所示图形的 A 点

指定下一点: //在图形的右上方拾取一点

指定下一点: //在前一点的水平向右方向上拾取一点

指定文字宽度 <0>:   //按 Enter 键，使用默认文字宽度 0

输入注释文字的第一行 <多行文字(M)>: 300×300 防
水瓷砖   //输入引线标注的内容

输入注释文字的下一行   //按 Enter 键结束 QLEADER 命令

8.3.13 应用举例——标注压板尺寸

使用线性标注、直径标注和快速引线标注等命令标注如图 8-46 所示的"压板"图形（立体化教学：\实例素材\第 8 章\压板.dwg），效果如图 8-47 所示（立体化教学：\源文件\第 8 章\压板.dwg）。

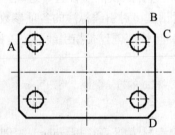

图 8-46　实例素材

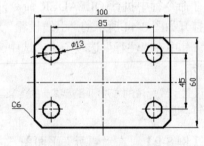

图 8-47　标注后的效果

操作步骤如下：

（1）打开"压板.dwg"图形文件，选择"标注/线性标注"命令，分别拾取各端点和小圆圆心进行线性距离标注。命令行操作如下：

命令: DIMLINEAR   //执行 DIMLINEAR 命令

指定第一条尺寸界线原点或 <选择对象>:   //选择 A 点作为第一条尺寸界线起点

指定第二条尺寸界线原点: //选择 C 点作为第二条尺寸界线原点

指定尺寸线位置或[多行文字(M)/文字(T)/角度(A)/   //拖动鼠标，将尺寸线放在适当的位置，系统
水平(H)/垂直(V)/旋转(R)]:   自动完成尺寸的标注

标注文字 = 100	//显示标注结果
命令: DIMLINEAR	//按 Enter 键执行与上一次相同的命令
指定第一条尺寸界线原点或 <选择对象>:	//拾取左上方小圆的圆心
指定第二条尺寸界线原点:	//拾取右上方小圆的圆心
指定尺寸线位置或[多行文字(M)/文字(T)/角度(A)/ 水平(H)/垂直(V)/旋转(R)]:	//拖动鼠标，将尺寸线放在适当的位置，系统 自动完成尺寸的标注
标注文字 = 85	//显示标注结果
……	//使用同样的方法标注以 B 点和 D 点为尺寸 界线点的尺寸和以右侧两个小圆的圆心为 尺寸界线点的尺寸，完成后如图 8-48 所示

（2）选择"标注/直径标注"命令，对小圆孔的直径进行标注。命令行操作如下：

命令: DIMDIAMETER	//执行 DIMDIAMETER 命令
选择圆弧或圆:	//拾取左上方的圆孔
标注文字=13	//系统自动显示结果
指定尺寸线位置或 [多行文字(M)/文字(T(/角度 (A)]:	//拾取一点，确认尺寸线位置，完成后的效果 如图 8-49 所示

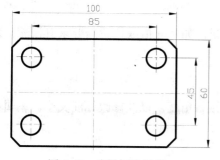

图 8-48　线性标注效果

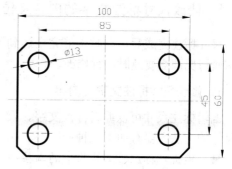

图 8-49　直径标注效果

（3）在命令行中执行快速引线标注命令 QLEADER，选择"设置"选项，打开"引线设置"对话框，选择"引线和箭头"选项卡，进行如图 8-50 所示的设置。

（4）选择"附着"选项卡，选中☑最后一行加下划线(U)复选框，如图 8-51 所示。

图 8-50　设置引线和箭头

图 8-51　设置多行文字附着选项

（5）单击 ▭确定▭ 按钮，然后对左下角的倒角进行引线标注，完成整个图形的标注操作。命令行操作如下：

命令: QLEADER	//执行 QLEADER 命令
指定第一个引线点或 [设置(S)] <设置>:	//按 Enter 键，对引线标注的参数进行设置
指定第一个引线点或 [设置(S)] <设置>:	//在绘图区指定引线的第一个点
指定下一点:	//指定引线的第二个点
指定下一点:	//指定引线的第三个点
指定文字宽度 <0>:5	//设置注释内容的文本宽度
输入注释文字的第一行 <多行文字(M)>:C6	//输入注释文本的内容
输入注释文字的下一行:	//按 Enter 键完成标注

8.4　编辑标注尺寸

创建尺寸标注后，有时还需要对尺寸标注进行编辑，如修改标注文字的位置和重新设定标注尺寸等。

8.4.1　修改尺寸标注文字的内容及位置

尺寸标注完成后，有时未能完全达到预期的效果，如尺寸值或位置与要求有误差，遇到这些情况都需要及时进行修改。

1．修改尺寸标注文字的内容

编辑标注尺寸可以编辑标注文字、尺寸界线的倾斜角度，以及修改标注文字。编辑标注尺寸的方法主要有如下几种：

➲　单击"标注"工具栏中的 ▭ 按钮。

➲　在命令行中执行 DIMEDIT 命令。

【例 8-10】　修改如图 8-52 所示的"楼梯平面图"图形（立体化教学：\实例素材\第8章\楼梯平面图.dwg）中尺寸为 3000 的尺寸标注，效果如图 8-53 所示（立体化教学：\源文件\第8章\楼梯平面图.dwg）。

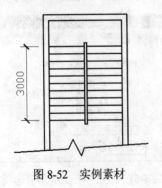

图 8-52　实例素材

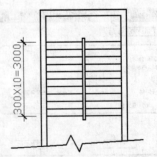

图 8-53　修改尺寸标注后的效果

命令行操作如下：

命令: DIMEDIT	//执行 DIMEDIT 命令
输入标注编辑类型 [默认(H)/新建(N)/旋转(R)/倾斜(O)] <默认>:N	//选择"新建"选项，修改标注文字，此时系统打开如图 8-54 所示的多行文字输入框，在该输入框中重新输入"300×10=3000"，单击 确定 按钮
选择对象: 找到 1 个	//选择图形中的尺寸标注
选择对象:	//按 Enter 键结束 DIMEDIT 命令

图 8-54　修改标注文字

2. 修改尺寸标注文字的位置

修改标注文字的位置是指修改标注文字在尺寸线上的位置及倾斜角度。修改标注文字位置的方法主要有如下几种：

- 选择"标注/对齐文字"命令。
- 单击"标注"工具栏中的 按钮。
- 在命令行中执行 DIMTEDIT 命令。

【例 8-11】　修改如图 8-55 所示图形（立体化教学：\实例素材\第 8 章\孔标注.dwg）中标注文字的倾斜角度为 45°，效果如图 8-56 所示（立体化教学：\源文件\第 8 章\孔标注.dwg）。

命令行操作如下：

命令: DIMTEDIT	//执行 DIMTEDIT 命令
选择标注:	//选择图形中的深度尺寸
指定标注文字的新位置或 [左(L)/右(R)/中心(C)/默认(H)/角度(A)]: A	//选择"角度"选项，指定标注文字的倾斜角度
指定标注文字的角度:45	//指定标注文字的倾斜角度为 45°

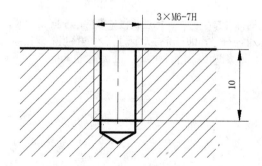

图 8-55　实例素材

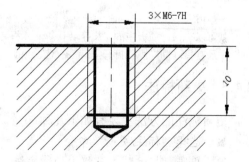

图 8-56　修改标注文字的倾斜角度后的效果

在"指定标注文字的新位置或[左(L)/右(R)/中心(C)/默认(H)/角度(A)]:"提示中还包含有如下几个选项，其含义分别如下。

- ⮱ **左**：将标注文字放置在尺寸线的左端。
- ⮱ **右**：将标注文字放置在尺寸线的右端。
- ⮱ **中心**：将标注文字放置在尺寸线的中心。
- ⮱ **默认**：恢复系统默认的尺寸标注设置。
- ⮱ **角度**：选择该选项，可将标注文字旋转一定的角度。

🔊**提示：**

> 上述实例中是以更改标注文字的角度为例讲解修改标注文字位置的方法，在实际绘图过程中，用户通过以夹点方式可以非常方便地调整标注位置，其方法是选中要调整位置的尺寸标注，在尺寸标注上出现夹点时，通过使用鼠标单击相应的夹点进行移动即可调整标注位置。

8.4.2 编辑尺寸标注属性

通过"特性"选项板可快速修改尺寸标注。在绘图区中选中要修改属性的尺寸标注后单击"标准"工具栏中的 按钮，打开"特性"选项板，在该选项板中即可修改尺寸标注的各个参数，如直线、箭头、文字和单位等，如图 8-57 所示。

图 8-57 "特性"选项板

🔊**提示：**

> 一般情况下，还可以通过"特性"选项板更改尺寸的标注文字，如在标注机械轴零件的一些视图时，就可以在该选项板中的"文字替代"文本框中输入直径符号，即可完成对标注文本的替换。双击某个尺寸标注同样可以打开"特性"选项板。

8.4.3 更新标注

更新标注的方法主要有如下几种：

- ⮱ 选择"标注/更新"命令。
- ⮱ 单击"标注"工具栏中的 按钮。
- ⮱ 在命令行中执行 DIMSTYLE 命令。

在创建尺寸标注的过程中,若发现某个尺寸标注不符合要求,可采用替代标注样式的方式修改尺寸标注的相关变量,然后通过"标注更新"按钮使要修改的尺寸标注按设置的尺寸样式进行更新。

更新标注的方法很简单,在命令行执行 DIMSTYLE 命令打开"标注样式管理器"对话框,单击 替代(O)... 按钮,打开"替代当前样式"对话框,在该对话框中即可设置要修改的标注变量。完成设置后,返回绘图区,单击"标注"工具栏中的"标注更新"按钮即可。命令行操作如下:

命令: -DIMSTYLE	//执行-DIMSTYLE 命令
当前标注样式: ISO-25 注释性: 否	//系统显示当前的标注样式
输入标注样式选项[注释性: (AN)/保存(S)/恢复(R)/	
状态(ST)/变量(V)/应用(A)/?] <恢复>: _apply	//系统自动选择了"应用"选项
选择对象:	//选择要更新的尺寸标注
选择对象:	//按 Enter 键结束标注更新

8.4.4 关联标注

关联标注可以将标注与实体进行链接,当实体尺寸变动时,标注随同实体进行改变。关联标注的方法主要有如下几种:

- ➦ 选择"标注/重新关联标注"命令。
- ➦ 在命令行中执行 DIMREASSOCIATE 命令。

执行该命令后,系统提示选择需要设定关联的标注尺寸,然后提示"指定第一个尺寸界线原点或[选择对象(S)]<下一个>:",默认状态下,系统用一个蓝色方框进行提示,设定需要的关联点,或输入 S 来选择关联实体,设定好关联后,编辑该实体时标注也随之改变。

8.4.5 应用举例——编辑尺寸标注

使用编辑尺寸命令,编辑"高速轴"图形(立体化教学:\实例素材\第 8 章\高速轴.dwg)中的尺寸标注,效果如图 8-58 所示(立体化教学:\源文件\第 8 章\高速轴.dwg)。

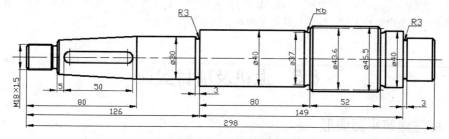

图 8-58 高速轴图形标注

操作步骤如下:

(1)打开"高速轴.dwg"图形文件,执行 DDEDIT 命令,修改图形中尺寸为 30 的标注文字。命令行操作如下:

命令: DDEDIT   //执行 DDEDIT 命令

选择注释对象或 [放弃(U)]:   //选择需要编辑的尺寸，其标注文字会呈可编辑状
                                       态，此时输入一个 "φ" 符号即可。输入该符号
                                       可以通过按住 Alt 键不放，在小键盘中输入
                                       "0248"，然后释放 Alt 键即可

选择注释对象或 [放弃(U)]:   //按 Enter 键，退出命令

（2）双击尺寸为 40 的尺寸标注，打开 "特性" 选项板，通过拖动滚动条，找到 "文字替代" 文本框，并通过上述方法在该文本框中输入 "φ40"，如图 8-59 所示。输入完成后单击选项板中的 ✕ 按钮即可。

（3）使用相同的方法编辑其他的轴直径尺寸。

（4）选择尺寸为 126 的尺寸标注，单击其中的一个夹点，将其向上移动到合适位置，如图 8-60 所示。

图 8-59 "特性" 选项板

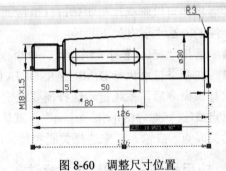

图 8-60 调整尺寸位置

（5）使用相同的方法，将尺寸为 149 的尺寸标注调整至与尺寸为 126 相同的水平位置处。

🔔注意:

在上述实例中输入 "φ" 符号时，一般情况是在打开的 "文字格式" 工具栏中进行输入，该方法将会在后面章节中详细讲解，这里只是用于讲解实例而使用的方法。

8.5 上机及项目实训

8.5.1 标注建筑平面图形

本次实训将创建 "建筑设计绘图" 的标注样式，并将 "建筑平面图"（立体化教学：\实例素材\第 8 章\建筑平面图.dwg）进行尺寸标注，效果如图 8-61 所示（立体化教学：\源文件\第 8 章\建筑平面图.dwg）。在这个练习中将使用到创建标注样式以及多种标注尺寸的方法。

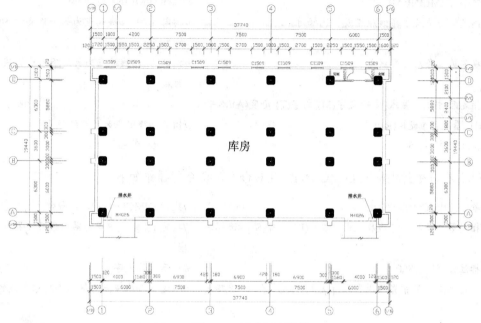

图 8-61　尺寸标注效果

操作步骤如下：

（1）打开"建筑平面图.dwg"图形文件，在命令行中执行 DIMSTYLE 命令，打开"标注样式管理器"对话框，单击 新建(N)... 按钮打开"创建新标注样式"对话框，在"新样式名"文本框中输入"建筑设计绘图"。

（2）单击 继续 按钮，打开"新建标注样式：建筑设计绘图"对话框，在"线"选项卡的"尺寸线"栏的"基线间距"数值框中输入"3.75"，在"尺寸界线"栏的"超出尺寸线"数值框中输入"2"，在"起点偏移量"数值框中输入"1"。

（3）在"符号和箭头"选项卡的"箭头"栏的"第一个"下拉列表框中选择"建筑标记"选项，"第二个"下拉列表框中自动显示"建筑标记"选项。

（4）选择"文字"选项卡，在"文字外观"栏的"文字高度"数值框中输入"2.5"，在"文字位置"栏的"从尺寸线偏移"数值框中输入"3"。

（5）选择"调整"选项卡，在"调整选项"栏中选中 ⊙ 文字始终保持在尺寸界线之间 单选按钮，在"标注特征比例"栏中选中 ⊙ 使用全局比例(S): 单选按钮，并在其右侧的数值框中输入"150"。

📢 提示：

> 如果设置的标注比例不符合实际绘图，可使用系统变量 DIMSCALE 命令调整标注比例。

（6）单击 确定 按钮，返回"标注样式管理器"对话框，在"样式"列表框中选中创建的"建筑设计绘图"标注样式，单击 置为当前(U) 按钮，最后单击 关闭 按钮，返回绘图区，完成尺寸标注样式的设置。

（7）在命令行中输入 DIMLINEAR 命令，或选择"标注/线性"命令。命令行操作如下：

命令: DIMLINEAR	//执行 DIMLINEAR 命令
指定第一条尺寸界线原点或 <选择对象>:	//指定 1/01 轴线端点为第一条尺寸界线的原点
指定第二条尺寸界线原点:	//指定 1 轴线端点为第二条尺寸界线的原点
指定尺寸线位置或[多行文字(M)/文字(T)/角度(A)/水平(H)/垂直(V)/旋转(R)]:	//指定轴线中点为尺寸线位置
标注文字 = 1500	//按 Enter 键确认

（8）在命令行中输入 DIMCONTZNUE 命令。命令行操作如下：

命令: DIMCONTZNUE	//执行 DIMCONTZNUE 命令
指定第二条尺寸界线原点或 [放弃(U)/选择(S)] <选择>:	//指定1/1轴线中点为第二条尺寸界线的原点
标注文字 = 1800	//提示标注文字
指定第二条尺寸界线原点或 [放弃(U)/选择(S)] <选择>:	//指定 2 轴线中点为第二条尺寸界线的原点
标注文字 = 4200	//提示标注文字
指定第二条尺寸界线原点或 [放弃(U)/选择(S)] <选择>:	//指定 3 轴线中点为第二条尺寸界线的原点
标注文字 = 7500	//提示标注文字
……	//用同样的方法标注其他轴线尺寸
指定第二条尺寸界线原点或 [放弃(U)/选择(S)] <选择>:	//按 Enter 键确认，效果如图 8-62 所示

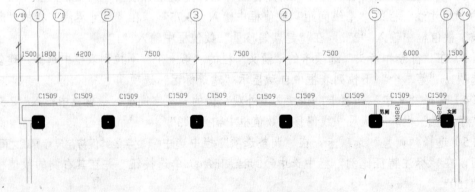

图 8-62　标注平面图上方轴线尺寸

（9）用同样的方法或灵活运用快捷标注、连续标注等方法标注其他轴线尺寸，完成尺寸的标注。

8.5.2　标注轴类零件图形

综合利用本章和前面所学知识，创建"轴类零件"标注样式，然后对"轴类零件"图形（立体化教学：\实例素材\第 8 章\轴类零件.dwg）进行尺寸标注，效果如图 8-63 所示（立体化教学：\源文件\第 8 章\轴类零件.dwg）。

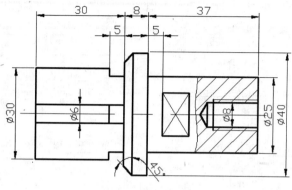

图 8-63 标注效果

本练习可结合立体化教学中的视频演示进行学习（立体化教学：\视频演示\第 8 章\标注轴类零件图形.swf）。主要操作步骤如下：

（1）打开"轴类零件.dwg"图形文件，新建"轴类零件"标注样式。其中设置尺寸线颜色为黑色、箭头大小和圆心标记都为 2.5、文字颜色为黑色、文字高度为 3.5。

（2）使用线性标注命令标注图形中的所有尺寸。

（3）继续使用线性标注命令标注图形中的轴直径，在标注时选择"文字"选项，为标注尺寸添加"ϕ"符号。

（4）使用角度标注命令标注图形中的退刀槽角度。

8.6 练习与提高

（1）对如图 8-64 所示的图形（立体化教学：\实例素材\第 8 章\V 形槽.dwg）进行尺寸标注，效果如图 8-65 所示（立体化教学：\源文件\第 8 章\V 形槽.dwg）。

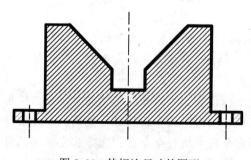

图 8-64 待标注尺寸的图形

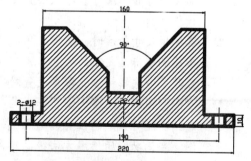

图 8-65 标注尺寸后的图形

（2）将建筑平面图（立体化教学：\实例素材\第 8 章\户型图.dwg）进行尺寸标注，效果如图 8-66 所示（立体化教学：\源文件\第 8 章\户型图.dwg）。

提示：本练习可结合立体化教学中的视频演示进行学习（立体化教学：\视频演示\第 8 章\标注户型图尺寸.swf）。

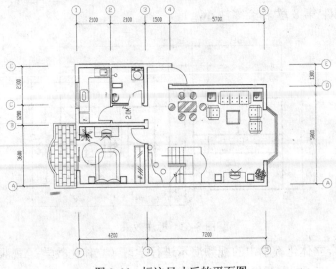

图 8-66　标注尺寸后的平面图

 如何使标注的尺寸整洁、美观

本章主要介绍了标注图形尺寸的方法，尺寸标注是一张完整图纸不可缺少的要素之一。在标注图形时，为了保持图形的美观，这里总结以下几点技巧供读者参考和探索：

> 在完成尺寸标注后，如果发现标注的尺寸与图形对象相交或标注的尺寸与尺寸相交，影响了对图形或尺寸标注的查看，可以使用打断标注命令将标注打断。通过在命令行中执行 DIMBREAK 命令或选择"标注/标注打断"命令都可以执行标注打断命令，执行命令后选择需要打断的标注对象和相交对象即可。

> 在进行尺寸标注时，有时为符合要求需将标注折弯。折弯线性标注可以用折弯线性命令实现，而不需要使用直线命令绘制。通过在命令行中执行 DIMJOGLINE 命令或选择"标注/折弯线性"命令都可以执行折弯线性命令，执行命令后选择需要折弯的标注对象，然后指定折弯位置即可完成操作。折弯的对象只能是线性标注。

> 在编辑尺寸标注时，通常使用夹点编辑的方法调整标注文字的内容。为了更精确地调整标注文字的位置，还可以选择"标注/对齐文字"命令，在弹出的下一级菜单中选择相应的命令设置对齐方式。

> 在绘制图形时，遇到需要知道某个点坐标、某直线的长度等情况时，可以使用查询功能对某点的位置、两点间的距离、图形周长和面积进行查询，以方便作图。查询功能的使用方法很简单，在命令行中执行命令后，选择需要查询的对象即可。其中查询点坐标的命令为 ID，查询距离的命令为 DI，查询面积和周长的命令为 AREA。

第9章 注写文字和绘制表格

学习目标

☑ 使用创建单行文本命令，为"轴承座剖面图"图形创建"技术要求"文字标注

☑ 使用插入表格命令，创建并编辑"图纸目录"表格

☑ 使用本章学习的内容创建文本标注样式，然后绘制表格并标注文本

☑ 为"固定钳身"零件图添加图纸标题栏和文本标注

目标任务&项目案例

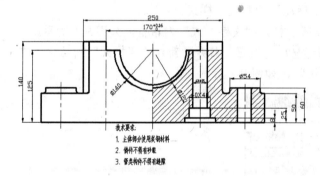

创建"技术要求"文字标注　　　　　　创建并编辑"图纸目录"表格

图纸目录

序号	图号	图纸内容	备注
1	0/4	首页	A2
2	1/4	基础平面图	A2
3	2/4	二层结构平面	A2
4	3/4	屋面结构平面	A2
5	4/4	楼梯详图	A2

绘制表格并标注文本　　　　　　添加图纸标题栏和文本标注

通过上述实例效果的展示可以发现：在图纸中添加文字标注和表格是一张完整图纸必不可少的元素。本章将具体讲解创建文字标注和表格的知识，主要包括创建文字样式、设置当前文字样式、创建单行和多行文本、编辑文本、查找和替换文本、输入特殊符号、创建表格样式、快速创建表格和编辑表格与单元格的方法。

9.1 创建文字说明

在使用 AutoCAD 绘图时，通常需要创建一些文字对绘制的图形加以说明。在创建文字说明前，应根据不同的要求采用不同的文字样式，而文字样式决定文字的特性，如字体和字宽等。AutoCAD 默认以 Standard 文字样式为当前样式，若系统提供的样式不能满足注释的需要，就需重新设置文字样式。下面将详细讲解创建文字说明的方法。

9.1.1 新建文字样式

新建文字样式主要是在"文字样式"对话框中进行。通过该对话框不仅可创建新的文字样式，还可对当前文字样式的参数进行修改。打开该对话框的方法主要有如下几种：

➥ 选择"格式/文字样式"命令。

➥ 单击"样式"工具栏中的 A 按钮。

➥ 在命令行中执行 STYLE 命令。

【例 9-1】 创建名称为"机械文本标注"的新文字样式。

（1）单击"样式"工具栏中的 A 按钮，打开"文字样式"对话框，如图 9-1 所示。

（2）在"文字样式"对话框中单击 新建(N)... 按钮，打开"新建文字样式"对话框，在"样式名"文本框中输入"机械文本标注"，如图 9-2 所示。

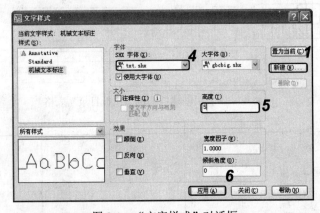

图 9-1 "文字样式"对话框

图 9-2 "新建文字样式"对话框

（3）单击 确定 按钮返回"文字样式"对话框。

（4）在"字体"栏的"SHX 字体"下拉列表框中选择所需的字体。

（5）在"高度"文本框中输入当前文字样式所采用的文字高度。如果使用默认的高度 0，则在标注文字时，系统会提示用户指定文字高度，且输入的高度值不能为负数。

（6）在"效果"栏中选中相应的复选框可设置文字样式的特殊效果。可在"宽度因子"和"倾斜角度"文本框中设置文字样式所采用的文字宽度比例和倾斜角度。

（7）在"文字样式"对话框中进行的设置，可在"预览"栏中显示相应的文字效果。

（8）完成设置后，单击 应用(A) 按钮即可。

提示:

若要对文字样式进行修改，则在"文字样式"对话框中按照新建文字样式的方法进行操作。

9.1.2 设置当前文字样式

要应用某个文字样式，首先应将其设置为当前文字样式。在 AutoCAD 中有如下几种设置方法：

- ➡ 选择"格式/文字样式"命令，在打开的"文字样式"对话框的"样式"列表框中选择要设置为当前的文字样式，单击 置为当前(C) 按钮，然后单击 关闭(C) 按钮即可。
- ➡ 在"样式"工具栏的"文字样式控制"下拉列表框中选择要置为当前文字应用的样式，如图 9-3 所示。

图 9-3 通过"样式"工具栏设置当前文字样式

提示:

如果需要删除没有使用过的文字样式，只需在"文字样式"对话框的"样式"列表框中选择需要删除的文字样式，单击 删除(D) 按钮即可。当前使用的文字样式不能被删除。

9.1.3 创建单行文本

通过创建单行文本的方法创建的文本，其每行文字都是独立的对象，可以单独进行定位和调整格式等编辑操作。创建单行文本的方法主要有如下几种：

- ➡ 选择"绘图/文字/单行文字"命令。
- ➡ 单击"文字"工具栏中的 AI 按钮。
- ➡ 在命令行中执行 TEXT（DTEXT）命令。

【例 9-2】 使用 TEXT 命令创建文字说明，文字高度为 5，效果如图 9-4 所示。

室内装饰参照西南J505

图 9-4 创建单行文本

命令行操作如下：

命令: TEXT	//执行 TEXT 命令
当前文字样式: 样式 1 当前文字高度: 5.0000 注	
释性: 否	//系统显示当前文字样式及文字高度
指定文字的高度 <5.0000>: 5	//指定文字的高度
指定文字的起点或 [对正(J)/样式(S)]:	//选择文字的起点
指定文字的旋转角度 <0>:	//按 Enter 键，默认文字旋转角度为 0
输入文字: 室内装饰参照西南 J505	//输入第一行文字内容

提示：

按 Enter 键后，绘图区的文字起点出现▓图标，直接输入要创建的文字说明即可。

9.1.4 创建多行文本

通过创建多行文本创建的文本与创建的单行文本有一定的区别。使用创建多行文本命令创建的文本是一个整体，只能进行整体编辑。创建多行文本的方法主要有如下几种：

- 选择"绘图/文字/多行文字"命令。
- 单击"绘图"工具栏中的 **A** 按钮。
- 在命令行中执行 MTEXT（MT）命令。

【例 9-3】 在新建的图形文件中创建如图 9-5 所示的多行文本。

> 建筑施工设计说明
> 　本工程施工图系依据建设单位的要求及确认后方案及
> 设计委托行编制。

图 9-5　多行文本

（1）在命令行输入多行文本命令 MTEXT 后，命令行操作如下：

命令: MTEXT	//执行 MTEXT 命令
当前文字样式:"样式 1" 当前文字高度:5.0000 注	
释性: 否	//系统显示当前文字样式及文字高度
指定第一角点:	//在绘图区中拾取一点作为多行文字区域的
	左上角点
指定对角点或 [高度(H)/对正(J)/行距(L)/旋转(R)/	
样式(S)/宽度(W)/栏(C)]:	//在右下方拾取一点

（2）指定多行文字区域后，打开"文字格式"工具栏和文字输入框。在文字输入框中输入文字，输入完成后单击"文字格式"工具栏中的 确定 按钮即可创建多行文字标注。

提示：

通过对话框上方的"文字格式"工具栏可对文字的字体、高度、加粗 **B**、倾斜 *I*、下划线 U 和颜色 ■▾ 等进行设置。

在执行命令过程中，要求指定文本窗口的第二角点时，各选项的含义分别如下。

- **高度**：定义标注的多行文字的高度。
- **对正**：定义多行文字的对齐方式。
- **行距**：定义多行文字的行间距。
- **旋转**：定义多行文字的旋转角度。
- **样式**：定义多行文字所采用的文字标注样式。
- **宽度**：定义多行文字所能显示的单行文字宽度。

9.1.5　编辑文本

创建文本后，如发现文本输入有误，还可以对文本进行修改。编辑文本又可分为编辑单行文本和编辑多行文本，下面将分别对其进行讲解。

1．编辑单行文本

编辑单行文本的方法主要有如下几种：

- 选择"修改/对象/文字/编辑"命令。
- 单击"文字"工具栏中的 A/ 按钮。
- 在命令行中执行 DDEDIT（ED）命令。

使用上述任意一种方法，系统将提示用户选择需要编辑的对象，在选择对象后，该单行文本呈可编辑状态。修改文本完毕后，在绘图区其余位置单击鼠标左键或按 Enter 键即可完成编辑。

2．编辑多行文本

编辑多行文本也可以通过执行编辑单行文本的命令进行，只是在选择编辑对象时，选择多行文本即可；也可通过在命令行中输入 MTEDIT 命令进行多行文本编辑。编辑多行文本与编辑单行文本的方法相同，只是在编辑多行文本时，会打开多行文字编辑窗口。

📢提示：

在上述讲解中，讲解了编辑单行或多行文本的方法，但是在实际绘图过程中通常是通过双击需要编辑的单行文本或多行文本进行编辑，双击不同类型的文本将自动执行不同的编辑命令。

9.1.6　查找与替换

查找与替换标注文字可对常见的单行文本和多行文本中包含的指定字符进行查找和替换。查找与替换标注文字的方法主要有如下几种：

- 选择"编辑/查找"命令。
- 在命令行中执行 FIND 命令。

【例 9-4】　将当前图形中的所有 C0921 文字替换为 C1224。

（1）选择"编辑/查找"命令，打开"查找和替换"对话框。

（2）在"查找字符串"下拉列表框中输入"C0921"，在"改为"下拉列表框中输入"C1224"。

（3）在"搜索范围"下拉列表框中选择"整个图形"选项。也可单击该下拉列表框右侧的"选择对象"按钮，选择一个图形区域作为搜索范围，如图 9-6 所示。

（4）单击 选项(O)... 按钮，打开如图 9-7 所示的"查找和替换选项"对话框。

（5）在该对话框中取消选中□块属性值(B)、□全字匹配(F)和□区分大小写(M)复选框，并选中其余复选框。

（6）单击 确定(O) 按钮，返回"查找和替换"对话框。

（7）单击 全部改为(A) 按钮，将当前图形中所有符合查找条件的字符全部替换。也可单

击 替换(R) 按钮逐个进行替换。

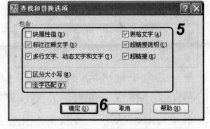

图 9-6　"查找和替换"对话框　　　　图 9-7　"查找和替换选项"对话框

（8）单击 关闭(C) 按钮完成替换。

9.1.7　文字拼写检查

利用拼写检查功能可以检查当前图形文件中的文本内容是否存在未知的词语或拼写错误，从而提高输入文本的正确性。文字拼写检查的方法主要有如下几种：

↪　选择"工具/拼写检查"命令。

↪　在命令行中执行 SPELL（SP）命令。

执行 SPELL 命令后，其命令行操作如下：

命令: SPELL　　　　　　　　　　　　　　　//执行 SPELL 命令

选择对象:找到 6 个　　　　　　　　　　　//选择要进行拼写检查的文字对象

选择对象:　　　　　　　　　　　　　　　//按 Enter 键确认选择的对象

在命令行中输入 SPELL（SP）命令对文字拼写检查后，可能会出现如下几种情况：

↪　所选的文字对象拼写都正确，系统打开如图 9-8 所示的对话框，提示拼写检查已完成，单击 确定 按钮即可。

↪　对所选的文字进行拼写检查时查找到有拼写错误的字符串或未知的词语，此时系统会打开如图 9-9 所示的"拼写检查"对话框，该对话框显示了当前错误词语、系统建议修改成的内容和该词语的上下文。如果使用系统的建议，单击 修改(C) 按钮即可；如果系统建议的拼写不正确，则在"建议"文本框中手动输入正确的词语后单击 修改(C) 按钮，将继续显示下一处错误；如果全部接受系统建议，可单击 全部修改(R) 按钮；如果是特殊的写法而非错误，则单击 忽略(I) 按钮忽略该处，对话框将继续显示下一处错误；单击 全部忽略(G) 按钮将忽略后面所有的拼写错误；单击 添加(A) 按钮可将当前词语添加到当前词典中，但要求不能超过 63 个字符；单击 查找(L) 按钮可在"建议"文本框下面的文本框中列出与"建议"文本框中类似的词语；单击 修改词典(D)... 按钮将打开"修改词典"对话框，通过该对话框可以选用其他词典或将某个特殊用法添加到词典中。

图 9-8　提示拼写检查完成　　　　　　图 9-9　"拼写检查"对话框

9.1.8　在文字说明中输入特殊符号

文字说明除了可以有汉字和字母外,有时因需要还可以有许多的特殊符号。当遇到一些符号不能通过键盘输入时,则可使用插入特殊符号的功能进行输入。下面将分别对其进行讲解。

1. 通过"符号"按钮插入特殊符号

在机械图形中经常需要输入∅和±等符号。此时可使用"文字格式"工具栏中的"符号"按钮 @· 来实现特殊符号的输入。单击"符号"按钮 @·,弹出如图 9-10 所示的菜单,在该菜单中选择相应的命令即可插入需要的符号。另外单击工具栏中的"选项"按钮 ◎,在弹出的菜单中选择"符号"命令,也可打开与图 9-10 完全相同的菜单,其插入符号的方法也相同。

度数 (D)	%%d
正/负 (P)	%%p
直径 (I)	%%c
几乎相等	\U+2248
角度	\U+2220
边界线	\U+E100
中心线	\U+2104
差值	\U+0394
电相位	\U+0278
流线	\U+E101
标识	\U+2261
初始长度	\U+E200
界碑线	\U+E102
不相等	\U+2260
欧姆	\U+2126
欧米加	\U+03A9
地界线	\U+214A
下标 2	\U+2082
平方	\U+00B2
立方	\U+00B3
不间断空格 (S)	Ctrl+Shift+Space
其他 (O)...	

图 9-10　弹出的菜单

提示:

> 单击"符号"按钮 @·,在弹出的菜单中,每个命令后都有相应的代码,在输入符号时,输入这些代码也可以输入相应的符号。这些符号中,较常用的有度数、平方、立方、直径等符号,熟记这些符号的代码同样可以提高绘图效率。

2. 通过"堆叠"按钮插入特殊格式符号

如果文字说明中需要输入分数、配合公差和尺寸公差等,可通过"文字格式"工具栏上的"堆叠"按钮 ▤ 来实现。"堆叠"按钮 ▤ 只对包含"/"、"#"和"^" 3 种分隔符号的文本起作用,即只有在文本输入窗口中输入并选择含有这 3 种分隔符号的文字说明时,"堆叠"按钮才能呈激活状态,此时就可对选中的内容设置相应的特殊格式。

下面介绍"/"、"#"和"^" 3 种分隔符号的作用。

➤　**"/"符号**:选中包含该符号的文字说明时,单击"堆叠"按钮 ▤ 可将该符号左边的内容设置为分子,右边的内容设置为分母,并以上下排列方式进行显示。如选择"1/2"文本后单击"堆叠"按钮 ▤,将创建出如图 9-11 所示的配合公差效果。

- “#”符号：选中包含该符号的文字说明，单击“堆叠”按钮 可将该符号左边的内容设为分子，右边的内容设为分母，并以斜排方式进行显示。如选择“1#2”文本后单击“堆叠”按钮，将创建出如图 9-12 所示的分数效果。
- “^”符号：选中包含该符号的文字说明，单击“堆叠”按钮 可将该符号左边的内容设为上标，右边的内容设为下标。如选择 2 后的“+0.25^-0.30”文本后单击“堆叠”按钮，将创建出如图 9-13 所示的尺寸公差效果。

$$\frac{1}{2}$$

图 9-11　配合公差

$$^{1}/_{2}$$

图 9-12　分数

$$2^{+0.25}_{-0.30}$$

图 9-13　尺寸公差

提示：

使用堆叠的方式可以创建尺寸公差，用户在标注机械零件图形时，可以通过该种方式进行标注，也可通过在“新建标注样式”对话框的“公差”选项卡中设置尺寸公差值，然后再进行标注。

9.1.9　应用举例——创建轴承座剖面图的文字标注

使用创建多行文本命令，为“轴承座剖面图”图形（立体化教学：\实例素材\第 9 章\轴承座剖面图.dwg）创建“技术要求”文字标注，效果如图 9-14 所示（立体化教学：\源文件\第 9 章\轴承座剖面图.dwg）。

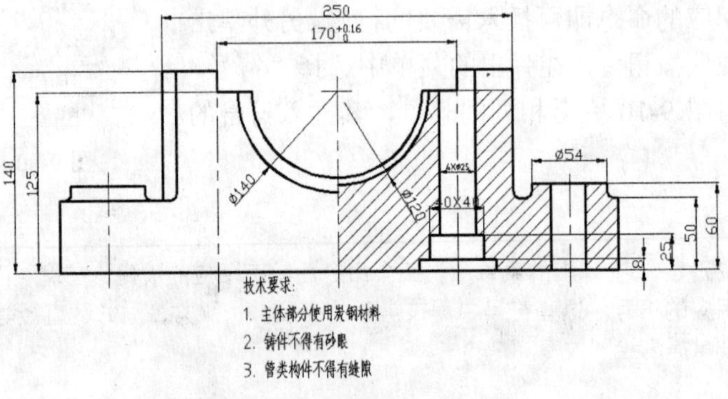

图 9-14　创建文字标注效果

操作步骤如下：

在命令行中执行 DTEXT 命令，命令行操作如下：

```
命令: DTEXT                                        //执行 DTEXT 命令
当前文字样式: 样式 1 当前文字高度: 2.5000             //系统显示当前文字样式名称及文字高度
指定文字的起点或 [对正(J)/样式(S)]:J                  //选择“对正”选项
输入选项 [对齐(A)/调整(F)/中心(C)/中间(M)/右(R)/
左上(TL)/中上(TC)/右上(TR)/左中(ML)/正中(MC)/右       //选择“正中”选项，使文字以正中方式
中(MR)/左下(BL)/中下(BC)/右下(BR)]: MC                对齐
```

指定文字的中间点:	//在零件图下方拾取一点
指定高度 <2.5000>: 7	//指定文字高度
指定文字的旋转角度 <0>:	//按 Enter 键, 默认不旋转文字
输入文字:技术要求	//输入文字内容
输入文字:	//按 Enter 键结束 DTEXT 命令
……	//用鼠标在文字下方单击使用相同的方法 输入其余文字
输入文字:	//按 Esc 键结束 DTEXT 命令

9.2　快速绘制图纸表格

表格也是一张完整图纸不可缺少的要素之一, 在绘制机械图形时常用于创建常见标题栏, 在绘制建筑图形时常用于创建图纸目录等。在 AutoCAD 2008 中, 用户可使用表格命令来实现该功能并且可快速输入表格内容。

9.2.1　创建表格样式

与标注尺寸和标注文字一样, 在绘制表格之前, 一般需要先设置样式。设置表格样式主要是在"表格样式"对话框中进行。打开该对话框的方法主要有如下几种:

- 选择"格式/表格样式"命令。
- 单击"表格"工具栏中的"表格样式"按钮 。
- 在命令行中执行 TABLESTYLE (TS) 命令。

在 AutoCAD 2008 中默认的表格样式是 Standard, 用户可直接对该表格样式的参数进行修改, 也可创建新的表格样式。

【例 9-5】　在"表格样式"对话框中创建一个名为"标题栏"的表格样式。

(1) 选择"格式/表格样式"命令, 打开"表格样式"对话框, 单击 新建(N)... 按钮, 如图 9-15 所示。

(2) 打开"创建新的表格样式"对话框, 在"新样式名"文本框中输入新的表格样式的名称, 这里输入"标题栏", 在"基础样式"下拉列表框中选择作为新表格样式的基础样式, 系统默认选择 Standard 样式, 这里保持默认值不变, 如图 9-16 所示。

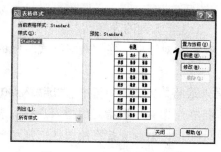

图 9-15　"表格样式"对话框

图 9-16　"创建新的表格样式"对话框

213

（3）单击 继续 按钮，打开"新建表格样式：标题栏"对话框，在"基本"栏的"表格方向"下拉列表框中选择表格标题的显示方式，这里选择"向下"选项，如图9-17所示。

（4）在"单元样式"栏的下拉列表框中可选择需要的选项，这里保持默认设置不变，在下方的"基本"、"文字"和"边框"选项卡中可以设置所选选项的基本特性、文字特性和边框特性等，如图9-18所示为在"文字"选项卡中设置相应参数。

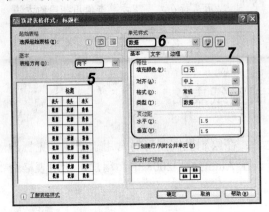

图9-17　"新建表格样式：标题栏"对话框

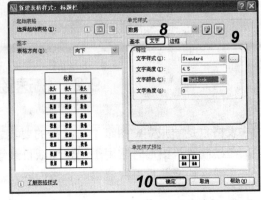

图9-18　"文字"选项卡设置

（5）完成设置后，单击 确定 按钮返回"表格样式"对话框，此时该对话框左侧的列表框中显示了新创建的样式名称，单击 关闭 按钮完成操作。

🔊 提示：

> 新建的表格样式可以进行修改也可以将其删除。在"表格样式"对话框中选择需要修改的表格样式名称，然后单击 修改(M)... 按钮，在打开的"修改表格样式"对话框中修改相应的参数值即可，其方法与新建表格样式完全相同。当需要删除多余的表格样式时，可在"表格样式"对话框左侧选中表格样式名称，然后单击 删除(D) 按钮。

9.2.2　快速创建表格

表格样式设置完成后，就可根据该表格样式创建表格，并输入相应表格内容。创建表格主要是在"插入表格"对话框中进行。打开该对话框的方法主要有如下几种：

↘　选择"绘图/表格"命令。

↘　单击"表格"工具栏中的"表格"按钮▦。

↘　在命令行中执行TABLE命令。

【例9-6】　通过"插入表格"对话框创建一个3行5列的表格。

（1）选择"绘图/表格"命令，打开"插入表格"对话框，在"表格样式"栏的下拉列表框中选择需要使用的表格样式。

（2）在"插入方式"栏中选择在绘图区中插入表格的方式，如选中⊙指定插入点(I)单选按钮，表示先指定行数、列数及间距值，然后直接在绘图区中以指定的插入点插入表格；选中⊙指定窗口(W)单选按钮，则表示先指定列数及行间距，然后直接在绘图区中拖动一个窗口，从而绘制出表格。这里选中⊙指定插入点(I)单选按钮。

（3）在"列和行设置"栏中设置列、列宽、数据行和行高等值，如图 9-19 所示。

（4）在"插入表格"对话框中完成设置后，单击 确定 按钮，命令行出现"指定插入点:"提示信息，在相应的位置拾取一点作为表格的插入点，此时在绘图区中将显示相应的表格线框及"文字格式"工具栏，并且鼠标光标在表格标题单元格中闪烁，用户可输入表格标题的内容，如图 9-20 所示。

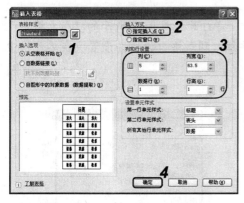

图 9-19　"插入表格"对话框

图 9-20　创建表格并输入标题内容

📢提示：

> 若用户以"指定窗口"方式创建表格，则退出"插入表格"对话框后，在命令行中会提示用户指定表格的两个对角点，然后根据对角点之间的水平和垂直间距来创建表格。

（5）若要在其他单元格中输入内容，可按键盘上的方向键依次在各个单元格之间切换，选中的单元格会以不同颜色显示并有闪烁的光标，此时即可输入相应的内容。

📢提示：

> 在创建表格之前，首先将需要使用的表格样式置为当前样式，除了可以在"表格样式"对话框中选择相应的表格样式，然后单击 置为当前(U) 按钮的方法之外，还可以在"样式"工具栏的"表格样式控制"下拉列表框中选择所需的表格样式。

9.2.3　编辑表格与单元格

快速创建的表格一般都不能满足实际绘图的要求，需要对其进行编辑，使其符合绘图要求。通过表格的快捷菜单可以实现表格与单元格的编辑。下面将分别对其进行讲解。

1. 编辑表格

编辑表格主要是指对表格进行复制、移动和旋转等操作，使用前面讲解过的编辑图形对象命令即可完成操作。

2. 编辑单元格

选择表格中某个单元格后，在选中的单元格上单击鼠标右键，在弹出的快捷菜单中选择相应的命令即可对单元格进行编辑。其中常用的几个命令的含义分别如下。

➥ **对齐**：选择其下级菜单中的命令可以设置单元格中内容的对齐方式，包括左上、中上、右上、左中、正中、右中、左下、中下和右下等 9 种方式。

- ➤ **边框**：选择该命令可以打开"单元边框特性"对话框，在其中可以设置单元格边框的线宽、线型和颜色等特性，如图 9-21 所示。
- ➤ **匹配单元**：选择该命令后光标将变为刷子形状，可以用当前选中的单元格格式（源对象）匹配其他单元格（目标对象），此时单击目标对象即可进行匹配，它与对图形的"特性匹配"操作性质是相同的。
- ➤ **插入点**：在其下级菜单中选择"块"命令，将打开如图 9-22 所示的"在表格单元中插入块"对话框，在其中可以选择需要插入到表格中的块并设置块在单元格中的对齐方式、插入比例和旋转角度等参数。

图 9-21　设置单元格边框　　　　　图 9-22　在表格单元中插入块

- ➤ **合并**：当选择多个连续的单元格后，选择其下级菜单中的命令，可以全部合并单元格或按行、按列合并单元格。

🔊**提示：**

在编辑表格的单元格时，其方法与在 Word 和 Excel 中编辑表格的方法类似。如果觉得创建表格不便于编辑，也可以通过绘制直线，然后使用偏移命令和修剪命令来绘制表格。

9.2.4　应用举例——创建"图纸目录"表格

使用插入表格命令，创建"图纸目录"表格，然后对创建的目录进行编辑，完成后的效果如图 9-23 所示（立体化教学：\源文件\第 9 章\图纸目录.dwg）。

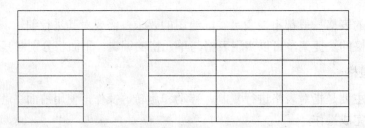

图 9-23　创建的表格

操作步骤如下：

（1）选择"格式/表格样式"命令，打开"表格样式"对话框，单击 新建(N)… 按钮，打开"创建新的表格样式"对话框，在"新样式名"文本框中输入新表格样式的名称，这里输入"表格"，单击 继续 按钮，如图 9-24 所示。

（2）打开"新建表格样式：表格"对话框，保持默认的表格方向，在"单元样式"栏的下拉列表框中选择"标题"选项，在"基本"选项卡的"对齐"下拉列表框中选择"正中"选项，如图 9-25 所示。

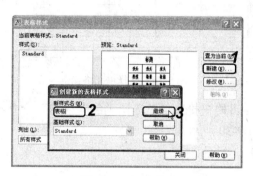

图 9-24　创建表格

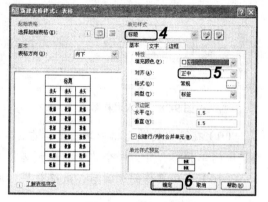

图 9-25　设置标题样式

（3）在"单元样式"栏的下拉列表框中选择"表头"选项，在"基本"选项卡的"对齐"下拉列表框中选择"正中"选项；再在"单元样式"栏的下拉列表框中选择"数据"选项，在"基本"选项卡的"对齐"下拉列表框中选择"正中"选项。

（4）分别对标题、表头和数据进行设置后，单击 确定 按钮返回"表格样式"对话框，单击 关闭 按钮完成设置并关闭"表格样式"对话框，如图 9-26 所示。

（5）单击"表格"工具栏中的"表格"按钮 ，打开"插入表格"对话框，在"表格样式"栏的下拉列表框中选择"表格"选项。

（6）在"列和行设置"栏中的"列"数值框中输入要插入表格的列数，这里输入"5"；在"列宽"数值框中输入"40"；在"数据行"数值框中输入"5"，即插入 5 行 5 列的表格，如图 9-27 所示。

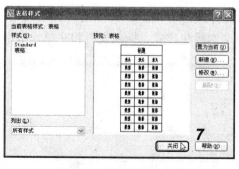

图 9-26　将表格置为当前

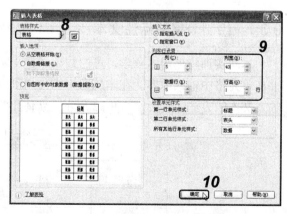

图 9-27　设置插入表格的参数

（7）在绘图区中任意拾取一点作为表格的插入点并插入表格，同时表格的标题单元格中出现闪烁的光标，如图 9-28 所示。

（8）在 B3 单元格中单击鼠标左键不放并拖动至该列最后一个单元格，使该单元格处于可编辑状态，同时打开"表格"工具栏，如图 9-29 所示。

图 9-28　插入表格效果　　　　　　　　　图 9-29　选择单元格

（9）在选中的单元格中单击鼠标右键，在弹出的快捷菜单中选择"合并/全部"命令，将选中的单元格合并为一个单独的单元格，如图 9-30 所示。

（10）完成表格的编辑后，最终效果如图 9-31 所示。

图 9-30　合并单元格　　　　　　　　　图 9-31　合并后效果

9.3　上机及项目实训

9.3.1　绘制表格并标注文本

本次实训将使用本章学习过的知识创建文本标注样式，然后插入一个 7 行 4 列的表格，并在单元格中输入内容。在本练习中将使用到创建文本标注样式、插入表格和在单元格中输入文本的方法，效果如图 9-32 所示（立体化教学：\源文件\第 9 章\建筑图纸目录.dwg）。

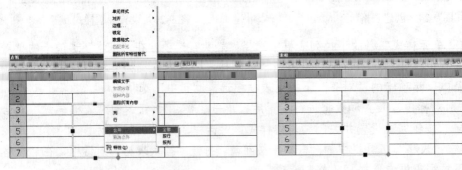

图纸目录			
序号	图号	图纸内容	备注
1	0/4	首页	A2
2	1/4	基础平面图	A2
3	2/4	二层结构平面	A2
4	3/4	屋面结构平面	A2
5	4/4	楼梯详图	A2

图 9-32　最终效果

操作步骤如下：

（1）在命令行中输入 STYLE 命令，打开如图 9-33 所示的"文字样式"对话框。

（2）单击 新建(N)... 按钮，打开如图 9-34 所示的"新建文字样式"对话框，在"样式名"文本框中输入"建筑文字"。

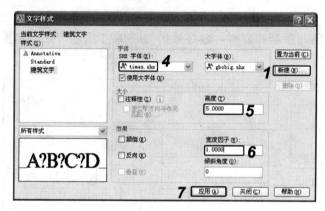

图 9-33　"文字样式"对话框

图 9-34　"新建文字样式"对话框

（3）单击 确定 按钮，返回"文字样式"对话框，在"SHX 字体"下拉列表框中选择 times.shx 选项；在"高度"文本框中输入文字的字体高度为 5；在"宽度因子"文本框中输入字体的宽度比例为 1。

（4）单击 应用(A) 按钮，完成文字样式的设置。

（5）返回绘图区，在"表格"工具栏中单击 按钮，打开"插入表格"对话框。

（6）在"插入方式"栏中，选中 指定插入点(I) 单选按钮。

（7）在"列和行设置"栏中，设置列为 4，数据行为 5，如图 9-35 所示。

（8）单击 确定 按钮关闭"插入表格"对话框。系统返回绘图区，在图形中单击鼠标插入表格，显示"文字格式"工具栏，其中表格的标题行处于选中状态。

（9）在标题行中输入"图纸目录"，如图 9-36 所示，然后按 Tab 键选择第一个列标题行。

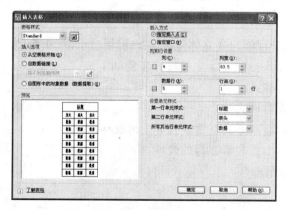

图 9-35　"插入表格"对话框

图 9-36　输入标题行文本

（10）在第一个列标题行中输入"序号"，然后依次按 Tab 键，在选中的单元格中输入相应的信息。在表以外的任何位置单击鼠标可关闭"文字格式"工具栏。

9.3.2 为"固定钳身"零件图添加图纸标题栏和文本标注

综合利用本章和前面所学知识，为"固定钳身"零件图（立体化教学：\实例素材\第 9 章\固定钳身.dwg）添加文字标注并创建图纸标题栏，最终效果如图 9-37 所示（立体化教学：\源文件\第 9 章\固定钳身.dwg）。

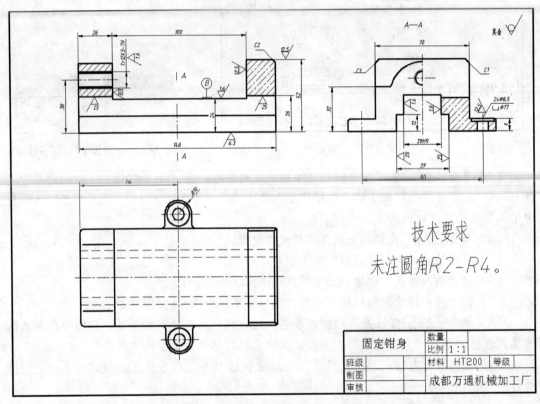

图 9-37 最终效果

本练习可结合立体化教学中的视频演示进行学习（立体化教学：\视频演示\第 9 章\为"固定钳身"零件图添加图纸标题栏和文本标注.swf）。主要操作步骤如下：

（1）新建一个名为"技术要求"的文字样式。

（2）新建一个名为"图纸标题栏"的表格样式。

（3）使用表格命令通过"指定窗口"的插入方式创建5行8列的表格。

（4）删除表格的标题行和表头行，即第1行和第2行的表格。

（5）使用夹点调整各列的宽度到合适位置。

（6）合并单元格。

（7）在单元格中添加文字。

（8）使用文字命令在绘图区中添加"技术要求"文字说明。

提示：

在上述练习中删除表格中的标题行和表头行是因为在创建表格时，创建的表格会在输入的数据行的基础上增加两行表格，即标题行和表头行。通常在创建机械图纸标题栏时，这两行的作用不大，所以在这里需要将其删除。

9.4　练习与提高

（1）对 M22 螺栓主视图（立体化教学：\实例素材\第 9 章\M22 螺栓主视图.dwg）使用单行文字进行文本标注，效果如图 9-38 所示。

（2）打开皮带轮剖面图（立体化教学：\实例素材\第 9 章\皮带轮剖面图.dwg），参照如图 9-39 所示的设置进行文本标注。

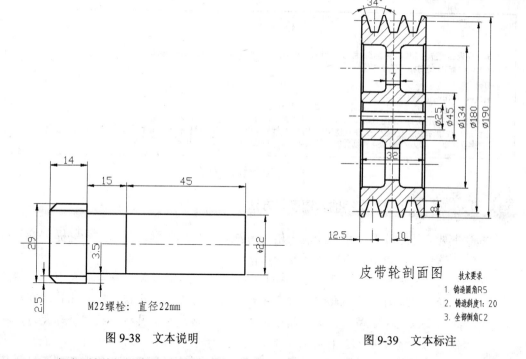

图 9-38　文本说明

图 9-39　文本标注

（3）根据所学知识输入和编辑如图 9-40 所示的多行文本（立体化教学：\源文件\第 9 章\经济技术指标.dwg）。

经济技术指标：
1. 占地面积：16880平方米
2. 建筑面积：7800平方米
3. 使用面积：7380平方米
4. 容积率：　1.55

图 9-40　多行文本

（4）根据所学知识绘制如图 9-41 所示的表格。

提示：本练习可结合立体化教学中的视频演示进行学习（立体化教学：\视频演示\第 9 章\绘制表格.swf）。

						材料标记			（单位名称）
标记	记数	分 区	更改文件号	签名	年月日				（图样名称）
设计	（签名）	（年月日）	标准化	（签名）	年月日	阶段标记	重量	比例	
审核									（图样代号）
工艺			批准			共 张 第 页			

图 9-41　表格

（5）根据所学知识输入如图 9-42 所示的设计说明（立体化教学：\源文件\第 9 章\建筑设计说明.dwg）。

设计说明

一、本工程为三层砖混结构，总高10.45，按六度抗震设防设计；建筑抗震类别：丙类，建筑安全等级：二级

二、±0.000相对于绝对标高详建施图。

二、材料：

　1、砖：采用Mu10页岩砖。

　2、砂浆：±0.000以下采用M7.5水泥砂浆；其他采用M5.0混合砂浆。

　3、隔墙及阳台栏板均采用轻质隔墙（容重不大于7.0KN/m）.M5混合砂浆砌筑，7.0KN/m。

　4、混凝土：所有挑梁及与之一起的现浇钢筋混凝土构件均采用C30；其他钢筋混凝土构件采用C20；构造柱及圈梁采用C20。

　5、钢筋：Φ- Ⅰ 级，Φ- Ⅱ 级，钢筋保护层厚：梁25mm，构造柱：20mm，板：15mm。

图 9-42　建筑设计说明

 **提高文字输入速度的方法**

本章主要介绍了注写文字和绘制表格的方法，课后还须学习和总结一些提高输入速度的方法。这里总结以下几点供读者参考和探索：

- 在进行文字标注时，可以通过按 Caps Lock 键来控制输入字母的大小写，但是在修改文本时，使用此方法改变字母的大小写会显得比较繁琐。此时，可以选择需要改变大小写的文本，然后单击"文字格式"工具栏中的"全部大写"按钮 aA 或"全部小写"按钮 Aa 来对其进行切换。

- 在进行文字标注插入特殊符号时，可以直接输入"符号"菜单中各符号对应的专门代码，如输入"φ"符号，可以直接输入其对应的专业代码"%%C"。

- 在进行单行文本标注时，如果输入的符号显示为"？"，则表示当前字体库中没有该符号，只需将当前字体设置为 txt.shx 即可。

- 在标注文本后，通过"特性"选项板也可对文字的样式、对正方式、方向、宽度、高度、行距比例和行间距进行编辑。

第 10 章　绘制三维模型

学习目标

☑ 使用二维绘制命令和编辑命令绘制茶几模型

☑ 使用二维绘制命令、编辑命令、拉伸命令和圆柱体等命令绘制挡板模型

☑ 使用布尔运算命令将挡板模型进行并集运算和差集运算

☑ 使用二维绘制命令、编辑命令以及圆柱体等命令绘制机座模型

☑ 综合利用绘制三维模型的方法绘制压板模型

目标任务&项目案例

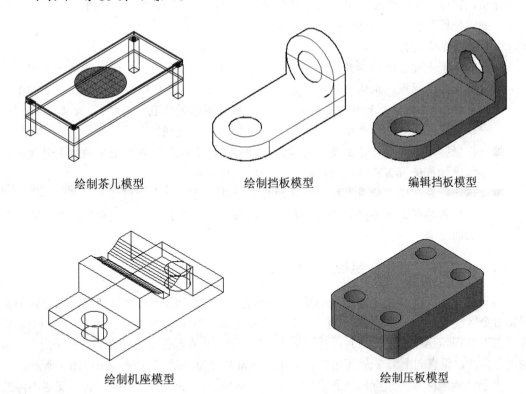

绘制茶几模型　　　　绘制挡板模型　　　　编辑挡板模型

绘制机座模型　　　　　　　绘制压板模型

　　通过上述实例效果的展示可以发现：在 AutoCAD 2008 中绘制三维模型主要用到了二维图形和三维图形的绘制方法。本章将具体讲解三维模型的基础知识、根据标高和拉伸厚度创建三维模型和绘制长方体、球体、圆柱体、圆锥体、楔体、圆环体、拉伸体、旋转体以及布尔运算的各种方法。

10.1   三维绘图基础

绘制三维模型时应该首先将工作空间切换至"三维建模"模式，然后再进行模型绘制。在绘制三维模型之前，需要先掌握三维绘图的基础知识。下面对其进行详细讲解。

10.1.1   三维坐标系

AutoCAD 不仅可以绘制二维图形，还可以绘制具有真实效果的三维模型。在绘制三维模型之前，必须先创建三维坐标系，如图 10-1 所示。三维坐标系用于创建和观察三维图形。

在 AutoCAD 中，实体都是由三维点构成，其坐标都以（X,Y,Z）的形式确定并在状态栏的左侧显示，它可以准确地反映出当前十字光标的位置。三维坐标系在平面坐标的基础上增加了 Z 轴，以垂直屏幕向外为正方向。

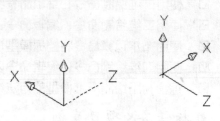

图 10-1   三维坐标

三维坐标系主要包括笛卡儿坐标系、柱坐标系和球坐标系，各坐标系含义分别如下。

- 📭 **笛卡儿坐标系**：默认情况下，系统使用笛卡儿坐标系来确定形体。它是使用 3 个坐标值（X,Y,Z）来指定点的位置，从而确定图形的位置。其中 X、Y 和 Z 分别表示该点在三维坐标系中 X 轴、Y 轴和 Z 轴上的坐标值。
- 📭 **柱坐标系**：柱坐标系主要在对模型进行贴图、定位贴纸在模型中的位置时使用。柱坐标系使用 XY 平面的角和沿 Z 轴的距离来表示。
- 📭 **球坐标系**：球坐标系与柱坐标系的功能一样，都是用于对模型进行定位贴图。球坐标系具有 3 个参数，即点到原点的距离、点与 XY 平面的夹角和点在 XY 平面上的角度。

10.1.2   创建并设置用户坐标系

用户坐标系（UCS）是用于坐标输入、平面操作和查看的一种可移动坐标系。大多数编辑命令取决于 UCS 的位置和方向，因为对象将绘制在当前 UCS 坐标系的 XY 平面上。默认状态下，AutoCAD 的坐标系为世界坐标系，其坐标原点在绘图区左下角，以水平向右为 X 轴正方向，以垂直向上为 Y 轴正方向，以垂直屏幕向外为 Z 轴正方向，如图 10-2 所示。

由于世界坐标系的坐标原点和方向是固定不变的，但在绘制三维图形时，又需不停改变坐标的位置与方向，甚至将坐标轴作任意角度的倾斜，此时就引进了用户坐标系（UCS）的概念。自定义用户坐标系的方法主要有如下几种：

- 📭 单击 UCS 工具栏中的 ⌞ 按钮。
- 📭 在命令行中执行 UCS 命令。

执行 UCS 命令后，在命令行的提示下选择相应的选项可以新建、移动和选择用户坐标系或对其进行保存、恢复、删除和应用等管理操作。

1. 新建用户坐标系

执行 UCS 命令后，选择"新建"选项，然后选择所需的新建方式，或选择"工具/新建 UCS"命令下的相应子菜单命令，即可创建出所需的用户坐标系。

执行 UCS 命令后，命令行中各选项的含义分别如下。

- ➥ **对象**：根据选定的三维对象定义新的坐标系。新 UCS 的拉伸方向为（即 Z 轴的正方向）选定对象的方向。但此选项不能用于三维实体、三维多段线、三维网格、视口、多线、面域、样条曲线、椭圆、射线、构造线、引线和多行文字等对象。
- ➥ **面**：将 UCS 与实体对象的选定面对齐，UCS 的 X 轴将与找到的第一个面上的最近边对齐。选择实体的面后，将出现提示信息"输入选项 [下一个(N)/X 轴反向(X)/Y 轴反向(Y)] <接受>:"，选择其中的"下一个"选项将 UCS 定位于邻接的面或选定边的后面；选择"X 轴反向"选项则将 UCS 绕 X 轴旋转 180°；选择"Y 轴反向"选项则将 UCS 绕 Y 轴旋转 180°。设置好后按 Enter 键接受该位置。
- ➥ **视图**：以垂直于观察方向（平行于屏幕）的平面为 XY 平面，建立新的坐标系，UCS 原点保持不变。
- ➥ **X/Y/Z**：绕指定的轴旋转当前 UCS。通过指定原点并绕 X、Y 或 Z 轴旋转，以定义任意方向的 UCS。

🔊**提示：**

> 如果对坐标系各轴的分布不太清楚，可以通过右手法则来判断：将右手手背靠近屏幕放置，大拇指指向 X 轴的正方向，食指指向 Y 轴的正方向，伸出中指，并分别与大拇指和食指垂直，其所指示的方向即为 Z 轴的正方向，如图 10-3 所示。

图 10-2　世界坐标系的方向　　　　　　图 10-3　用右手定则确定 Z 轴

2. 移动用户坐标系

执行 UCS 命令，选择"新建"选项后，系统会默认以通过指定新原点的方式来定义新的 UCS，该方式将保持其 X、Y 和 Z 轴方向不变，等同于移动坐标系。如果在执行 UCS 命令后，选择"移动"选项或选择"工具/移动 UCS"命令，可以通过平移当前 UCS 的原点或修改 Z 轴深度来重新定义 UCS，这种方式可以保留 XY 平面的方向不变。

3. 选择正交用户坐标系

用户可以根据 AutoCAD 提供的 6 个正交 UCS 从多角度绘制和观察三维模型。执行 UCS 命令，选择"正交"选项或选择"工具/正交 UCS"菜单中的子命令后，命令行将出现提示信息"输入选项 [俯视(T)/仰视(B)/主视(F)/后视(BA)/左视(L)/右视(R)] <当前>:"，选择所需的选项即可切换到相应的正交 UCS 下。

用户还可以通过单击如图 10-4 所示"视图"工具栏中的相应按钮选择正交 UCS。利用该工具栏中的等轴测视图按钮还可以切换到不同的等轴测视图中。

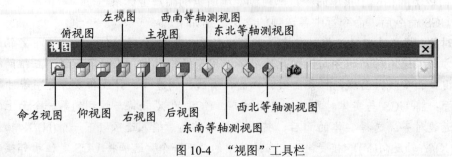

图 10-4　"视图"工具栏

📢**提示：**

> 用户坐标系的其他操作，如保存、恢复、删除与应用等，其操作方法很简单，在执行 UCS 命令后，
> 选择相应的选项即可。

10.1.3　视点与视口

在三维空间中只有通过指定的视点才能观察三维模型的二维状态；而视口主要用于显示图形的整体效果，便于观察图形整体与编辑的局部的位置和尺寸等关系。下面将分别对视点和视口进行讲解。

1. 视点

通过"视点预置"对话框可指定观察视点。打开"视点预置"对话框主要有如下几种方法：

➥　选择"视图/三维视图/视点预置"命令。

➥　在命令行中执行 DDVPOINT 命令。

执行命令后，系统自动打开"视点预置"对话框，如图 10-5 所示，其中"设置观察角度"栏用于相对于世界坐标系或用户坐标系设置查看方向；"自"栏用于指定"X 轴"和"XY 平面"的查看角度； 设置为平面视图(V) 按钮用于设置查看角度以相对于选定坐标系显示平面视图（XY 平面）。

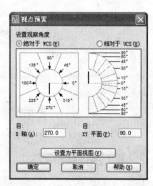

图 10-5　"视点预置"对话框

2. 视口

在实际绘图过程中，视口的使用频率并不是很高。当需要对图形局部进行放大编辑，同时又能观察到图形修改后的整体效果时，就可以新建一个视口。新建视口的方法主要有如下几种：

➥　选择"视图/视口/新建视口"命令。

➥　在命令行中执行 VPORTS 命令。

执行命令后，系统自动打开"视口"对话框，在该对话框中设置视口的名称、活动模型配置形式和视图方式即可完成视口的创建。

📢提示：

创建新视口后，在绘图区中单击任意一个视口即可将其确定为当前视口，只有在当前视口中才可对其进行编辑操作。编辑操作包括视图的平移、缩放、设置栅格和建立用户坐标系等操作，且不会影响其他视口的视图显示方式与坐标系。但在任意一个视口中对图形对象做了修改之后，在其他视口中将同时反映出来。另外在一个视口中还可以再新建视口。

10.1.4　三维几何模型的分类

三维几何模型的构造方法可分为 3 类，即线框模型、曲面模型和实体模型。各模型的含义和特征分别如下。

- **线框模型：**线框模型是使用直线和曲线来表示三维对象的边缘构造方法，如图 10-6 所示。线框模型中没有面，只有描绘对象边界的点、直线和曲线，因此可以在三维空间的任何位置放置二维对象来创建线框模型。AutoCAD 提供了一些专门的三维线框对象，如三维多段线。由于构成线框模型的每个对象必须单独绘制和定位，因此这种建模方式是最耗时的，一般只用于简单模型的创建。

- **曲面模型：**曲面模型是用物体的面来表示三维物体，如图 10-7 所示。曲面模型比线框模型更为复杂，它既要定义三维对象的边，又要定义三维对象的面。在 AutoCAD 中曲面模型还可以使用多边形网格定义镶嵌面。由于网格面是平面的，因此网格只能近似于曲面。

- **实体模型：**实体模型是使用最方便的三维建模类型，如图 10-8 所示。利用 AutoCAD 的实体模型，可以创建长方体、圆锥体、圆柱体、球体、楔体和圆环体等实体三维对象。如对这些形状进行合并，找出它们差集或交集（重叠）部分，结合起来便可生成更复杂的实体。也可以将二维对象沿路径延伸或绕轴旋转来创建实体。

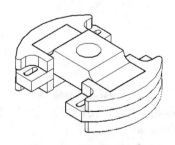　　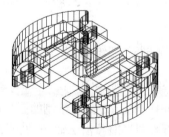　　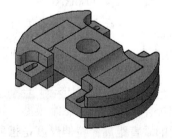

图 10-6　线框模型　　　　　图 10-7　曲面模型　　　　　图 10-8　实体模型

📢提示：

创建线框模型时只需在三维空间放置各个二维对象即可，与绘制二维平面图相似，只是在输入坐标时需指定 Z 轴的值。AutoCAD 还提供了专用的三维线框模型绘制工具——三维多段线，在命令行中执行 3DPOLY 命令或选择"绘图/三维多段线"命令都可执行该命令。

10.1.5　二维命令在三维空间中的应用

在 AutoCAD 中，编辑二维平面图形的命令有移动（MOVE）、复制（COPY）、旋转（ROTATE）、镜像（MIRROR）和偏移（OFFSET）等，其中一些命令适用于所有的三维对象，一些命令仅适用于某些类型的三维对象。

1．在任何 UCS 中进行操作

以下命令可以在任何 UCS 中对指定的图形类型进行操作。

- ❧ **移动（MOVE）、复制（COPY）**：适用于所有的平面图形，也可用于编辑线框、实体及表面模型，在三维设计中使用较为频繁。
- ❧ **倒角（FILLET）和圆角（CHAMFER）**：可以编辑任意平面中的直线或曲线，还可将实心体模型进行倒角或圆角，但在表面模型中不能使用。
- ❧ **拉长（LENGTHEN）和拉伸（EXTEND）、修剪（TRIM）和打断（BREAK）**：用于编辑三维直线或曲线，但在编辑曲面和实体模型中不能使用。
- ❧ **缩放（SCALE）**：该命令可以根据指定的基点放大或缩小 3D 对象。

2．根据 UCS 进行编辑

有些命令可根据当前的 UCS 坐标来进行编辑操作。在使用这些命令时，一般应先创建新的 UCS，使被编辑的图形对象位于当前 UCS 平面内，这样操作的结果比较容易控制。

- ❧ **偏移（OFFSET）**：用于平移 3D 直线和 2D 曲线。使用该命令平移 3D 直线时，该直线与当前 UCS 平面的夹角保持不变。
- ❧ **阵列（ARRAY）**：该命令所产生的矩形阵列和环形阵列应与当前 UCS 平面平行，即只能在 XY 平面内复制出新的图形。
- ❧ **旋转（ROTATE）**：可以接受点的 X、Y、Z 坐标，但只能使对象在 XY 平面内绕经过输入点的 X 轴旋转，并将输入的旋转角当作 XY 平面内的角度进行处理。
- ❧ **镜像（MIRROR）**：只接受 XY 平面内的二维镜像直线，操作完成后，图形对象仅在 XY 平面内进行镜像。

10.1.6　根据标高和拉伸厚度创建三维模型

在 AutoCAD 中绘制直线、圆、矩形和多边形等二维对象时，可以通过设置图形的标高和拉伸厚度来创建三维模型。其中，标高是指从绘制的图形起始平面到当前 UCS 的 XY 平面的垂直距离；拉伸厚度是指所绘图形对象沿 Z 轴方向拉伸的厚度。

在创建矩形时，可以直接在命令行的提示信息中先选择"标高"选项，再选择"厚度"选项来创建三维模型，如果绘制的是其他二维对象，则需通过 ELEV 命令进行。

【**例 10-1**】　在西南等轴测视图中使用 ELEV 命令绘制如图 10-9 所示的图形（立体化教学：\源文件\第 10 章\圆柱类模型.dwg），其中大圆的标高为 0，厚度为 10；小圆的底面与大圆的顶面相接，小圆标高为 10，厚度为 100。

图 10-9　最终效果

命令行操作如下：

命令: ELEV	//执行 ELEV 命令
指定新的默认标高 <0.0000>:	//保持当前的默认标高
指定新的默认厚度 <0.0000>: 10	//指定将要绘制的圆的厚度为 10
命令: CIRCLE	//执行 CIRCLE 命令
指定圆的圆心或 [三点(3P)/两点(2P)/相切、相切、半径(T)]:	//在绘图区拾取一点作为圆心
指定圆的半径或 [直径(D)]: 30	//指定半径值
命令: ELEV	//再次执行 ELEV 命令
指定新的默认标高 <0.0000>: 10	//指定小圆的标高为 10
指定新的默认厚度 <0.0000>: 100	//指定将要绘制的小圆的厚度为 100

10.1.7　应用举例——绘制茶几模型

使用二维绘制命令和编辑命令，绘制茶几模型，效果如图 10-10 所示（立体化教学：\源文件\第 10 章\茶几.dwg）。

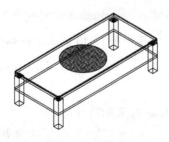

图 10-10　茶几

操作步骤如下：

（1）将视图切换到西南等轴测视图，先绘制茶几的一只脚。命令行操作如下：

命令: BOX	//执行 BOX 命令
指定长方体的角点或 [中心(C)] <0,0,0>:	//在绘图区指定一点
指定其他角点或 [立方体(C)/长度(L)]: L	//选择"长度"选项
指定长度: 60	
指定宽度: 60	
指定高度: 300	//指定长、宽、高

命令: SPHERE	//执行 SPHERE 命令
当前线框密度: ISOLINES=4	//系统提示
指定球体球心 <0,0,0>:	//指定长方体的最上表面的中点为球心
指定球体半径或 [直径(D)]: 18	//输入半径

提示:

> 在上述步骤中使用了长方体命令（BOX）和球体命令（SPHERE），其详细操作将在后面的章节中讲解，这里是实例需要才用到的。

（2）通过矩形阵列方法完成茶几 4 只脚的绘制，在命令行中输入阵列命令 ARRAY，打开如图 10-11 所示的"阵列"对话框。

（3）设置行为 2、列为 2、行偏移为 500、列偏移为 1200，单击"选择对象"按钮 ，返回绘图区选择茶几脚，按 Enter 键确认后返回"阵列"对话框，单击 确定 按钮，完成矩形阵列，如图 10-12 所示。

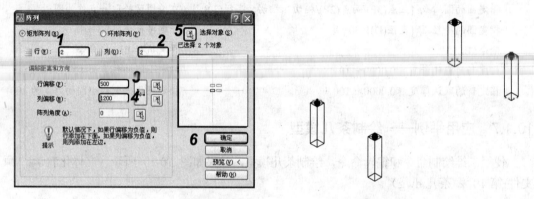

图 10-11 "阵列"对话框   图 10-12 矩形阵列茶几脚

（4）绘制茶几中间的隔板，效果如图 10-13 所示。命令行操作如下:

命令: RECTANG	//执行 RECTANG 命令
当前矩形模式: 厚度=0.0000	//提示模式
指定第一个角点或 [倒角(C)/标高(E)/圆角(F)/厚度(T)/ 宽度(W)]: E	//选择"标高"选项
指定矩形的标高 <0.0000>: 150	//指定新的标高
指定第一个角点或 [倒角(C)/标高(E)/圆角(F)/厚度(T)/ 宽度(W)]: T	//选择"厚度"选项
指定矩形的厚度 <0.0000>: 20	//指定新的厚度
指定第一个角点或 [倒角(C)/标高(E)/圆角(F)/厚度(T)/ 宽度(W)]:	//指定茶几脚外边一点
指定另一个角点或 [尺寸(D)]:	//指定茶几脚外边一点

（5）绘制茶几面，效果如图 10-14 所示。命令行操作如下:

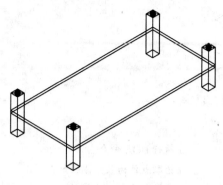

图 10-13　绘制隔板

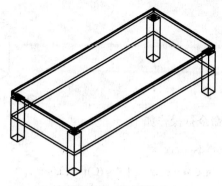

图 10-14　绘制茶几面

命令: RECTANG	//执行 RECTANG 命令
当前矩形模式: 厚度=20.0000	//提示模式
指定第一个角点或 [倒角(C)/标高(E)/圆角(F)/厚度(T)/ 宽度(W)]: E	//选择"标高"选项
指定矩形的标高 <150.0000>: 307.5	//指定新的标高
指定第一个角点或 [倒角(C)/标高(E)/圆角(F)/厚度(T)/ 宽度(W)]: T	//选择"厚度"选项
指定矩形的厚度 <0.0000>: 20	//指定新的厚度
指定第一个角点或 [倒角(C)/标高(E)/圆角(F)/厚度(T)/ 宽度(W)]:	//指定茶几脚外边一点
指定另一个角点或 [尺寸(D)]:	//指定茶几脚外边一点

（6）绘制茶几上的装饰布。将视图切换到俯视图，在茶几中间绘制一个圆，然后填充图案，再将其移动到与茶几表面一样的标高，完成绘制。

10.2　绘制三维实体

AutoCAD 提供了绘制长方体、球体、圆柱体、圆锥体等基本几何实体的命令，通过绘制基本的三维实体对象并结合运用布尔运算，以及其他三维编辑命令，可绘制出复杂的三维实体。

10.2.1　绘制长方体

绘制长方体的方法主要有如下几种：

- ➥ 选择"绘图/建模/立方体"命令。
- ➥ 单击"三维制作"工具栏中的 按钮。
- ➥ 在命令行中执行 BOX 命令。

【例 10-2】　创建长度为 25、宽度为 20、高度为 40 的长方体，效果如图 10-15 所示（立体化教学：\源文件\第 10 章\长方体.dwg）。

图 10-15　绘制长方体

命令行操作如下：

命令: BOX	//执行 BOX 命令
指定第一角点或 [中心(C)] <0,0,0>:	//拾取点作为长方体的角点
指定其他角点或 [立方体(C)/长度(L)]: L	//选择"长度"选项
指定长度: 25	//指定长方体的长度
指定宽度: 20	//指定长方体的宽度
指定高度: 40	//指定长方体的高度

在绘制长方体的过程中，命令行中各选项的含义分别如下。

➥ **中心**：使用指定中心点创建长方体。

➥ **立方体**：选择此选项后将创建正方体，即长、宽、高均相等的长方体。

➥ **长度**：分别指定长方体的长度、宽度和高度值。

10.2.2　绘制球体

绘制球体的方法主要有如下几种：

➥ 选择"绘图/建模/球体"命令。

➥ 单击"三维制作"工具栏中的 ● 按钮。

➥ 在命令行中执行 SPHERE 命令。

用户可根据中心点和半径或直径创建球体，球体的纬线平行于 XY 平面，中心轴与当前 UCS 坐标系的 Z 轴方向一致。

【例 10-3】 创建一个直径为 24 的球体，效果如图 10-16 所示（立体化教学：\源文件\第 10 章\球体.dwg、球体 2.dwg）。

命令行操作如下：

命令: SPHERE	//执行 SPHERE 命令
当前线框密度:　ISOLINES=4	//显示当前线框密度
指定球体球心 <0,0,0>:	//指定球体的球心
指定球体半径或 [直径(D)]: D	//选择"直径"选项
指定直径: 24	//指定球体直径

📢)) **提示：**

在执行 SPHERE 命令时命令行中有"当前线框密度:　ISOLINES=4"的提示，其中 ISOLINES 命令可以控制当前线框密度，三维实体一般都会因系统变量 ISOLINES 值的大小而变化。在如图 10-16 所示图形中，左边球体的 ISOLINES 值等于 4，右边球体的 ISOLINES 值等于 16。

图 10-16 球体

10.2.3 绘制圆柱体

绘制圆柱体的方法主要有如下几种：

🔽 选择"绘图/建模/圆柱体"命令。

🔽 单击"三维制作"工具栏中的 🔳 按钮。

🔽 在命令行中执行 CYLINDER 命令。

【例 10-4】 绘制半径为 15、高度为 20 的圆柱体，效果如图 10-17 所示（立体化教学：\源文件\第 10 章\圆柱体.dwg）。

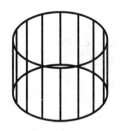

图 10-17 创建圆柱体

命令行操作如下：

命令: CYLINDER	//执行 CYLINDER 命令
当前线框密度: ISOLINES=20	//显示当前线框密度
指定圆柱体底面的中心点或 [椭圆(E)] <0,0,0>:	//拾取点作为圆柱体底面中心点
指定圆柱体底面的半径或 [直径(D)]: 15	//指定圆柱体的半径
指定圆柱体高度或 [另一个圆心(C)]: 20	//指定圆柱体的高度

在绘制圆柱体的过程中，命令行中各选项的含义分别如下。

🔽 **椭圆**：绘制椭圆形圆柱实体。选择该选项后，命令行提示"指定圆柱体底面椭圆的轴端点或[中心点(C)]:"，需要指定圆柱底面椭圆的轴端点，然后指定第二个轴端点、圆柱的高度等参数。

🔽 **另一个圆心**：选择该选项将不以指定高度的方式绘制圆柱体，而是提示指定圆柱体另一底面圆的圆心。

10.2.4 绘制圆锥体

绘制圆锥体的方法主要有如下几种：

🔖 选择"绘图/建模/圆锥体"命令。

🔖 单击"三维制作"工具栏中的 按钮。

🔖 在命令行中执行CONE命令。

使用CONE命令绘制的圆锥体由圆或椭圆的底面和顶点来定义。默认情况下，圆锥体的底面位于当前UCS坐标系的XY平面，它的高可为正值或负值，且平行于Z轴。

【例10-5】 绘制底面直径为40、高为30的圆锥体，如图10-18所示；绘制短轴为20、长轴为40的椭圆圆锥体，如图10-19所示（立体化教学：\源文件\第10章\圆锥体.dwg）。

命令行操作如下：

命令: CONE	//执行CONE命令
当前线框密度：ISOLINES=25	//显示当前线框密度
指定圆锥体底面的中心点或 [椭圆(E)] <0,0,0>:	//指定圆锥体底面中心点
指定圆锥体底面的半径或 [直径(D)]: 20	//指定半径值
指定圆锥体高度或 [顶点(A)]: 30	//指定高度
命令: CONE	//执行CONE命令
当前线框密度：ISOLINES=25	//显示当前线框密度
指定圆锥体底面的中心点或 [椭圆(E)] <0,0,0>: E	//选择"椭圆"选项
指定圆锥体底面椭圆的轴端点或 [中心点(C)]: 0,0,0	//指定椭圆的轴端点
指定圆锥体底面椭圆的第二个轴端点: @20,0	//指定第二个端点
指定圆锥体底面的另一个轴的长度: 20	//指定另一个轴的长度
指定圆锥体高度或 [顶点(A)]: 40	//指定高度

图 10-18　圆锥体

图 10-19　椭圆圆锥体

10.2.5　绘制楔体

绘制楔体的方法主要有如下几种：

🔖 选择"绘图/建模/楔体"命令。

🔖 单击"三维制作"工具栏中的 按钮。

🔖 在命令行中执行WEDGE命令。

使用WEDGE命令创建的楔体底面位于当前XY平面，高度可以为正值，也可以为负值，并与Z轴平行。

【例10-6】 创建底面长度为30、宽度为20、高度为40的楔形体，效果如图10-20所示（立体化教学：\源文件\第10章\楔体.dwg）。

图 10-20 创建楔体

命令行操作如下：

命令: WEDGE	//执行 WEDGE 命令
指定楔体的第一个角点或 [中心点(CE)] <0,0,0>:	//指定楔体的第一个角点
指定角点或 [立方体(C)/长度(L)]: L	//选择"长度"选项
指定长度: 30	//指定长度
指定宽度: 20	//指定宽度
指定高度: 40	//指定高度

10.2.6 绘制圆环体

绘制圆环体的方法主要有如下几种：

- 选择"绘图/建模/圆环体"命令。
- 单击"三维制作"工具栏中的 按钮。
- 在命令行中执行 TORUS 命令。

使用 TORUS 命令绘制的圆环体与当前 UCS 坐标系的 XY 平面平行，用户可先指定圆环体的半径或直径，再指定圆管的半径或直径。

【例 10-7】 绘制圆环体直径为 40、圆管直径为 15 的圆环体，如图 10-21 所示（立体化教学：\源文件\第 10 章\圆环体.dwg）。

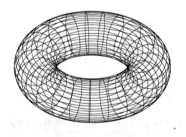

图 10-21 圆环体

命令行操作如下：

命令: TORUS	//执行 TORUS 命令
当前线框密度: ISOLINES=25	//显示当前线框密度
指定圆环体中心 <0,0,0>:	//指定圆环体中心
指定圆环体半径或 [直径(D)]: 20	//输入圆环体的半径值
指定圆管半径或 [直径(D)]: 7.5	//输入圆管的半径值

📢提示：

绘制圆环体的另一种方法是：先用 CIRCLE 命令绘制圆，然后用 REVOLVE 命令进行旋转，从而得到圆环体。

10.2.7　通过拉伸面创建实体

通过拉伸面创建实体的方法主要有如下几种：

- ➡ 选择"修改/实体编辑/拉伸面"命令。
- ➡ 单击"实体编辑"工具栏中的🔲按钮。
- ➡ 在命令行中执行 SOLIDEDIT 命令。

该命令用于将所选择的三维实体组成面沿指定高度或路径进行拉伸，并可选取多个面同时进行拉伸操作。

【例 10-8】 对图 10-22 所示长方体（立体化教学：\实例素材\第 10 章\长方体 2.dwg）的顶面和 YZ 面进行拉伸，拉伸高度为 10，效果如图 10-23 所示（立体化教学：\源文件\第 10 章\拉伸体.dwg）。

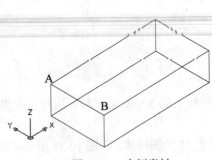

图 10-22　实例素材

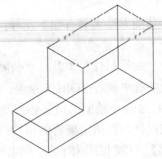

图 10-23　拉伸三维面后的效果

命令行操作如下：

命令: SOLIDEDIT	//执行 SOLIDEDIT 命令
实体编辑自动检查: SOLIDCHECK=1	
输入实体编辑选项 [面(F)/边(E)/体(B)/放弃(U)/退出(X)] <退出>: _face	//系统自动选择"面"选项，即编辑三维面
输入面编辑选项[拉伸(E)/移动(M)/旋转(R)/偏移(O)/倾斜(T)/删除(D)/复制(C)/着色(L)/放弃(U)/退出(X)] <退出>: _extrude	//系统自动选择"拉伸"选项，即拉伸三维面
选择面或 [放弃(U)/删除(R)]: 找到一个面	//选择长方体顶面
选择面或 [放弃(U)/删除(R)/全部(ALL)]: 找到一个面	//选择 YZ 面
选择面或 [放弃(U)/删除(R)/全部(ALL)]:	//按 Enter 键结束选择面
指定拉伸高度或 [路径(P)]: 10	//指定拉伸高度
指定拉伸的倾斜角度 <0>:	//指定拉伸的倾斜角度
已开始实体校验	
已完成实体校验	

输入面编辑选项[拉伸(E)/移动(M)/旋转(R)/偏移(O)/倾斜(T)/删除

(D)/复制(C)/着色(L)/放弃(U)/退出(X)] <退出>:　　　　　//按 Enter 键退出拉伸面

实体编辑自动检查：SOLIDCHECK=1　　　　　　　　//系统自动显示

输入实体编辑选项 [面(F)/边(E)/体(B)/放弃(U)/退出(X)] <退出>:　//按 Enter 键退出面编辑

◀》提示：

> 对图 10-22 所示的两个面进行拉伸时，可直接选择两个面的共用边即 AB 线段，也可选择这两个面。在选择三维面的过程中，可按住 Shift 键再单击三维面的方式来取消已选中的部分三维面。若在"指定拉伸高度或[路径(P)]:"提示信息中选择"路径"选项，可按用户指定的路径拉伸选中的三维面。

10.2.8　通过旋转面创建实体

通过旋转面创建实体的方法主要有如下几种：

- ➡ 选择"修改/实体编辑/旋转面"命令。
- ➡ 单击"实体编辑"工具栏中的🔄按钮。
- ➡ 在命令行中执行 SOLIDEDIT 命令。

该命令主要用于旋转所选择的三维实体组成面。它与 ROTATE3D 命令的区别在于，ROTATE3D 命令是对整体三维实体进行旋转，而该命令是对实体的某个面进行旋转。

在旋转面的过程中，命令行会提示用户指定旋转轴线，该轴线以选取的第一点为原点，第二点为轴线的正向。因此，选择旋转轴时，点的选取顺序决定旋转方向。

10.2.9　应用举例——绘制挡板模型

使用二维绘制和编辑命令、拉伸实体命令、长方体命令和圆柱体命令绘制挡板模型，并设置其视觉样式为"三维隐藏"，挡板模型的尺寸如图 10-24 所示，效果如图 10-25 所示（立体化教学：\源文件\第 10 章\挡板.dwg）。

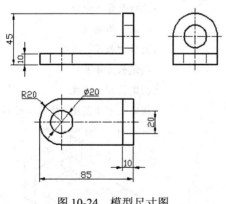

图 10-24　模型尺寸图

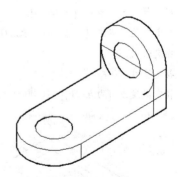

图 10-25　最终效果

操作步骤如下：

（1）使用二维绘制命令绘制模型的俯视图，如图 10-26 所示。

（2）在命令行执行 REGION，将挡板轮廓直线及圆弧转换为面域。命令行操作如下：

命令: REGION	//执行面域命令
选择对象:	//选择直线及圆弧
选择对象:	//按 Enter 键确定对象选择
已提取 1 个环	//系统自动显示
已创建 1 个面域	//系统自动显示

（3）选择"西南等轴测"选项，将视图切换为"西南等轴测"视图，如图 10-27 所示。

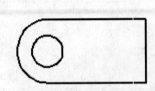

图 10-26　绘制二维平面图效果

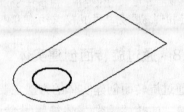

图 10-27　西南等轴测

（4）在命令行中执行 EXTRUDE 命令，将转换后的面域及圆进行拉伸，其拉伸高度为 10。命令行操作如下：

命令: EXTRUDE	//执行拉伸命令
当前线框密度：ISOLINES=4	//系统自动显示
选择要拉伸的对象:	//选择绘制的二维对象为拉伸对象
选择要拉伸的对象:	//按 Enter 键确定对象选择
指定拉伸的高度或 [方向(D)/路径(P)/倾斜角(T)]: 10	//指定拉伸高度，效果如图 10-28 所示

（5）在命令行中执行 BOX 命令，以拉伸实体右上角端点为起点绘制长方体。命令行操作如下：

命令: BOX	//执行长方体命令
指定第一个角点或 [中心(C)]:	//捕捉实体端点
指定其他角点或 [立方体(C)/长度(L)]: L	//选择"长度"选项
指定长度: 10	//指定长方体长度
指定宽度: 40	//指定长方体宽度
指定高度或 [两点(2P)] <10.0000>: 25	//指定长方体高度，效果如图 10-29 所示

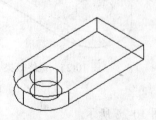

图 10-28　拉伸图形

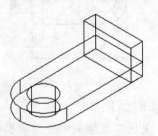

图 10-29　绘制长方体

（6）在命令行中执行 UCS 命令，将坐标系沿 Y 轴旋转 90°。命令行操作如下：

命令: UCS	//执行 UCS 命令
当前 UCS 名称: *俯视*	//系统自动显示
指定 UCS 的原点或 [面(F)/命名(NA)/对象(OB)/上一个(P)/视图(V)/世界(W)/X/Y/Z/Z 轴(ZA)] <世界>: Y	//选择 Y 轴选项
指定绕 Y 轴的旋转角度 <90>:	//指定旋转角度，效果如图 10-30 所示

（7）在命令行中执行 CYLINDER 命令，以绘制长方体的中点为底面圆心，绘制底面半径为 20、高度为 10 的圆柱体。命令行操作如下：

命令: CYLINDER	//执行圆柱体命令
指定底面的中心点或 [三点(3P)/两点(2P)/切点、切点、半径(T)/椭圆(E)]:	//捕捉长方体上方边的中点
指定底面半径或 [直径(D)] <7.0000>: 20	//输入底面半径
指定高度或 [两点(2P)/轴端点(A)] <25.0000>: 10	//输入圆柱体高度，效果如图 10-31 所示

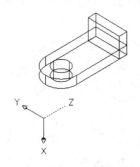

图 10-30　旋转坐标系

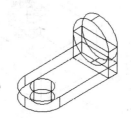

图 10-31　绘制圆柱体

（8）使用相同的方法，执行圆柱体命令，以第（7）步绘制的圆柱体的圆心为圆柱体的底面圆心，绘制底面半径为 10、高度为 10 的圆柱体，完成图形的绘制，效果如图 10-32 所示。

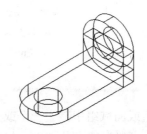

图 10-32　绘制第二个圆柱体

（9）选择"视图/视觉样式/三维隐藏"命令，更改模型的视觉样式，如图 10-25 所示。

提示：

> 本例绘制的挡板模型还需要将其进行布尔运算，才能达到最理想的效果，关于布尔运算将会在 10.3 节中详细讲解。将模型的视觉样式更改为"三维隐藏"是为了掩饰未进行布尔运算的显示缺陷，无实际意义。

10.3 利用布尔运算创建复杂实体

使用 AutoCAD 提供的布尔运算方法可对三维实体模型进行编辑计算，从而创建出复杂多变的形体。布尔运算可对三维实体和二维面域进行求并、求差和求交等操作。

10.3.1 并集运算

并集运算可将两个或两个以上的面域或实体连接成组合域或复合实体。并集运算的实现方法主要有如下几种：

- 选择"修改/实体编辑/并集"命令。
- 单击"实体编辑"工具栏中的 ⑩ 按钮。
- 在命令行中执行 UNION 命令。

【例 10-9】 将图 10-33 所示球体和长方体图形（立体化教学：\实例素材\第 10 章\并集模型.dwg）进行合并，效果如图 10-34 所示（立体化教学：\源文件\第 10 章\并集模型.dwg）。

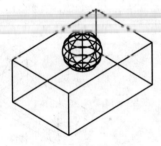
图 10-33 实例素材

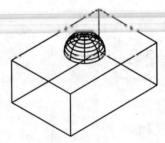
图 10-34 最终效果

命令行操作如下：

命令: UNION	//执行 UNION 命令
选择对象: 找到 1 个	//选择要合并的实体
选择对象: 找到 1 个, 总计 2 个	//选择要合并的实体
选择对象:	//按 Enter 键, 将所选实体合并为一个对象

10.3.2 差集运算

差集运算可从所选三维实体组或面域组中减去一个或多个实体或面域，得到一个新的实体或面域。差集运算的实现方法主要有如下几种：

- 选择"修改/实体编辑/差集"命令。
- 单击"实体编辑"工具栏中的 ⑩ 按钮。
- 在命令行中执行 SUBTRACT 命令。

【例 10-10】 将图 10-35 所示图形（立体化教学：\实例素材\第 10 章\差集模型.dwg）中的两个球体和长方体进行求减运算，效果如图 10-36 所示（立体化教学：\源文件\第 10 章\差集模型.dwg）。

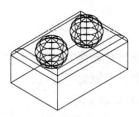

图 10-35　实例素材

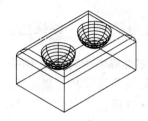

图 10-36　最终效果

命令行操作如下：

命令: SUBTRACT	//执行 SUBTRACT 命令
选择要从中减去的实体或面域...	//系统提示选择要被减的对象
选择对象: 找到 1 个	//选择图形中的长方体
选择对象:	//按 Enter 键结束选择对象
选择要减去的实体或面域 ...	//系统提示选择要作为修剪的对象
选择对象: 找到 3 个	//选择图形中水平放置的两个球体
选择对象:	//按 Enter 键进行实体求减

10.3.3　交集运算

交集运算常用于确定多个面域或实体之间的公共部分，计算并生成相交部分形体，而每个面域或实体的非公共部分则会被删除。交集运算的实现方法主要有如下几种：

- ➦　选择"修改/实体编辑/交集"命令。
- ➦　单击"实体编辑"工具栏中的◎按钮。
- ➦　在命令行中执行 INTERSECT 命令。

【例 10-11】　使用 INTERSECT 命令计算图 10-37 所示图形（立体化教学：\实例素材\第 10 章\交集模型.dwg）中的相交部分，效果如图 10-38 所示（立体化教学：\源文件\第 10 章\交集模型.dwg）。

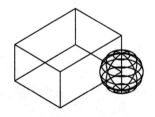

图 10-37　实例素材

图 10-38　最终效果

命令行操作如下：

命令: INTERSECT	//执行 INTERSECT 命令
选择对象: 找到 1 个	//选择图形中的长方体
选择对象: 找到 1 个, 总计 2 个	//选择图形中的球体
选择对象:	//按 Enter 键进行实体求交运算

10.3.4　应用举例——编辑挡板模型

使用布尔运算命令将如图 10-39 所示的挡板模型（立体化教学：\实例素材\第 10 章\挡板.dwg）进行并集运算和差集运算，在编辑过程中将模型以"概念"的视觉样式进行显示，效果如图 10-40 所示（立体化教学：\源文件\第 10 章\挡板 2.dwg）。

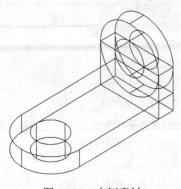

图 10-39　实例素材

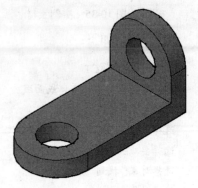

图 10-40　最终效果

操作步骤如下：

（1）打开"挡板.dwg"图形文件，在命令行中执行 UNION 命令。命令行操作如下：

命令: UNION	//执行 UNION 命令
选择对象: 找到 1 个	//选择模型的底板
选择对象: 找到 1 个，总计 2 个	//选择模型的长方体图形
选择对象:	//按 Enter 键，将所选实体合并为一个对象，如图 10-41 所示

（2）使用相同的方法，利用并集运算，将刚合并在一起的图形对象与上方的圆柱体合并在一起，效果如图 10-42 所示。

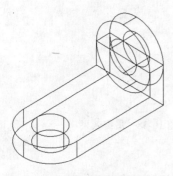

图 10-41　合并底板和长方体

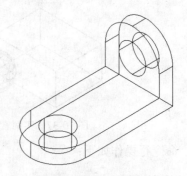

图 10-42　合并最终效果

（3）选择"视图/视觉样式/概念"命令，更改模型的视觉样式，如图 10-43 所示。

（4）在命令行中执行 SUBTRACT 命令，将挡板图形与其余的圆柱体进行差集运算。命令行操作如下：

命令: SUBTRACT   //执行 SUBTRACT 命令

选择要从中减去的实体或面域... //系统提示选择要被减的对象

选择对象: 找到 1 个   //选择图形中合并后的实体对象

选择对象: //按 Enter 键结束选择对象

选择要减去的实体或面域 ... //系统提示选择要作为修剪的对象

选择对象: 找到 2 个   //选择图形中的两个圆柱体

选择对象: //按 Enter 键进行求减，效果如图 10-40 所示

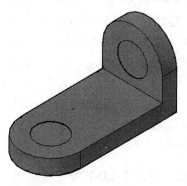

图 10-43 更改视觉样式

提示:

在绘图过程中，用户可根据实际绘图需要更改模型的视觉样式，以便于选择合适的图形对象。

10.4　上机及项目实训

10.4.1　绘制机座模型

本次实训将绘制机座模型，其最终效果如图 10-44 所示（立体化教学：\源文件\第 10 章\机座.dwg），其中机座的尺寸规格如图 10-45 所示。本练习中将使用到二维绘制命令、编辑命令以及圆柱体命令等。

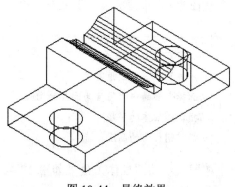

图 10-44　最终效果

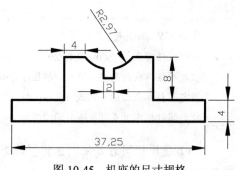

图 10-45　机座的尺寸规格

操作步骤如下：

（1）在主视图中绘制出该机座的端面轮廓，并使用 PEDIT 命令将其转换为多段线。
命令行操作如下：

命令；PEDIT	//执行 PEDIT 命令
选择多段线或 [多条(M)]:	//任意选择一段直线或圆弧
选择对象:找到 5 个	//选择所有对象
选定的对象不是多段线是否将其转换为多段线? <Y>	//按 Enter 键将其转换为多段线
输入选项[闭合(C)/合并(J)/宽度(W)/编辑顶点(E)/拟合 (F)/样条曲线(S)/非曲线化(D)/线型生成(L)/放弃(U)]: J	//选择 "合并" 选项合并多段线
选择对象: 指定对角点: 找到 5 个	//框选所有对象
选择对象:	//确认选择的对象
10 条线段已添加到多段线	//系统提示已将另外 10 个对象合并
输入选项 [打开(O)/合并(J)/宽度(W)/编辑顶点(E)/拟合 (F)/样条曲线(S)/非曲线化(D)/线型生成(L)/放弃(U)]:	//按 Enter 键结束 PEDIT 命令

（2）切换到西南等轴测视图中，用 LINE 命令在 Z 轴方向上绘制长度为 20 的直线。
命令行操作如下。

命令: LINE	//执行 LINE 命令
指定第一点:	//在绘图区适当位置拾取一点
指定下一点或 [放弃(U)]: @0,0,20	//指定直线的端点
指定下一点或 [放弃(U)]:	//按 Enter 键结束 LINE 命令

（3）用 TABSURF 命令绘制出如图 10-46 所示的表面模型。命令行操作如下：

命令: TABSURF	//执行 TABSURF 命令
当前线框密度: SURFTAB1=10	//系统显示当前线框密度
选择用作轮廓曲线的对象:	//选择转换成的多段线
选择用作方向矢量的对象:	//选择在 Z 轴方向上绘制的直线

（4）以底座的中间位置为圆孔的圆心，绘制一个直径为 6、高度为 4 的圆柱体。命令
行操作如下：

命令: CYLINDER	//执行 CYLINDER 命令
当前线框密度: ISOLINES=20	//系统显示当前线框密度
指定圆柱体底面的中心点或 [椭圆(E)] <0,0,0>:	//选择底坐的中间位置为圆孔的圆心
指定圆柱体底面的半径或 [直径(D)]: 3	//指定圆柱体的半径
指定圆柱体高度或 [另一个圆心(C)]: 4	//指定圆柱体的高度

（5）使用相同的方法，在模型的另一边绘制一个相同大小的圆柱体，效果如图 10-44
所示。

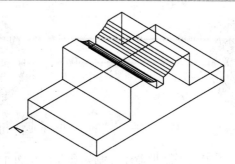

图 10-46　在西南等轴测视图中完成的模型

10.4.2　绘制压板模型

综合利用本章和前面所学知识绘制压板模型，效果如图 10-47 所示（立体化教学：\源文件\第 10 章\压板.dwg）。

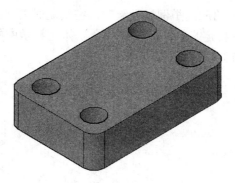

图 10-47　最终效果

本练习可结合立体化教学中的视频演示进行学习（立体化教学：\视频演示\第 10 章\绘制压板模型.swf）。主要操作步骤如下：

（1）在绘图区中绘制一个长、宽分别为 78mm 和 50mm 的圆角矩形，其中圆角半径为 6mm。

（2）使用圆命令，以圆角矩形的圆心为圆心绘制 4 个直径为 12 的圆。

（3）使用 EXTRUDE 命令，将绘制的矩形图形进行拉伸操作，拉伸高度为 18mm。

（4）使用相同的方法，拉伸 4 个圆对象，拉伸高度为 18mm。

（5）使用布尔运算中的差集命令，拾取拉伸后的矩形对象，"减去" 4 个圆柱。

10.5　练习与提高

（1）移动用户坐标系，以半径为 10 的球体（立体化教学：\实例素材\第 10 章\球体.dwg）圆心为新 UCS 原点，如图 10-48 所示，并以 X 轴旋转 45°，建立如图 10-49 所示的用户坐标系。

图 10-48　球体图

图 10-49　新建 UCS

（2）在西南等轴测视图中使用矩形命令绘制如图 10-50 所示的图形（立体化教学：\源文件\第 10 章\圆角长方体.dwg），其中矩形圆角值为 3，厚度为 30。

提示：本练习可结合立体化教学中的视频演示进行学习（立体化教学：\视频演示\第 10 章\绘制圆角长方体.swf）。

（3）根据所学知识绘制如图 10-51 所示的茶几图形（立体化教学：\源文件\第 10 章\茶几 2.dwg）。

提示：参照 10.1.7 节的应用举例进行绘制，在绘制时要注意各对象的标高，对图形的具体尺寸不作要求，可自定义。本练习可结合立体化教学中的视频演示进行学习（立体化教学：\视频演示\第 10 章\绘制茶几.swf）。

图 10-50　圆角长方体

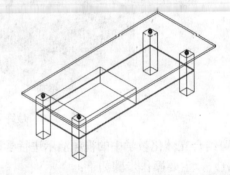

图 10-51　茶几图形

 三维模型的绘制技巧

本章主要介绍了绘制三维模型的方法。要想绘制出更美观、更合理的三维模型，这里总结以下几点供读者参考和探索：

➥　在绘制三维图形时，若所绘制的实体已经有样图，则不需绘制二维平面图；若所绘制的物体还在设计中，则需要绘制平面图。

➥　在拉伸二维对象时，有时是沿路径方向拉伸，而有时却是沿路径的相反方向进行拉伸，不能很好地控制拉伸路径的方向。其实拉伸方向取决于拉伸对象与被拉伸对象的位置，因此在选择拉伸对象时，拾取点靠近该对象的某一端，拉伸对象就会朝该方向进行拉伸。

➥　在设计过程中，经常需要对平面图进行修改，因此在该阶段最好不要绘制三维实体图形。

第 11 章　绘制曲面与编辑模型

学习目标

- ☑ 使用多段线命令和平移曲面命令绘制台阶模型
- ☑ 使用圆柱体命令、分割实体命令和倒角命令绘制半圆键模型
- ☑ 使用二维绘制命令、面域命令、旋转实体命令和三维阵列命令绘制轴承座模型
- ☑ 使用渲染命令为机械零件模型进行渲染
- ☑ 使用拉伸二维对象的方法、布尔运算和三维对齐等命令绘制连接管模型
- ☑ 综合利用本章和前面所学知识绘制活塞模型

目标任务&项目案例

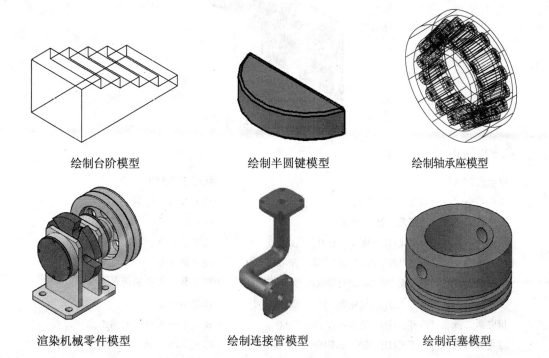

绘制台阶模型　　　　　　绘制半圆键模型　　　　　　绘制轴承座模型

渲染机械零件模型　　　　绘制连接管模型　　　　　　绘制活塞模型

通过上述实例效果的展示可以发现：曲面也是三维模型的重要组成部分，其在绘制完成后通常都需要进行编辑。本章将具体讲解绘制三维曲面、编辑三维实体、编辑三维对象以及三维模型的处理方法。

11.1 绘制三维曲面

在绘制三维模型的过程中，会经常遇到需要曲面的情况。实体和曲面都是三维模型的重要组成元素，下面将详细讲解绘制三维曲面的方法。

11.1.1 绘制三维面

绘制三维面可以在三维空间的任意位置创建三边或四边表面，并可将这些表面拼接在一起，形成一个多边表面，但每个平面最多只能有 4 条边（即 4 个顶点），当 4 个顶点具有不同的 Z 轴坐标值时，将建立一个非平面的三维面。绘制三维面的方法主要有如下几种：

➥ 选择"绘图/建模/网格/三维面"命令。

➥ 在命令行中执行 3DFACE 命令。

【例 11-1】 使用 3DFACE 命令绘制如图 11-1 所示的图形（立体化教学：\源文件\第 11 章\三维面.dwg）。

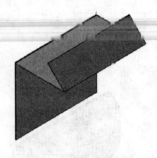

图 11-1 绘制三维面

命令行操作如下：

命令: 3DFACE	//执行 3DFACE 命令
指定第一点或 [不可见(I)]: 0,0,0	//指定三维面的第一点
指定第二点或 [不可见(I)]: 500,0,0	//指定第二点
指定第三点或 [不可见(I)] <退出>: @0,300,0	//指定第三点
指定第四点或 [不可见(I)] <创建三侧面>: @-500,0,0	//指定第四点
指定第三点或 [不可见(I)] <退出>: @0,0,-300	//指定另一三维面的第三点
指定第四点或 [不可见(I)] <创建三侧面>: @500,0,0	//指定第四点
指定第三点或 [不可见(I)] <退出>: @100,200,0	//指定另一三维面的第三点
指定第四点或 [不可见(I)] <创建三侧面>: @-500,0,0	//指定第四点
指定第三点或 [不可见(I)] <退出>:	//按 Enter 键结束命令

📢提示：

如果要设置某条边不可见，必须在输入点坐标之前选择"不可见"选项，然后再确定点的位置。

11.1.2　绘制三维网格

绘制三维网格的方法主要有如下几种：

- ➥ 选择"绘图/建模/网格/三维网格"命令。
- ➥ 在命令行中执行 3DMESH 命令。

3DMESH 命令可以根据 4 点创建平面网格。在创建过程中需要指定 M 方向和 N 方向上的网格数量，在 M 方向和 N 方向上设置的网格数量决定了沿这两个方向产生的直线数目，要求指定的顶点数为这两个方向上设置的数量值的乘积，其意义与 XY 平面的 X 轴方向和 Y 轴方向类似。

【例 11-2】　绘制如图 11-2 所示的三维网格（立体化教学：\源文件\第 11 章\三维网格.dwg）。

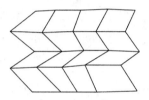

图 11-2　绘制三维网格

命令行操作如下：

命令: 3DMESH	//执行 3DMESH 命令
输入 M 方向上的网格数量: 5	//指定 M 方向上的网格数量
输入 N 方向上的网格数量: 5	//指定 N 方向上的网格数量
指定顶点 (0, 0) 的位置:	//在绘图区拾取一点作为顶点 (0, 0) 的位置
指定顶点 (0, 1) 的位置:	//在绘图区拾取一点作为顶点 (0, 1) 的位置
……	//根据提示信息依次指定其他顶点的位置即可，指定时应注意点的顺序

11.1.3　旋转曲面

旋转曲面的方法主要有如下几种：

- ➥ 选择"绘图/建模/网格/旋转曲面"命令。
- ➥ 在命令行中执行 REVSURF 命令。

REVSURF 命令可用形体截面的外轮廓线围绕某一指定轴旋转任意角度生成网格曲面。在选择需要旋转的轮廓线或轴线时，每次只能选择一个旋转目标或轴线，而且旋转轴线与轮廓线必须在同一平面上，否则此命令将无法执行。如果当前线框密度比较小，可以通过 SURFTAB1 和 SURFTAB2 命令进行设置。

✑ 技巧：

> 通过执行 SURFTAB1 和 SURFTAB2 命令可以设定线框密度大小，如线框密度越大，生成的曲面越光滑。

【例 11-3】 使用 REVSURF 命令将如图 11-3 所示图形（立体化教学：\实例素材\第 11 章\直线和圆.dwg）生成旋转曲面，效果如图 11-4 所示（立体化教学：\源文件\第 11 章\旋转圆环.dwg）。

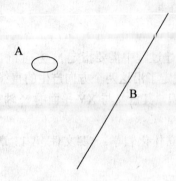

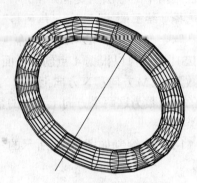

图 11-3　旋转曲面对象　　　　　　　　　图 11-4　旋转曲面效果

命令行操作如下：

命令: SURFTAB1	//执行 SURFTAB1 命令
输入 SURFTAB1 的新值 <6>: 25	//输入变量的新值
命令: SURFTAB2	//执行 SURFTAB2 命令
输入 SURFTAB2 的新值 <6>: 20	//输入变量的新值
命令: REVSURF	//执行 REVSURF 命令
当前线框密度: SURFTAB1=25　SURFTAB2=20	//系统自动显示
选择要旋转的对象:	//选择圆 A
选择定义旋转轴的对象:	//选择直线 B
指定起点角度 <0>:	//按 Enter 键确定起点角度
指定包含角 (+=逆时针，-=顺时针) <360>:	//按 Enter 键确定包含角

11.1.4 平移曲面

平移曲面是将曲线沿某一指定矢量方向拉伸成的曲面，从而得到三维表面模型。常用此命令绘制窗帘、玻璃幕墙和一些特效图形。平移曲面的方法主要有如下几种：

- ➥ 选择"绘图/建模/网格/平移网格"命令。
- ➥ 在命令行中执行 TABSURF 命令。

⚠️注意：

> 平移曲面时，被拉伸的曲线可以是直线、圆弧、圆和多段线，但指定拉伸方向的线型必须是直线和未闭合的多段线。另外，拉伸向量线与被拉伸的对象不能位于同一平面上，否则无法进行拉伸。

【例 11-4】 使用 TABSURF 命令将如图 11-5 所示图形（立体化教学：\实例素材\第 11 章\二维线段.dwg）中 XY 平面上的多段线沿 Z 轴方向上的直线作平移操作，得到如图 11-6 所示的三维模型（立体化教学：\源文件\第 11 章\平移曲面.dwg）。

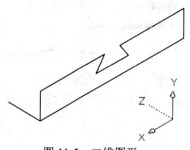

图 11-5 二维图形

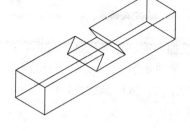

图 11-6 最终效果

命令行操作如下：

命令: TABSURF	//执行 TABSURF 命令
当前线框密度: SURFTAB1=25	//系统显示当前线框密度
选择用作轮廓曲线的对象:	//选择如图 11-5 所示图形中 XY 平面上的多段线
选择用作方向矢量的对象:	//选择如图 11-5 所示图形中 Z 轴方向上的直线

✍️技巧：

在执行平移曲面过程中，拉伸方向与选择对象的拾取点有关，如拾取点靠近直线的右端，则用作轮廓曲线的对象就向左端进行拉伸。

11.1.5 直纹曲面

创建直纹曲面的方法主要有如下几种：

➥ 选择"绘图/建模/网格/直纹网格"命令。

➥ 在命令行中执行 RULESURF 命令。

直纹曲面可以在指定的曲线和曲线、曲线和直线、直线和直线之间生成一个网格空间曲面。使用该命令可结合多段线、圆、线和弧等绘制复杂的建筑屋面造型、装饰的异形结构等。

【例 11-5】 使用 RULESURF 命令将如图 11-7 所示的直线与圆弧（立体化教学：\源文件\第 11 章\二维波浪线.dwg）进行直纹曲面操作，得到如图 11-8 所示的三维曲面（立体化教学：\源文件\第 11 章\直纹曲面.dwg）。

图 11-7 二维波浪线

图 11-8 进行直纹曲面操作后的效果

命令行操作如下：

命令: RULESURF	//执行 RULESURF 命令
当前线框密度: SURFTAB1=25	//系统显示当前线框密度

选择第一条定义曲线：   //选择直线

选择第二条定义曲线：   //选择曲线

　　直纹曲面的创建与选择对象时所拾取的位置有关，选择的位置不同，得到的曲面效果也不同。如对如图 11-9 所示的直线与弧线进行直纹曲面操作，如先选择直线的下端，再选择弧线的下端，效果如图 11-10 所示；如先选择直线的下端，再选择弧线的上端，效果如图 11-11 所示。

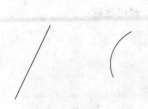
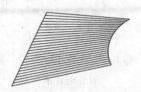
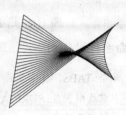

图 11-9　直线与弧线　　　图 11-10　拾取点位于相同端的效果　　　图 11-11　拾取点位于不同端的效果

📢提示：

执行 RULESURF 命令时要求选择两条曲线或直线，如果选择的第一个对象是封闭的，另一个对象也必须选取相同的对象或点，如果选取的第一个对象是非封闭的对象，则另一个对象必须也是非封闭的对象。

11.1.6　边界曲面

　　边界曲面在三维空间以 4 条直线、圆弧、光滑曲线或多段线形成的闭合回路为边界，从而生成一个复杂的三维网格曲面。通过该命令可以绘制机械零件中的三维异形曲面。创建边界曲面的方法主要有如下几种：

➤　选择"绘图/建模/网格/边界网格"命令。

➤　在命令行中执行 EDGESURF 命令。

🔔注意：

要进行边界曲面操作的 4 条边界线必须首尾相连，否则无法完成该操作。

　　【例 11-6】　以如图 11-12 所示图形（立体化教学：\实例素材\第 11 章\二维边界曲线.dwg）中的 4 条首尾相连的直线与圆弧作为边界进行边界曲面操作，得到如图 11-13 所示的三维模型（立体化教学：\源文件\第 11 章\边界曲面.dwg）。

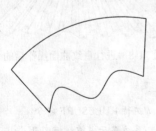
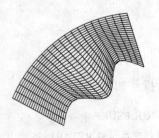

图 11-12　二维图形　　　　　　　　　　图 11-13　边界曲面

命令行操作如下：

命令：EDGESURF	//执行 EDGESURF 命令
当前线框密度：SURFTAB1=25　SURFTAB2=20	//系统显示当前线框密度
选择用作曲面边界的对象 1：	//选择如图 11-12 所示图形中的一条边
选择用作曲面边界的对象 2：	//选择第二条边
选择用作曲面边界的对象 3：	//选择第三条边
选择用作曲面边界的对象 4：	//选择第四条边

11.1.7　绘制封闭类的三维曲面

封闭类的三维曲面主要包括长方体面、棱锥体面、楔体面、球面、圆锥面和圆环面，其绘制方法与绘制对应的实体方法基本相同。在 AutoCAD 2008 中不能通过菜单栏和工具栏调用这些曲面的绘制命令，只能通过在命令行输入命令进行绘制。

该类曲面的绘制命令与绘制该类实体的命令相似，只需要在绘制实体的命令前面添加 "AI_"，如绘制长方体面的命令为 AI_BOX，绘制棱锥体面的命令为 AI_PYRAMID。下面以绘制长方体面为例讲解绘制该类曲面的方法。

【例 11-7】　在命令行中执行 AI_BOX 命令，绘制如图 11-14 所示的长方体面（立体化教学：\源文件\第 11 章\长方体面.dwg）。

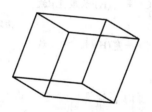

图 11-14　绘制的长方体面

命令行操作如下：

命令：AI_BOX	//执行 AI_BOX 命令
指定角点给长方体表面：	//在绘图区中任意拾取一点作为角点
指定长度给长方体表面：500	//指定长方体表面的长度
指定长方体表面的宽度或 [立方体(C)]：300	//指定长方体表面的宽度
指定高度给长方体表面：200	//指定长方体表面的高度
指定长方体表面绕 Z 轴旋转的角度或 [参照(R)]：<30	//指定长方体表面绕 Z 轴旋转的角度

执行命令过程中的相应选项含义与绘制实体命令过程中各选项的含义相同。

11.1.8　应用举例——绘制台阶

使用多段线绘制台阶的侧面，然后使用平移曲面命令完成操作，效果如图 11-15 所示（立体化教学：\源文件\第 11 章\台阶.dwg）。

操作步骤如下：

（1）使用多段线命令绘制如图 11-16 所示的多段线，其中每阶的高度为 350mm，宽度为 750mm。命令行操作如下：

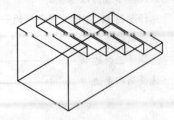

图 11-15　台阶

图 11-16　绘制多段线效果

命令: PLINE	//执行 PLINE 命令
指定起点:	//在绘图区指定多段线的起点
当前线宽为 0.0000	//显示当前线宽
指定下一个点或 [圆弧(A)/半宽(H)/长度(L)/放弃(U)/宽度(W)]:@750,0	//指定下一个点
指定下一点或 [圆弧(A)/闭合(C)/半宽(H)/长度(L)/放弃(U)/宽度(W)]:@0，350	//指定下一点
……	//用同样的方法绘制其他台阶
指定下一点或 [圆弧(A)/闭合(C)/半宽(H)/长度(L)/放弃(U)/宽度(W)]:@-3750,0	//指定台阶的长度
指定下一点或 [圆弧(A)/闭合(C)/半宽(H)/长度(L)/放弃(U)/宽度(W)]: C	//选择"闭合"选项

（2）选择"视图/三维视图/西南等轴测"命令，将视图切换到西南等轴测模式。用直线 LINE 命令在 Z 轴方向上绘制一条长度为 2000mm 的直线，如图 11-17 所示。

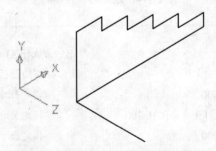

图 11-17　西南等轴测视图上的图形和绘制的直线

（3）选择"绘图/建模/网格/平移网格"命令，绘制平移曲面。命令行操作如下：

命令:_TABSURF	//选择"绘图/建模/网格/平移网格"命令
当前线框密度: SURFTAB1=25	//显示当前线框密度
选择用作轮廓曲线的对象:	//选择图形中的多段线
选择用作方向矢量的对象:	//选择图形中的直线

11.2　编辑三维实体

完成三维图形的绘制后，通常还需要对其进行编辑，才能使绘制的模型更符合设计要求。下面将对编辑实体的方法进行讲解。

11.2.1　实体压印

实体压印可将一个选择的对象映射到三维实体上。弧线、圆、直线、多段线、椭圆、样条曲线、面域和三维实体等都可作为映射的对象。实体压印的实现方法主要有如下几种：

- 选择"修改/实体编辑/压印边"命令。
- 单击"实体编辑"工具栏中的 按钮。
- 在命令行中执行 SOLIDEDIT 命令。

【例 11-8】 将如图 11-18 所示图形（立体化教学：\实例素材\第 11 章\实体压印.dwg）中的长方体作为被压印实体，选择锥体作为压印对象，进行实体压印，效果如图 11-19 所示（立体化教学：\源文件\第 11 章\实体压印.dwg）。

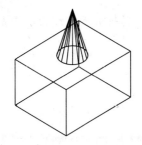

图 11-18　实例素材

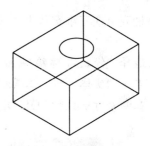

图 11-19　最终效果

命令行操作如下：

命令: SOLIDEDIT	//执行 SOLIDEDIT 命令
实体编辑自动检查：SOLIDCHECK=1	//系统自动显示
输入实体编辑选项 [面(F)/边(E)/体(B)/放弃(U)/退出(X)] <退出>: B	//选择"体"选项
输入体编辑选项[压印(I)/分割实体(P)/抽壳(S)/清除(L)/检查(C)/放弃(U)/退出(X)] <退出>: I	//选择"压印"选项，进行实体压印
选择三维实体：	//选择图形中的长方体
选择要压印的对象：	//选择图形中的圆锥体
是否删除源对象 [是(Y)/否(N)] <N>: Y	//选择"是"选项，删除要压印的对象

📢 提示：

选择的压印对象与压印实体的面必须相交，才能完成压印操作。

11.2.2 分割实体

分割实体用于将没有公共部分的三维实体拆分为各自独立的三维实体。分割实体的实现方法主要有如下几种：

- ❧ 选择"修改/实体编辑/分割"命令。
- ❧ 单击"实体编辑"工具栏中的 ⬚ 按钮。
- ❧ 在命令行中执行 SOLIDEDIT 命令。

在执行命令后，再按照相应的提示进行操作即可完成分割。另外，与分割实体类似的命令为剖切命令，该命令可以将三维对象剖切为几部分，选择"修改/三维操作/剖切"命令或在命令行中执行 SLICE 命令都可以调用该命令，执行命令后，可以通过指定点和选择平面对实体进行剖切。

🔊 提示：

> 用 UNION 命令创建的相互连接的单一实体不能拆分，但如果创建的组合实体没有公共部分，则可以拆分。

11.2.3 实体抽壳

实体抽壳可在三维实体上生成一个指定厚度的外壳。实体抽壳的实现方法主要有如下几种：

- ❧ 选择"修改/实体编辑/抽壳"命令。
- ❧ 单击"实体编辑"工具栏中的 ⬚ 按钮。
- ❧ 在命令行中执行 SOLIDEDIT 命令。

🔊 提示：

> 在 AutoCAD 中是通过向外平移三维实体原有的面来生成外壳的。

【例 11-9】 对如图 11-20 所示的图形（立体化教学：\实例素材\第 11 章\抽壳球体.dwg）进行抽壳，其中偏移距离为 8，效果如图 11-21 所示（立体化教学：\源文件\第 11 章\抽壳球体.dwg）。

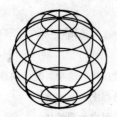

图 11-20　待抽壳对象

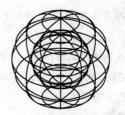

图 11-21　抽壳实体后的效果

命令行操作如下：

命令: SOLIDEDIT　　　　　　　　　　　　　　//执行 SOLIDEDIT 命令
实体编辑自动检查: SOLIDCHECK=1　　　　　　//系统自动显示

输入实体编辑选项　[面(F)/边(E)/体(B)/放弃(U)/退出(X)]	
<退出>: B	//选择"体"选项
输入体编辑选项[压印(I)/分割实体(P)/抽壳(S)/清除(L)/检查	
(C)/放弃(U)/退出(X)] <退出>: S	//选择"抽壳"选项
选择三维实体:	//选择球体
删除面或 [放弃(U)/添加(A)/全部(ALL)]:	//按 Enter 键结束选择对象
输入抽壳偏移距离: 8	//指定抽壳偏移距离
已开始实体校验	//系统自动显示
已完成实体校验	//系统自动显示

11.2.4　实体清除

实体清除命令主要用于清除三维实体上多余的边线、顶点和映射对象。实体清除的实现方法主要有如下几种：

- 选择"修改/实体编辑/清除"命令。
- 单击"实体编辑"工具栏中的 按钮。
- 在命令行中执行 SOLIDEDIT 命令。

11.2.5　实体检查

实体检查的实现方法主要有如下几种：

- 选择"修改/实体编辑/检查"命令。
- 单击"实体编辑"工具栏中的 按钮。
- 在命令行中执行 SOLIDEDIT 命令。

该命令用于检查所选择的图形是否为 ACIS 实体（即具有质量特性的三维实体）。如果是三维实体，执行该命令后，命令行提示"此对象是有效的 ACIS 实体"。与该选项有关的系统变量为 SOLIDCHECK，该变量用于检查三维实体的有效性，默认设置为 1，即为打开检查状态。

提示：

> SOLIDCHECK 是一个系统变量值，在 AutoCAD 2008 中，系统变量值有很多，并且都可以对其进行设置。设置各个变量值的方法相同，都是在命令行中输入该变量值并按 Enter 键后，直接输入新变量值即可。

11.2.6　实体倒角与圆角

绘制三维模型，尤其是绘制机械零件模型时，为了去除零件上因加工产生的毛刺，也为了便于零件装配，一般在零件端部做出倒角或圆角。在 AutoCAD 2008 中，使用二维修改命令中的倒角命令和圆角命令同样可以对三维实体进行倒角和圆角处理。对三维实体进行倒角也分为倒直角和圆角，下面分别对其进行讲解。

1. 实体倒角

三维倒角命令与二维倒角命令相同。实体倒角的实现方法主要有如下几种：

- ➥ 选择"修改/倒角"命令。
- ➥ 单击"修改"工具栏中的 按钮。
- ➥ 在命令行中执行 CHAMFER 命令。

【例 11-10】 在如图 11-22 所示的"机械零件"模型（立体化教学：\实例素材\第 11 章\机械零件.dwg）中，对三维实体进行倒角操作，倒角距离为 1，效果如图 11-23 所示（立体化教学：\源文件\第 11 章\机械零件.dwg）。

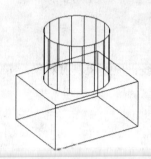

图 11-22　实例素材　　　　　　　　　图 11-23　倒角效果

（1）打开"机械零件.dwg"图形文件，并在命令行中执行 CHAMFER 命令。命令行操作如下：

命令: CHAMFER	//执行 CHAMFER 命令
（"修剪"模式）当前倒角距离 1 = 0.0000,	
距离 2 = 0.0000	//系统当前提示
选择第一条直线或 [放弃(U)/多段线(P)/距离(D)/角度(A)/修剪(T)/方式(E)/多个(M)]:	//选择图形文件最左侧的面
基面选择...	//选择面后，系统当前提示
输入曲面选择选项 [下一个(N)/当前(OK)] <当前(OK)>:	//按 Enter 键
指定基面的倒角距离: 1	//指定倒角的距离为 1
指定其他曲面的倒角距离 <2.0000>:	//按 Enter 键，指定其他的倒角距离
选择边或 [环(L)]: 选择边或 [环(L)]:	//选择图形最前端的边完成倒角

（2）使用相同的方法对其他 3 条边进行倒角操作。

2. 实体圆角

三维圆角是指使用与对象相切并且具有指定半径的圆弧连接两个对角，常用于对机械三维实体进行倒圆角。实体圆角的实现方法主要有如下几种：

- ➥ 选择"修改/圆角"命令。
- ➥ 单击"修改"工具栏中的 按钮。

➜　在命令行中执行 FILLET 命令。

【例 11-11】　　将例 11-10 中进行倒角操作的机械零件模型（立体化教学：\实例素材\第 11 章\机械零件 2.dwg）中长方体和圆柱体的相连处进行圆角操作，圆角半径为 2。

命令行操作如下：

命令: FILLET	//执行 FILLET 命令
当前设置: 模式 = 修剪，半径 = 0.0000	//系统当前提示
选择第一个对象或 [放弃(U)/多段线(P)/半	
径(R)/修剪(T)/多个(M)]:	//选择长方体与圆柱体相交处的线段，如图 11-24 所示
输入圆角半径: 2	//指定圆角的半径为 2
选择边或 [链(C)/半径(R)]:	//选择第二条边
选择边或 [链(C)/半径(R)]:	//确认对象的选择，并完成倒圆角，效果如图 11-25
已选定 2 个边用于圆角	所示(立体化教学:\源文件\第 11 章\机械零件 2.dwg）

图 11-24　选择圆角对象

图 11-25　圆角效果

11.2.7　应用举例——绘制半圆键模型

使用圆柱体命令、分割实体命令和倒角命令绘制半圆键模型，效果如图 11-26 所示（立体化教学：\源文件\第 11 章\半圆键.dwg）。

图 11-26　半圆键

操作步骤如下：

（1）将视图切换为"西南等轴测"视图，选择"绘图/建模/圆柱体"命令。命令行操作如下：

命令: _CYLINDER	//选择"绘图/建模/圆柱体"命令
指定底面的中心点或 [三点(3P)/两点(2P)/	
相切、相切、半径(T)/椭圆(E)]:	//在绘图区拾取一点，指定底面中心点
指定底面半径或 [直径(D)]: 6.5:	//输入底面直径为 6.5
指定高度或 [两点(2P)/轴端点(A)] <5.0000>: 3	//鼠标向上移动，并输入圆柱体高度为 3，完成后的效果如图 11-27 所示

（2）选择"修改/三维操作/剖切"命令，以 **YZ** 平面为剖切面对圆柱体进行剖切操作。

命令行操作如下:

命令: _SLICE	//选择"修改/三维操作/剖切"命令
选择要剖切的对象: 找到 1 个	//选择圆柱体为剖切的对象
选择要剖切的对象:	//按 Enter 键确认选择
指定切面的起点或 [平面对象(O)/曲面(S)/Z 轴 (Z)/视图 (V)/XY(XY)/YZ(YZ)/ZX(ZX)/ 三点(3)]	
<三点>: YZ	//指定剖切的面为 YZ 平面
指定 YZ 平面上的点 <0,0,0>: 5	//捕捉圆柱体象限点的对象追踪线, 并输入 5
在所需的侧面上指定点或 [保留两个侧面(B)] <保留两个侧面>:	//在图形的左下方拾取一点, 指定要保留的一侧, 完成后的效果如图 11-28 所示

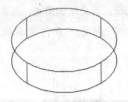

图 11-27 圆柱体

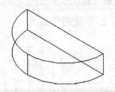

图 11-28 剖切圆柱体效果

（3）在命令行中执行 CHAMFER 命令, 对剖切的模型进倒角操作, 倒角距离为 0.25。
命令行操作如下:

命令: CHAMFER	//执行 CHAMFER 命令
("修剪"模式) 当前倒角距离 1 = 0.0000, 距离 2 = 0.0000	//系统当前提示
选择第一条直线或 [放弃(U)/多段线(P)/距离(D)/角度(A)/修剪(T)/方式(E)/多个(M)]:	//选择模型的顶面
基面选择...	//系统自动显示
输入曲面选择选项 [下一个(N)/当前(OK)] <当前(OK)>:	//按 Enter 键确认
指定基面的倒角距离: 1	//指定倒角的距离为 1
指定其他曲面的倒角距离 <2.0000>:	//按 Enter 键, 指定其他的倒角距离
选择边或 [环(L)]: 选择边或 [环(L)]:	//选择模型上方的边为倒角边

（4）选择"视图/视觉样式/概念"命令, 将视觉样式更改为"概念"。

11.3　编辑三维对象

　　三维模型主要分为实体模型和曲面模型, 在前面已讲解了编辑三维实体的方法。在 AutoCAD 2008 中, 还有许多编辑三维对象的命令, 这些命令适用于编辑三维实体和三维曲面。下面将对编辑三维对象的命令进行讲解。

11.3.1　三维移动

三维移动是指在三维空间中调整三维模型的位置，其操作方法与二维移动类似。移动三维模型的方法主要有如下几种：

- 选择"修改/三维操作/三维移动"命令。
- 单击"建模"工具栏中的⊕按钮。
- 在命令行中执行 3DMOVE 命令。

【例 11-12】　将如图 11-29 所示机械装配图（立体化教学：\实例素材\第 11 章\装配图.dwg）中的皮带轮模型移动到轴承上，效果如图 11-30 所示（立体化教学：\源文件\第 11 章\装配图.dwg）。

图 11-29　实例素材

图 11-30　三维移动效果

命令行操作如下：

命令: 3DMOVE	//执行 3DMOVE 命令
选择对象: 找到 1 个	//选择皮带轮对象
选择对象:	//按 Enter 键，确认对象的选择
指定基点或 [位移(D)] <位移>:	//选择皮带轮的孔圆心为基点
指定第二个点或 <使用第一个点作为位移>:正在重生成模型	//选择轴承的圆心为第二个点，完成三维模型的移动

11.3.2　三维旋转

三维旋转是指将三维模型绕某个轴旋转一定的角度。旋转三维模型的方法主要有如下几种：

- 选择"修改/三维操作/三维旋转"命令。
- 单击"建模"工具栏中的⊕按钮。
- 在命令行中执行 3DROTATE 命令。

【例 11-13】　使用 3DROTATE 命令将"底座"图形（立体化教学：\实例素材\第 11 章\底座.dwg）绕 X 轴逆时针旋转 45°。

命令行操作如下：

命令: 3DROTATE	//执行 3DROTATE 命令
UCS 当前的正角方向: ANGDIR=逆时针	
ANGBASE=0	//系统当前提示
选择对象:找到 1 个	//选择底座模型
选择对象:	//按 Enter 键，确认对象的选择
指定基点:	//在绘图区中指定基点，如图 11-31 所示
拾取旋转轴:	//移动鼠标光标，在绘图区中拾取 X 轴为旋转轴
指定角的起点或键入角度: -45	//输入旋转角度为-45°，完成后的效果如图 11-32 所示（立体化教学:\源文件\第 11 章\底座.dwg）

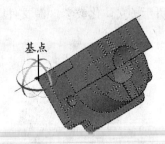

图 11-31　指定基点

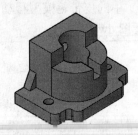

图 11-32　二维旋转效果

11.3.3　三维阵列

　　三维阵列也分为矩形阵列和环形阵列两种，常用于大量通用零件模型的等距阵列复制，或用于其他模型的环形阵列复制。创建三维阵列的方法主要有如下几种：

　❥　选择"修改/三维操作/三维阵列"命令。
　❥　在命令行中执行 3DARRAY（3A）命令。

🔔注意:

　三维矩形阵列可以将对象在三维空间以行、列、层的方式复制并排列，同时 3DARRAY（3A）命令也可用于对二维对象的编辑，而阵列命令 ARRAY 同样可以用于编辑三维对象。

　　【例 11-14】　使用 3DARRAY 命令将如图 11-33 所示"桌椅"图形（立体化教学：\实例素材\第 11 章\桌椅.dwg）中的椅子模型以环形阵列的方式进行阵列，效果如图 11-34 所示（立体化教学:\源文件\第 11 章\桌椅.dwg）。

图 11-33　实例素材

图 11-34　环形阵列效果

第 11 章 绘制曲面与编辑模型

命令行操作如下：

命令: 3DARRAY	//执行 3DARRAY 命令
选择对象: 指定对角点: 找到 3 个	//选择要阵列的椅子模型对象
选择对象:	//按 Enter 键，确认选择
输入阵列类型 [矩形(R)/环形(P)] <矩形>:P	//选择"环形"选项
输入阵列中的项目数目: 4	//输入阵列项目数为 4
指定要填充的角度 (+=逆时针, -=顺时针) <360>:	//按 Enter 键保持默认值不变
旋转阵列对象？ [是(Y)/否(N)] <Y>:	//按 Enter 键保持默认值不变
指定阵列的中心点:	//选择圆桌的圆心为中心点
指定旋转轴上的第二点:	//将鼠标向下移动，指定与阵列中心点垂直的点为第二点

📢 提示：

> 创建环形阵列时，如果输入的旋转角度为负值，则表示沿顺时针方向阵列，为正值则表示沿逆时针方向阵列。用环形阵列复制对象时，是否在复制的同时旋转对象对最后结果有很大影响，用户可根据需要进行选择。

11.3.4　三维镜像

三维镜像可以将三维模型以指定的平面进行镜像复制。在建筑和机械绘图中，有许多对象都是对称结构，所以在三维建模时运用三维镜像操作可大大提高绘图速度。创建三维镜像的方法主要有如下几种：

- ➥ 选择"修改/三维操作/三维镜像"命令。
- ➥ 在命令行中执行 3DMIRROR 命令。

【例 11-15】 将如图 11-35 所示的"箱体零件"图形（立体化教学：\实例素材\第 11 章\箱体零件.dwg）进行镜像复制，使其成为一个完整的箱体零件模型，效果如图 11-36 所示（立体化教学：\源文件\第 11 章\箱体零件.dwg）。

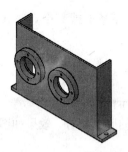
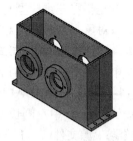

图 11-35　实例素材　　　　　　　　图 11-36　三维镜像效果

命令行操作如下：

命令: 3DMIRROR	//执行 3DMIRROR 命令
选择对象: 指定对角点: 找到 2 个	//选择图形中的所有对象
选择对象:	//按 Enter 键，确认对象的选择

263

指定镜像平面（三点）的第一个点或[对象(O)/最近的(L)/Z
轴(Z)/视图(V)/XY 平面(XY)/YZ 平面(YZ)/ZX 平面(ZX)/三
点(3)] <三点>: YZ   //选择"YZ 平面"选项
指定 YZ 平面上的点 <0,0,0>:   //捕捉模型 YZ 平面上的一个点
是否删除源对象? [是(Y)/否(N)] <否>: //按 Enter 键，不删除源对象

执行命令的过程中各选项的含义分别如下。

- **对象**：将圆、弧线或二维多段线等图形所在的平面作为镜像面。选择此选项后命令行提示"选择圆、圆弧或二维多段线线段："，选择圆、弧线或二维多段线段即可将该对象所在的平面作为镜像面。
- **最近的**：将前一次使用过的镜像平面作为当前镜像面。
- **Z 轴**：根据平面上的一个点和平面法线上的一个点确定镜像平面。选择该选项后要求用户指定一点和在镜像平面的 Z 轴上指定另一点，镜像面将通过指定点并且垂直于这点和另一点的连线。
- **视图**：镜像面平行于当前视图所观测的平面，并且通过一个指定点。使用该选项镜像物体时，用户无法通过当前视图直接观察到镜像结果，需改变视点后才能进行观察。
- **XY 平面**：以平行于 XY 平面的一个平面作为镜像平面，并指定一个点确定镜像平面的位置。
- **YZ 平面**：以平行于 YZ 平面的一个平面作为镜像平面，并指定一个点确定镜像平面的位置。
- **ZX 平面**：以平行于 ZX 平面的一个平面作为镜像平面，并指定一个点确定镜像平面的位置。
- **三点**：以指定 3 点的方式确定镜像面，这是 3DMIRROR 命令的默认选项。

11.3.5　三维对齐

三维对齐是指将三维模型与其他对象对齐到某个面、某条边或某个点，并且对齐到边时还可以缩放对象。创建三维对齐的方法主要有如下几种：

- 选择"修改/三维操作/三维对齐"命令。
- 在命令行中执行 3DALIGN 命令。

【例 11-16】　使用 3DALIGN 命令将如图 11-37 所示图形（立体化教学：\实例素材\第 11 章\长方体.dwg）中左侧长方体的侧面与右侧长方体的底面对齐，效果如图 11-38 所示（立体化教学：\源文件\第 11 章\长方体.dwg）。

命令行操作如下：

命令: 3DALIGN   //执行 3DALIGN 命令
选择对象:找到 6 个   //选择如图 11-37 中左边的对象
选择对象: //按 Enter 键，确认对象的选择
指定第一个源点: //捕捉 A 点

指定第一个目标点：	//捕捉 A1 点
指定第二个源点：	//捕捉 B 点
指定第二个目标点：	//捕捉 B1 点
指定第三个源点或 <继续>：	//捕捉 C 点
指定第三个目标点：	//捕捉 C1 点

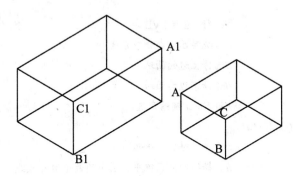

图 11-37　实例素材

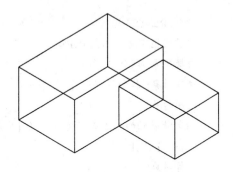

图 11-38　三维对齐效果

提示：

在执行三维对齐命令的过程中，如果指定一点后即按 Enter 键结束操作，可以将两个对象对齐到某个点；如果指定两点后即按 Enter 键结束操作，则可将两个对象对齐到某条边，同时还可以缩放对象；如果指定 3 点，则可将两个对象对齐到某个面。

11.3.6　应用举例——绘制轴承模型

使用二维绘制命令、面域命令、旋转实体命令和三维阵列命令绘制轴承模型，该模型的表面尺寸如图 11-39 所示，效果如图 11-40 所示（立体化教学：\源文件\第 11 章\轴承模型.dwg）。

图 11-39　模型表面尺寸

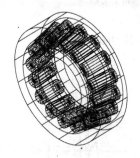

图 11-40　轴承模型

操作步骤如下：

（1）使用二维绘制命令，在绘图区中绘制出模型的表面形状。

（2）选择"绘图/面域"命令，将图形创建为面域。命令行操作如下：

命令：_REGION	//选择"绘图/面域"命令
选择对象：	//选择绘制的二维对象
指定对角点：找到 18 个	//系统提示

选择对象:	//按 Enter 键，结束选择
已提取 3 个环	//系统提示
已创建 3 个面域	//系统提示

（3）使用 REVOLVE 命令对图形的上下两个面域进行旋转，效果如图 11-41 所示。命令行操作如下：

命令: REVOLVE	//执行 REVOLVE 命令
当前线框密度： ISOLINES=4	//系统显示当前线框密度
选择对象: 找到 1 个	//选择上边的面域
选择对象: 找到 1 个, 总计 2 个	//选择下边的面域
选择对象:	//按 Enter 键结束选择
指定旋转轴的起点或定义轴依照 [对象(O)/X 轴(X)/Y 轴(Y)]: O	//选择"对象"选项
选择对象:	//选择绘制的二维平面图中的最下边的直线
指定旋转<360>:	//按 Enter 键，以 360°的角度进行旋转

（4）使用 REVOLVE 命令对图形中间的面域进行旋转，得到轴承模型的滚动体，效果如图 11-42 所示。命令行操作如下：

命令: REVOLVE	//执行 REVOLVE 命令
当前线框密度： ISOLINES=4	//系统提示
选择对象: 找到 1 个	//选择中间的面域
选择对象:	//按 Enter 键结束选择
指定旋转轴的起点或定义轴依照 [对象(O)/X 轴(X)/Y 轴(Y)]: O	//选择"对象"选项
选择对象:	//选择中间边的直线
指定旋转<360>:	//按 Enter 键，以 360°的角度进行旋转

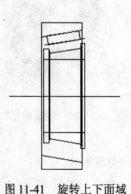 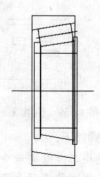

图 11-41　旋转上下面域　　　　　　　　图 11-42　旋转中间面域

（5）选择"视图/三维视图/西南等轴测"命令，将视图切换到西南等轴测模式，如图 11-43 所示。

（6）使用 3DARRAY 命令阵列滚动体，效果如图 11-44 所示。命令行操作如下：

命令：3DARRAY	//执行 3DARRAY 命令
正在初始化... 已加载 3DARRAY	//系统提示
选择对象：找到 1 个	//选择滚动体
选择对象：	//按 Enter 键结束选择
输入阵列类型 [矩形(R)/环形(P)] <矩形>：P	//选择"环形"选项
输入阵列中的项目数目：16	//输入阵列中的项目数目
指定要填充的角度 (+=逆时针, −=顺时针) <360>：	//按 Enter 键，以 360° 的角度进行旋转
旋转阵列对象？ [是(Y)/否(N)] <是>：	//按 Enter 键，旋转阵列对象
指定阵列的中心点：	//捕捉中心的一端
指定旋转轴上的第二点：	//捕捉中心的另一端

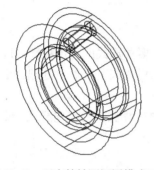

图 11-43　西南等轴测视图模式下的图形

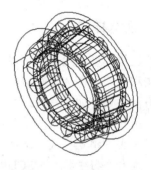

图 11-44　阵列滚动轴

11.4　三维模型的处理

三维模型创建完之后还必须对其进行相应处理，如消隐、着色和渲染等，以有利于观察创建的三维模型。

11.4.1　消隐对象

对绘制的三维对象进行消隐操作可以使看上去并不真实的三维模型，更符合人们的视觉样式。消隐对象的方法主要有如下几种：

➦ 选择"视图/消隐"命令。

➦ 单击"渲染"工具栏中的 按钮。

➦ 在命令行中执行 HIDE 命令。

使用 HIDE 命令可以隐藏三维实体内部以及背部的线条，使其以实体模式显示。

【例 11-17】　对如图 11-45 所示的图形（立体化教学：\实例素材\第 11 章\零件模型.dwg）进行消隐，效果如图 11-46 所示。

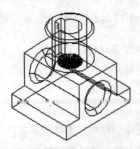

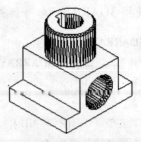

图 11-45 消隐前　　　　　　　　　　　　图 11-46 消隐后

命令行操作如下：

命令: HIDE　　　　　　　　　　　　　　//执行 HIDE 命令

正在重生成模型　　　　　　　　　　　//系统重生成模型

11.4.2 视觉样式

完成三维模型的绘制后可以根据需要对三维模型进行多种形式的着色处理，以便对其进行编辑和观察。在 AutoCAD 2008 中可以通过更改视觉样式来实现着色处理。更改视觉样式的方法主要有如下几种：

- 选择"视图/视觉样式"命令，在弹出的子菜单中选择相应的视觉样式命令。
- 单击"视觉样式"工具栏中相应的视觉样式按钮。
- 在命令行中执行 VSCURRENT 命令。

如果选择在命令行中执行命令的方式来更改视觉样式，命令行操作如下：

命令: VSCURRENT　　　　　　　　　　　//执行 VSCURRENT 命令

输入选项 [二维线框(2)/三维线框(3)/三维隐藏(H)/真实

(R)/概念(C)/其他(O)] <二维线框>:　　　　//选择所需的选项后按 Enter 键

命令行提示信息中各视觉样式的功能分别如下。

- **二维线框**：该视觉样式是显示用直线和曲线表示边界的对象。光栅和 OLE 对象、线型和线宽都是可见的，如图 11-47 所示。
- **三维线框**：该视觉样式是显示用直线和曲线表示边界的对象，这时 UCS 为一个着色的三维图标。光栅和 OLE 对象、线型和线宽都为不可见，如图 11-48 所示。

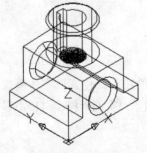

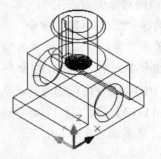

图 11-47 "二维线框"视觉样式　　　　　图 11-48 "三维线框"视觉样式

➡ **三维隐藏**：该视觉样式是显示用三维线框表示对象，与执行"视图/消隐"命令后的效果相似，如图 11-49 所示。

➡ **真实**：该视觉样式是显示着色后的多边形平面间的对象并使对象的边平滑化，如图 11-50 所示。若对三维实体设置了材质效果，在该视觉样式中，同时还可显示已经附着到对象上的材质效果。

➡ **概念**：该视觉样式是显示着色后的多边形平面间的对象。该视觉样式缺乏真实感，但可以很方便地查看模型的细节，如图 11-51 所示。

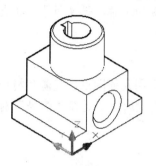
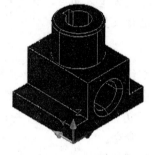
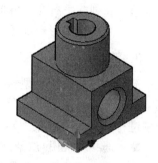

图 11-49　"三维隐藏"视觉样式　　图 11-50　"真实"视觉样式　　图 11-51　"概念"视觉样式

11.4.3　设置渲染

创建好三维模型后，为了使创建的三维模型外观更加美观，可使用 AutoCAD 2008 提供的三维渲染功能进行渲染处理。一般只使用 AutoCAD 2008 对简单的三维实体进行渲染，在渲染时可以设置渲染场景、光源、材质、贴图、背景和雾化等参数，下面对其进行介绍。

1．材质

为了使渲染更具真实感，可以在模型的表面应用材质，如钢和塑料。AutoCAD 中材质的编辑和附着通常都是通过"材质"选项板进行设置。打开该选项板的方法主要有如下几种：

➡ 选择"视图/渲染/材质"命令。

➡ 单击"渲染"工具栏中的 按钮。

➡ 在命令行中输入 RAMAT 命令。

使用上面任一种方法都将打开"材质"选项板，如图 11-52 所示，在该选项板的各个栏中可以对材质进行编辑新建以及贴图操作。

2．光源

在 AutoCAD 中，灯光的创建主要包括创建点光源、聚光灯光源和平行光光源。创建光源的方法主要有如下几种：

图 11-52　"材质"选项板

➡ 选择"视图/渲染/光源"命令，在弹出的子菜单中选择相应的命令。

➥ 单击"渲染"工具栏中的 按钮。

➥ 在命令行中输入 LIGHT 命令。

对各光源进行设置的方法分别如下：

➥ 在创建点光源时，指定光源位置后，即可对光源的名称、强度因子、状态、光度、阴影、衰减和过滤颜色进行设置。

➥ 在创建聚光灯光源时，指定目标位置后，就可对光源的名称、强度因子、状态、光度、聚光角、照射角、阴影、衰减和过滤颜色进行设置。

➥ 在创建平行光光源时，指定矢量方向后，就可对光源的名称、强度因子、状态、光度、阴影和过滤颜色进行设置。

3. 渲染

渲染就是将三维模型转换为二维图像的过程。渲染程序运用几何图形、光源和材质将模型渲染为具有真实感的图像。在 AutoCAD 中渲染的参数设置通常都是在"渲染"对话框中进行，打开"渲染"对话框的方法主要有如下几种：

➥ 选择"视图/渲染/渲染"命令。

➥ 单击"渲染"工具栏中的 按钮。

➥ 在命令行中执行 RENDER 命令。

使用任一种方法打开"渲染"对话框，然后可根据创建的光源、材质以及贴图进行渲染。

◀》提示：

> 由于 AutoCAD 只能对简单的三维实体进行渲染，并且渲染效果不佳，因此对于绘制的三维实体都是通过其他三维软件进行渲染，如 3ds max。用户可对 AutoCAD 的渲染功能进行简单了解，不必深入研究。

11.4.4 应用举例——渲染机械零件

使用 RENDER 命令为如图 11-53 所示机械零件模型（立体化教学：\实例素材\第 11 章\机械模型.dwg）进行渲染，效果如图 11-54 所示（立体化教学：\源文件\第 11 章\机械模型.bmp）。

图 11-53　零件模型

图 11-54　渲染结果

操作步骤如下：

（1）在命令行中输入 RENDER 命令，打开如图 11-55 所示的"渲染"对话框，并且开始自动渲染。

（2）渲染完成后，选择"文件/保存"命令，打开"渲染输出文件"对话框，如图 11-56
所示。

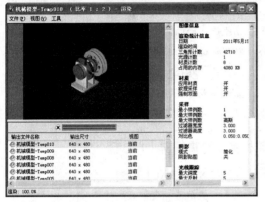
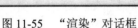

图 11-55　"渲染"对话框

图 11-56　输出图像

（3）在"保存于"下拉列表框中选择保存位置，在"文件名"下拉列表框中输入保存
的名称，完成后单击 保存(S) 按钮，然后在弹出的"BMP 图像选项"对话框中选中需要的
单选按钮，再单击 确定 按钮，即可完成保存。

11.5　上机及项目实训

11.5.1　绘制连接管

本次实训将在如图 11-57 所示三维线段图形（立体化教学：\实例素材\第 11 章\三维线
段.dwg）的基础上绘制连接管模型，其最终效果如图 11-58 所示（立体化教学：\源文件\第
11 章\连接管.dwg）。在该练习中通过拉伸二维对象的方法将圆沿路径拉伸，然后用差集运
算绘制弯管实体部分，接着绘制接头部分的平面图，并将其拉伸，最后利用三维对齐命令
将接头与圆管对齐。

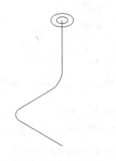

图 11-57　三维线段

图 11-58　连接管模型

操作步骤如下：

（1）打开"三维线段.dwg"图形文件，并使用 EXTRUDE 命令分别沿路径拉伸各个

圆，得到如图 11-59 所示的圆管效果。命令行操作如下：

命令: EXTRUDE	//执行 EXTRUDE 命令
当前线框密度: ISOLINES=16	//系统显示当前线框密度
选择对象: 指定对角点: 找到 2 个	//框选上面的两个圆
选择对象:	//确认选择的对象
指定拉伸高度或 [路径(P)]:P	//选择"路径"选项
选择拉伸路径或 [倾斜角]:	//选择多段线
……	//用同样的方法拉伸另一个圆对象

（2）用差集运算减去大圆管中间的小圆管。命令行操作如下：

命令: SUBTRACT	//执行 SUBTRACT 命令
选择要从中减去的实体或面域...	//系统提示选择要被减的对象
选择对象: 找到 2 个	//选择两个大圆管
选择对象:	//按 Enter 键确认选择的对象
选择要减去的实体或面域 ...	//系统提示选择要作为修剪的对象
选择对象: 找到 1 个	//选择两个小圆管
选择对象:	//按 Enter 键完成实体求减

（3）新建 UCS 坐标系，按尺寸要求在适当的位置绘制出圆管接头的二维平面图，用 MOVE 命令将其移动到圆管的上端，如图 11-60 所示。移动二维平面图的命令行操作如下：

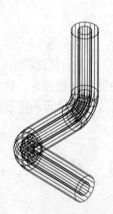

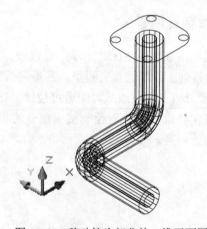

图 11-59　拉伸的圆管效果　　　　　图 11-60　移动接头部分的二维平面图

命令: MOVE	//执行 MOVE 命令
选择对象: 找到 6 个	//框选圆管接头的二维平面图部分
选择对象:	//按 Enter 键确认选择的对象
指定基点或位移:	//捕捉平面图中心圆的圆心作为基点
指定位移的第二点或 <用第一点作位移>:	//捕捉圆管上的圆心

（4）用 EXTRUDE 命令将接头部分的二维平面图在 Z 轴方向上拉伸 1 个单位。命令

行操作如下:

命令: EXTRUDE	//执行 EXTRUDE 命令
当前线框密度: ISOLINES=16	//系统显示当前线框密度
选择对象: 指定对角点: 找到 6 个	//框选接头部分二维平面图中的所有对象
选择对象:	//确认选择的对象
指定拉伸高度或 [路径(P)]:1	//指定拉伸高度
指定拉伸的倾斜角度 <0>:	//按 Enter 键保持默认的倾斜角度

（5）用差集运算减去长方体中间的圆柱体，得到连接管接头。命令行操作如下:

命令: SUBTRACT	//执行 SUBTRACT 命令
选择要从中减去的实体或面域...	//系统提示选择要被减的对象
选择对象: 找到 1 个	//选择拉伸得到的长方体
选择对象:	//按 Enter 键确认选择的对象
选择要减去的实体或面域 ...	//系统提示选择要作为修剪的对象
选择对象: 找到 5 个	//选择位于长方体内部的所有圆柱体
选择对象:	//按 Enter 键完成实体求减

（6）选中得到的连接管接头，将其复制一个，如图 11-61 所示。用 ALIGN 命令将其对齐到圆管另一端的平行位置处，如图 11-62 所示。命令行操作如下:

命令: ALIGN	//执行 ALIGN 命令
选择对象:找到 6 个	//选择如图 11-61 所示的对象
选择对象:	//按 Enter 键确认对象的选择
指定第一个源点:	//捕捉连接管接头上一点
指定第一个目标点:	//捕捉圆管端上一点
指定第二个源点:	//捕捉连接管接头上一点
指定第二个目标点:	//捕捉圆管端上一点
指定第三个源点或 <继续>:	//捕捉连接管接头上一点
指定第三个目标点:	//捕捉圆管端上一点

图 11-61　差集运算得到的连接管接头

图 11-62　对齐连接管接头

提示：

> 对齐操作完成后，如果连接管接头与圆管端有偏差，可用移动命令，通过捕捉连接管接头和圆管端头中间圆的圆心，使连接管接头的端面圆心与圆管下端面的圆心相重合。

（7）用并集运算合并所有的实体，完成圆管及其接头的制作。命令行操作如下：

命令: UNION   //执行 UNION 命令

选择对象: 指定对角点: 找到 4 个   //选择所有的实体对象

选择对象: //按 Enter 键完成实体合并操作

11.5.2　绘制三维活塞

综合利用本章和前面所学知识，根据如图 11-63 所示的活塞模型表面尺寸，绘制三维活塞模型，最终效果如图 11-64 所示（立体化教学：\源文件\第 11 章\活塞.dwg）。

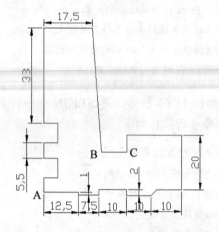

图 11-63　表面模型尺寸

图 11-64　三维活塞

本练习可结合立体化教学中的视频演示进行学习（立体化教学：\视频演示\第 11 章\绘制三维活塞.swf）。主要操作步骤如下：

（1）使用二维绘制命令绘制出活塞的表面模型。

（2）使用旋转体命令，设置所有的图形对象为旋转对象，以剖面图右侧竖直直线为旋转轴线进行旋转。

（3）在俯视图中执行 CICLE 命令，然后以中心线上距离最上端 15mm 处为圆心绘制一个半径大小为 7mm 的圆形。

（4）使用拉伸命令，将第（3）步绘制的圆形进行拉伸，拉伸高度为 120mm，然后在主视图中将拉伸后的圆柱移动至贯穿活塞位置。

（5）执行布尔运算中的差集命令，拾取旋转后的活塞主体对象，再减去拉伸小圆柱。

（6）使用倒角命令，将如图 11-63 所示图形中 A 点旋转生成的外边缘进行倒角操作，倒角距离为 1。

（7）使用圆角命令，将如图 11-63 所示图形中 B、C 点旋转生成的内边缘进行圆角操作，圆角半径为 1.5。

11.6　练习与提高

（1）根据所学知识绘制如图 11-65 所示的两个图形。

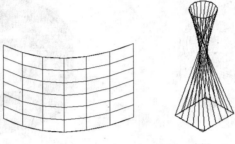

图 11-65　图形效果

（2）在西南等轴测视图中使用 ALIGN 命令将如图 11-66 所示图形（立体化教学：\实例素材\第 11 章\对齐模型.dwg）中左侧的圆锥底截面与右侧圆柱的顶面对齐，效果如图 11-67 所示。

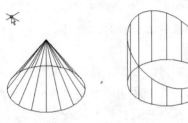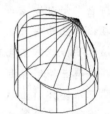

图 11-66　需要对齐的图形　　　　　　　　　图 11-67　对齐后的图形

（3）用所学知识绘制如图 11-68 所示的模型实体（立体化教学：\源文件\第 11 章\支座模型.dwg）。

提示：该模型实体的尺寸和结构如图 11-69 所示。本练习可结合立体化教学中的视频演示进行学习（立体化教学：\视频演示\第 11 章\绘制支座模型.swf）。

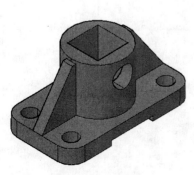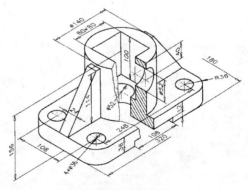

图 11-68　模型实体　　　　　　　　　　　　图 11-69　模型尺寸

（4）绘制如图 11-70 所示的图形（立体化教学：\源文件\第 11 章\渲染图形.dwg），渲染后的效果如图 11-71 所示。

提示：在绘制该图形时，可先绘制一个圆柱体，再以圆柱体上面的圆心为圆心绘制一个圆环体，再运用差集命令，即圆柱体减去圆环体得到该图形。

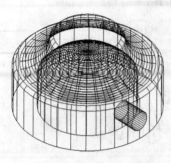

图 11-70 渲染前的图形

图 11-71 渲染后的图形

 绘制三维曲面与编辑三维对象的经验

本章主要介绍了绘制三维曲面与编辑三维对象的方法。下面总结几点其绘制和编辑经验，供读者参考和探索：

➥ 在编辑三维对象时，同样可以使用"特性"选项板对三维对象进行编辑，打开该选项板的方法与前面讲解的方法一样。

➥ 在编辑三维对象时，编辑边或面应用在不同的方面。对边的编辑主要应用在编辑三维实体时出现错误、需要利用对象上某条复杂的边创建其他对象或需要突出表现某条边等方面。对面的编辑除了可以应用在边的这些方面外，还可以通过编辑面创建出适合对象整体结构的复杂或不易使用命令绘制出的对象。

➥ 要想使剖切后的对象既能表现出其整体结构，又可看出其内容结构，需在剖切对象时对实体对象进行分析。对于较复杂的图形，若从任何一个面进行剖切后都不能表现出结构，可对没能表现出结构的局部实体进行再次剖切。

第12章 打印图形

学习目标

- ☑ 掌握通过"打印-模型"对话框设置打印参数的方法
- ☑ 熟悉打印预览的方法
- ☑ 掌握保存和调用打印设置的方法
- ☑ 熟悉从图纸空间出图的方法
- ☑ 综合利用打印图形的方法打印建筑立面图
- ☑ 综合利用打印图形的方法打印机械模型

目标任务&项目案例

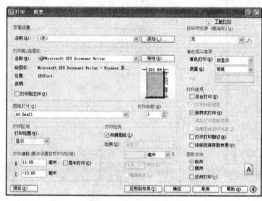

"打印-模型"对话框

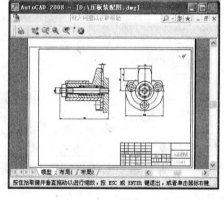

打印预览

打印建筑立面图

打印机械模型

通过上述实例效果的展示可以发现：设置打印参数主要在"打印-模型"对话框中进行。本章将具体讲解在该对话框中设置各打印参数、保存和调用打印设置以及从图纸空间出图的方法。

12.1　设置打印参数

完成图形的绘制后，为了便于观察，需要将其打印输出到图纸上。在打印图形前应先设置打印参数，在 AutoCAD 2008 中可通过"打印-模型"对话框进行设置。选择"文件/打印"命令即可打开"打印-模型"对话框，下面分别对该对话框的各选项进行讲解。

12.1.1　选择打印设备

选择"文件/打印"命令后，打开"打印-模型"对话框，在"打印机/绘图仪"栏的"名称"下拉列表框中即可选择打印设备，如图 12-1 所示。若要修改当前打印机配置，可单击 特性(R)... 按钮，打开"绘图仪配置编辑器"对话框设置打印机的输出参数，如打印介质和图形等，如图 12-2 所示。

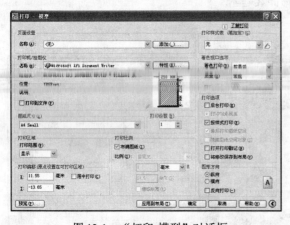

图 12-1　"打印-模型"对话框

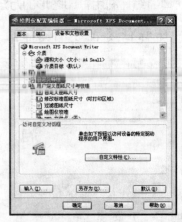

图 12-2　"绘图仪配置编辑器"对话框

📣提示：

> 默认情况下，打开的"打印-模型"对话框不会显示"打印样式表"栏、"着色视口选项"栏、"打印选项"栏和"图形方向"栏，需要单击对话框右下角的⊙按钮将其显示出来。此时，⊙按钮将变为⊙按钮。

"绘图仪配置编辑器"对话框中包含了 3 个选项卡，其含义分别如下。

- ➥ "基本"选项卡：查看或修改打印设备信息，包含了当前配置的驱动器信息。
- ➥ "端口"选项卡：显示适用于当前配置的打印设备端口。
- ➥ "设备和文档设置"选项卡：设置打印介质和图形设置等参数。

下面介绍"打印机/绘图仪"栏中其他选项的含义。

- ➥ "绘图仪"项：显示当前指定的打印设备。
- ➥ "位置"项：显示当前指定输出设备的物理位置。
- ➥ "说明"项：显示当前指定输出设备的说明文字，用户可以在"绘图仪配置编辑器"对话框中编辑这些文字。
- ➥ ☑打印到文件(F)复选框：打印输出到文件，设置文件保存位置的方法是选择"工具/

选项"命令，在打开的"选项"对话框中选择"打印和发布"选项卡进行设置。
如果选中该复选框，再单击 确定 按钮将打开"打印到文件"对话框。

➨ **局部预览图：** 位于"打印机/绘图仪"栏的右边，精确显示相对于图纸尺寸和可打
印区域的有效打印区域。

12.1.2 设置打印样式

打印样式用于修改图形的外观，选择某个打印样式后，图形中的每个对象或图层都具
有该打印样式的属性，修改打印样式可以改变对象输出的颜色、线型或线宽等特性。

在"打印-模型"对话框的"打印样式表"栏的下拉列表框中可以选择需要的打印样式，
选择后将打开如图 12-3 所示的"问题"对话框，提示"是否将此打印样式表指定给所有布
局？"，这时可根据实际打印的情况来决定。

单击"打印样式表"栏中的△按钮，打开如图 12-4 所示的"打印样式表编辑器"对话
框，从中可以查看或修改当前指定的打印样式。

图 12-3　"问题"对话框　　　　图 12-4　"打印样式表编辑器"对话框

12.1.3 选择图纸纸型

在"打印-模型"对话框中"图纸尺寸"栏的下拉列表框中可选择图纸纸型。如果未选
择绘图仪，将显示全部标准图纸尺寸的列表以供选择，如图 12-5 所示。

图 12-5　选择图纸纸型

如果所选绘图仪不支持布局中选择的图纸尺寸，将显示警告，这时用户可以选择绘图仪的默认图纸尺寸或自定义图纸尺寸。

12.1.4 设定打印区域

在"打印-模型"对话框的"打印区域"栏的"打印范围"下拉列表框中包括"窗口"、"范围"、"图形界限"和"显示"4 个选项，如图 12-6 所示。用户可根据情况选择不同的打印区域。其中各选项的含义分别如下。

➦ **窗口**：选择该选项，系统返回绘图区指定需打印的图形部分，即指定要打印区域的两个角点，这时"打印区域"栏右边出现 窗口(O)< 按钮，如图 12-7 所示。单击该按钮可返回绘图区中重新指定打印区域。

图 12-6 打印范围　　　　　　　　　　　　图 12-7 显示"窗口"按钮

➦ **范围**：选择该选项，将打印当前空间内的所有对象。在打印之前，AutoCAD 可能会重生成图形以便重新计算图形范围。

➦ **图形界限**：选择该选项，将打印设定图形界限内的所有对象。

➦ **显示**：选择该选项，将打印模型空间中当前视口的视图或布局中当前图纸空间中的对象。

12.1.5 设置打印比例

在"打印-模型"对话框的"打印比例"栏中可设置图形输出时的打印比例，以控制图形单位与打印单位之间的相对尺寸，如图 12-8 所示。打印布局时，默认缩放比例为 1:1。从模型空间打印时，默认设置为"布满图纸"选项，其中各选项的含义分别如下。

➦ ☑布满图纸(I) **复选框**：选中该复选框，将缩放打印图形以布满所选图纸尺寸，并在"比例"下拉列表框、"毫米"和"单位"文本框中显示自定义的缩放比例因子，如图 12-9 所示。

图 12-8 设定打印比例　　　　　　　　　　图 12-9 打印比例

➦ **"比例"下拉列表框**：定义打印的比例。

➦ **"毫米"文本框**：指定与单位数等价的英寸数、毫米数或像素数。当前所选图纸的尺寸决定单位是英寸、毫米还是像素。

➦ **"单位"文本框**：指定与指定的英寸数、毫米数或像素数等价的单位数。

◢ ☑缩放线宽(L)复选框：与打印比例成正比缩放线宽。这时可指定打印对象的线宽并按该尺寸打印，而不考虑打印比例。

12.1.6　调整图形打印方向

在"打印-模型"对话框的"图形方向"栏中可指定图形输出的方向，如纵向、横向或反向打印等，如图 12-10 所示。其中各选项的含义分别如下。

图 12-10　调整图形打印方向

◢ ◉纵向单选按钮：图形以水平方向放置在图纸上。

◢ ◉横向单选按钮：图形以垂直方向放置在图纸上。

◢ ☑反向打印(-)复选框：指定图形在图纸上倒置打印，即将图形旋转 180° 后打印。

12.1.7　打印选项

在"打印-模型"对话框的"打印选项"栏中可指定打印线宽、打印样式、着色打印和对象的打印次序等选项，如图 12-11 所示。其中各选项的含义分别如下。

图 12-11　打印选项

◢ ☑后台打印(K)复选框：指定在后台处理打印。

◢ ☑打印对象线宽复选框：指定是否打印对象或图层的线宽。

◢ ☑按样式打印(E)复选框：指定是否打印应用于对象和图层的打印样式。

◢ ☑最后打印图纸空间复选框：首先打印模型空间的几何图形。通常先打印图纸空间几何图形，然后再打印模型空间几何图形。

◢ ☑隐藏图纸空间对象(J)复选框：指定 HIDE 操作是否应用于图纸空间视口中的对象。此项仅在图纸空间中可用，设置的效果也只反映在打印预览中。

◢ ☑打开打印戳记(N)复选框：选中该复选框，在其右边将显示"打印戳记"按钮☑，单击该按钮可打开"打印戳记"对话框。在该对话框中可以指定打印戳记设置，也可以指定要应用于打印戳记的信息，如图形名称、日期和时间及打印比例等。

🔊提示：

在"选项"对话框中，单击"打印和发布"选项卡中的 [打印戳记设置(T)...] 按钮也可打开"打印戳记"对话框。

◢ ☑将修改保存到布局(V)复选框：将在"打印-模型"对话框中所做的修改保存到布局。

12.1.8　预览打印效果

打印设置完毕后，可先预览打印设置下的图形是否满足打印要求，如果不符合要求，可返回"打印-模型"对话框进行修改。

预览图形打印效果的方法是：单击"打印-模型"对话框底部的 [预览(P)...] 按钮即可返回工

作界面预览图形输出后的效果。如图 12-12 所示为打印机械零件图时的预览图。

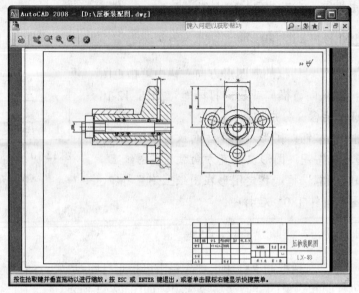

图 12-12　预览打印图形

12.2　打印图形的高级设置

在 AutoCAD 中，还可以将打印设置进行保存，然后调用至其他图形进行打印，使打印图形更加方便。另外，在打印图形时还可以从图纸空间出图。下面将分别对其进行讲解。

12.2.1　保存打印设置

在完成打印设置后可以将打印设置进行保存。

【例 12-1】　将打印设置以"建筑打印设置"为名进行保存。

（1）选择"文件/打印"命令，打开"打印-模型"对话框。

（2）在该对话框左上方的"页面设置"栏中单击 添加(A) 按钮，打开"添加页面设置"对话框，如图 12-13 所示。

图 12-13　"添加页面设置"对话框

（3）在"新页面设置名"文本框中输入要保存的打印设置名称，这里输入"建筑打印设置"。

（4）单击 确定 按钮关闭"添加页面设置"对话框。当保存图形时，打印参数会随图形一并保存。

12.2.2　调用打印设置

保存打印参数设置后，即可将其应用于其他图形文件的打印设置。

【例 12-2】　将例 12-1 中创建的"建筑打印设置"应用于其他图形。

（1）打开要打印的图形文件，选择"文件/打印"命令，打开"打印-模型"对话框。

（2）在"页面设置"栏的"名称"下拉列表框中选择"输入"选项，打开"从文件选择页面设置"对话框，如图 12-14 所示。

（3）选择保存了打印参数设置的图形文件，单击 打开(O) 按钮，打开"输入页面设置"对话框，在"页面设置"列表框中显示了该图形文件中的打印设置名称，如图 12-15 所示。

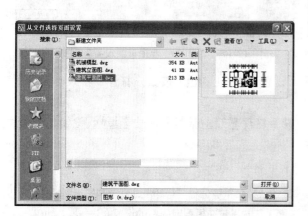

图 12-14　"从文件选择页面设置"对话框

图 12-15　"输入页面设置"对话框

（4）选中要使用的打印设置名称，单击 确定 按钮，返回"打印-模型"对话框。

（5）对要修改的参数选项进行设置，完成后单击 确定 按钮即可。

12.2.3　从图纸空间出图

AutoCAD 分为模型空间和图纸空间两种空间，前面介绍的打印参数设置等内容都是在模型空间中进行的，而在图纸空间一样能进行打印。

由于模型空间出图不方便，因此 AutoCAD 提供了一种打印出图更为方便的工作空间——布局，通常称为图纸空间。在图纸空间中可以非常方便地布局和打印输出在模型空间中各个不同视角下产生的视图，或将不同比例的两个或两个以上的视图安排在一张图纸上。在图纸空间中主要是通过"页面设置管理器"对话框进行页面设置。

【例 12-3】　通过"页面设置管理器"对话框对图纸空间进行页面设置。

（1）选择"布局 1"选项卡进入图纸空间，并在"布局 1"选项卡上单击鼠标右键，在弹出的快捷菜单中选择"页面设置管理器"命令，打开如图 12-16 所示的"页面设置管理器"对话框。

（2）在"页面设置"栏的列表框中可选择合适的页面设置，如选择"布局 1"选项，

单击 输入(I)... 按钮，打开"从文件选择页面设置"对话框，如图12-17所示。

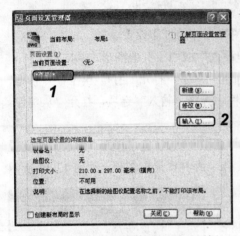

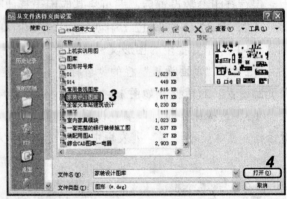

图12-16 "页面设置管理器"对话框 图12-17 "从文件选择页面设置"对话框

（3）选择同图形文件一起保存的页面设置，单击 打开(O) 按钮，打开"输入页面设置"对话框，如图12-18所示。

（4）单击 确定(O) 按钮，返回"页面设置管理器"对话框，单击 置为当前(S) 按钮，再单击 关闭(C) 按钮完成设置，如图12-19所示。

提示：

在"布局1"选项卡上单击鼠标右键，在弹出的快捷菜单中选择"打印"命令，将打开"打印-模型"对话框，可在该对话框中对图纸空间进行设置，其方法与在模型空间中的设置方法一样。

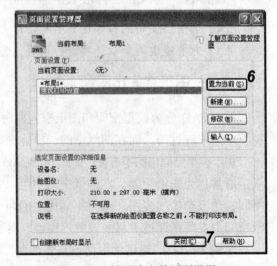

图12-18 "输入页面设置"对话框 图12-19 设置为当前页面设置

提示：

在图纸空间中打印图形的方法和在模型空间打印图形的方法一样，在设置了图纸空间的打印参数后，就可以直接进行打印，这里不再进行详细讲解。

12.3 上机及项目实训

12.3.1 打印建筑立面图

本次实训将在"打印-模型"对话框中设置打印参数并打印如图 12-20 所示的建筑立面图（立体化教学:\源文件\第 12 章\建筑立面图.dwg）。在该练习中将练习设置打印参数的方法。

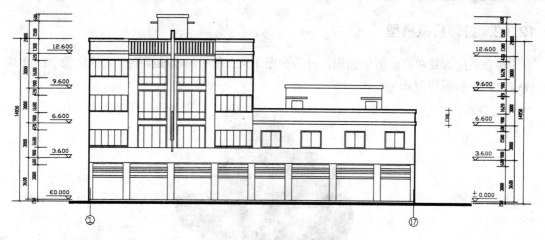

图 12-20 建筑立面图

操作步骤如下:

（1）选择"文件/打印"命令,打开如图 12-21 所示的"打印-模型"对话框。

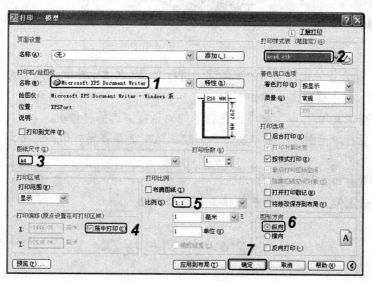

图 12-21 "打印-模型"对话框

（2）在"打印机/绘图仪"栏的"名称"下拉列表框中选择打印机设备。

（3）在"打印样式表"栏的下拉列表框中选择 acad.ctb 选项。

（4）在"图纸尺寸"栏的下拉列表框中选择 A4 选项。

（5）在"打印偏移"栏中选中 ☑居中打印(C) 复选框，在"打印比例"栏的"比例"下拉列表框中选择 1：1 选项，在"图形方向"栏中选中 ◉纵向 单选按钮。

（6）单击 确定 按钮即可开始打印图形。

📢提示：

单击 应用到布局(T) 按钮，打印页面设置将运用到布局中，即在图纸空间中打印图形。

12.3.2 打印机械模型

综合利用本章和前面所学知识，打印如图 12-22 所示的机械模型（立体化教学：\源文件\第 12 章\机械模型.dwg）。

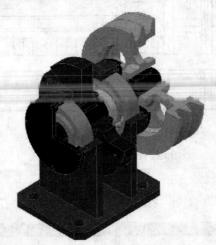

图 12-22 机械模型

本练习可结合立体化教学中的视频演示进行学习（立体化教学：\视频演示\第 12 章\打印机械模型.swf）。主要操作步骤如下：

（1）选择"文件/打印"命令，在打开的对话框中选择打印机。

（2）设置打印范围为"窗口"，返回绘图区中选择需要打印的部分。

（3）选择图纸尺寸为 A4。

（4）设置打印方向为"纵向"。

（5）单击 确定 按钮，将机械模型打印到图纸上。

12.4 练习与提高

（1）根据所学知识绘制如图 12-23 所示的建筑平面图（立体化教学：\源文件\第 12 章\建筑平面图.dwg），并将其打印出来。

提示：本练习可结合立体化教学中的视频演示进行学习（立体化教学：\视频演示\第 12 章\绘制并打印建筑平面图.swf）。

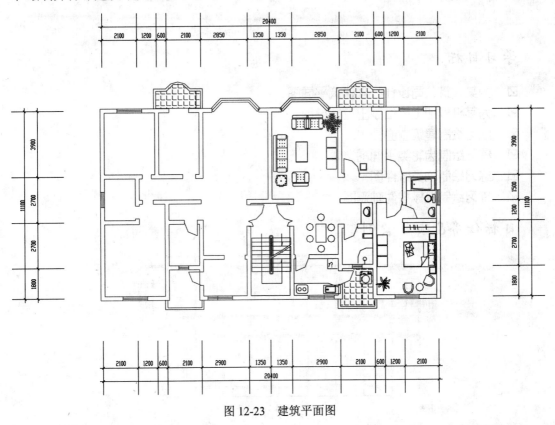

图 12-23　建筑平面图

（2）将如图 12-23 所示建筑平面图中除标注以外的部分以 0.3mm 的线宽打印在 A4 图纸上。

 打印图纸的技巧

本章主要介绍了打印图形的方法。为了减少打印时参数设置的错误，这里总结以下几点技巧供读者参考和探索：

➥ 如果安装了打印机的电脑中没有安装 AutoCAD 软件，那么在其他安装有 AutoCAD 的电脑中将图形文件输出为.bmp 格式的图像，然后再进行打印。

➥ 如果在公司或在学校中使用的是网络共享打印机，打印速度偏慢属于正常现象。

➥ 如果打印机不工作，首先应该检查打印机是否处于联机状态，再检查当前打印机是否设置为暂停打印，最后可以在"记事本"程序中随意输入几行文字进行打印，如果不能够打印则表示使用的打印程序有问题。

第 13 章　项目设计案例

目标任务&项目案例

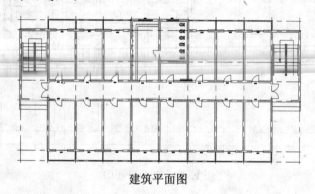

建筑平面图

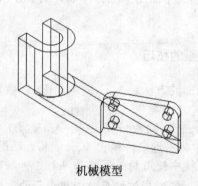

机械模型

通过完成上述项目设计案例的制作，可以进一步巩固本书前面所学的知识，并实现由软件操作知识向实际设计与制作的转化，提高独立完成设计任务的能力，同时学会创意与思考，以完成更多、更丰富与更有创意的制作。

13.1　设计建筑平面图

13.1.1　项目目标

本例将练习制作如图 13-1 所示的建筑平面图（立体化教学：\源文件\第 13 章\建筑平面图.dwg）。通过本例的制作，读者可以熟练掌握图层的设置、二维绘制命令和编辑命令的使用方法与技巧。

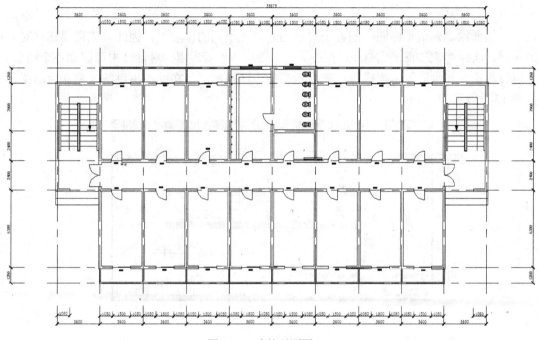

图 13-1　建筑平面图

13.1.2　项目分析

建筑平面图就是假想用一个水平的剖切平面沿房屋的门窗洞口位置将房屋剖切开，移去剖切平面以上的部分，将剖切平面以下部分进行正投影所得到的水平剖面图。本例的具体制作分析如下：

- 该平面图基本上是一个对称图形，且每个房间的大小一致，因此可使用 MIRROR 命令镜像复制相同的房间，从而大大提高绘图效率。
- 建筑平面图的绘制一般从定位轴线开始。轴线主要用于确定建筑的结构体系，是建筑定位最根本的依据，轴线一般以柱网或主要墙体为基准进行布置。
- 墙体应该根据比例用双线绘制。绘制墙体的方法有多种，通常使用多线命令 MLINE 直接绘制双线墙。
- 门窗最好用 WBLOCK 命令将其定义为外部图块，在需要时插入到适当位置。也可以使用复制命令将其复制到需要的位置。

➥ 建筑平面图的尺寸标注力求规范、整齐。本例平面图可通过 DIMLINEAR、DIMCONTINUE 等命令进行标注。

13.1.3 实现过程

根据案例制作分析，本例可分为 8 个部分，即建立图层、绘制轴线网、绘制墙线、绘制门窗图形、修剪图形、绘制并插入楼梯、绘制卫生间设备和标注尺寸，下面将分别进行讲解。

1．建立图层

本例所绘制建筑平面图中的各个对象均建立在不同的图层上，因此首先需要建立对应的图层。选择"格式/图层"命令，在打开的"图层特性管理器"对话框中可建立各个图层，并进行重命名和设置等基本操作。建立图层的方法很简单，在此不再讲解，建立后的图层如图 13-2 所示。

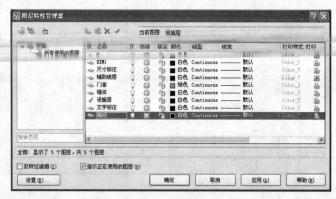

图 13-2   建立图层

2．绘制轴线网

绘制平面图轴线网，可先用直线命令 LINE 绘制开间外墙轴线网，然后用偏移命令 OFFSET 或复制命令 COPY 绘制其他轴线网。

操作步骤如下：

（1）在正交模式下用 LINE 命令结合 OFFSET 命令绘制垂直轴线，效果如图 13-3 所示。命令行操作如下：

命令: <正交 开>	//开启正交模式
命令: LINE	//执行 LINE 命令
指定第一点:	//在绘图区左上位置处拾取一点
指定下一点或 [放弃(U)]: 20000	//将十字光标移至上一点下方，输入第二点距第一点的距离，按 Enter 键确定
命令: OFFSET	//执行 OFFSET 命令
指定偏移距离或 [通过(T)] <通过>: 3600	//输入偏移距离
选择要偏移的对象或 <退出>:	//选择垂直虚线

指定点以确定偏移所在一侧:	//指定垂直虚线的右侧
选择要偏移的对象或 <退出>:	//选择刚偏移的垂直虚线
……	//使用相同的方法偏移绘制其他轴线

（2）用 LINE 命令绘制水平轴线，绘制方法与步骤（1）相同，其向上偏移距离分别为 1620、6300、2400、2400、3900 和 1620，效果如图 13-4 所示。

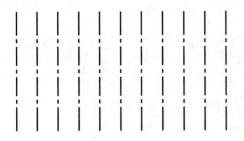

图 13-3　绘制垂直轴线

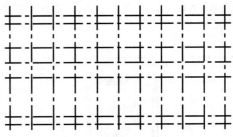

图 13-4　绘制水平轴线

📢 **提示：**

> 轴线网的形式还包括斜交轴线网和圆弧轴线网，斜交轴线网是在同一方向上轴线平行，但轴线（纵轴）与轴线（横轴）之间是非垂直角度的轴线网，其绘制方法与正交轴线网基本相同，只是绘制时要设置轴线之间的夹角，而且轴线之间的夹角应标注出来。圆弧轴线网的绘制方法是以圆心为基准，绘制一条轴线后，使用 ARRAY 命令纵向阵列轴线，最后用 CIRCLE 或 ARC 命令绘制圆弧轴线，绘制圆弧轴线时要精确定义圆心。

3．绘制墙线

建筑平面图中墙体宽度有多种，可通过多线样式命令 MLSTYLE 设置不同墙线的样式。在绘制墙线时，可通过多线编辑命令 MLEDIT 进行修改。

1）设置多线样式

使用 MLSTYLE 命令可定义两种多线样式（如隔墙、外墙），本例中需要新建"外墙"和"隔墙"多线样式，并设置外墙元素的偏移量分别为 120 和-120，隔墙元素的偏移量分别为 60 和-60。设置多线样式的方法很简单，这里不再进行详细讲解。

2）绘制墙线

设置完多线样式后，即可使用多线命令绘制一个开间的墙线。

操作步骤如下：

（1）绘制一个开间的外墙，效果如图 13-5 所示。命令行操作如下：

命令: MLINE	//执行 MLINE 命令
当前设置:对正=上，比例=20.00，样式=STANDARD	//系统提示当前的多线样式、对正方法与比例
指定起点或 [对正(J)/比例(S)/样式(ST)]: S	//选择"比例"选项
输入多线比例 <1.00>: 1	//指定比例
当前设置: 对正 = 上，比例 = 1.00，样式 = 外墙	//显示当前设置
指定起点或 [对正(J)/比例(S)/样式(ST)]	//在轴线交点上拾取一点作为多线的起点
指定下一点:	//在轴线交点上拾取墙体对应的一点

指定下一点或 [放弃(U)]:　　　　　　　　　//在轴线交点上拾取墙体对应的一点
指定下一点或 [闭合(C)/放弃(U)]:　　　　　//在轴线交点上拾取墙体对应的一点
指定下一点或 [闭合(C)/放弃(U)]:　　　　　//选择"闭合"选项闭合墙体

（2）用矩形阵列的方式绘制其他墙体。选择"修改/阵列"命令，打开"阵列"对话框，选中◎矩形阵列(R)单选按钮，在"行"文本框中输入"2"，在"列"文本框中输入"8"，如图 13-6 所示。

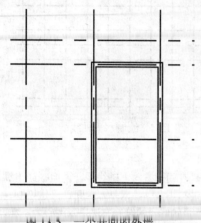

图 13-5　一个开间的外墙　　　　　　　　　　图 13-6　"阵列"对话框

（3）在"行偏移"文本框中输入"−8700"，在"列偏移"文本框中输入"3600"，默认阵列角度为 0，单击"选择对象"按钮返回绘图区，选择需要阵列的墙体。

（4）选择对象后，返回到"阵列"对话框，单击 确定 按钮，完成对墙体的矩形阵列，如图 13-7 所示。

（5）用同样的方法绘制其他墙体，效果如图 13-8 所示。

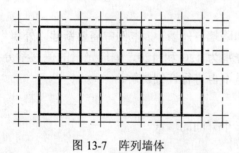

图 13-7　阵列墙体　　　　　　　　　　　　　图 13-8　墙体

3）编辑墙线

绘制墙线后，应使用 MLEDIT 命令对多线进行修剪。

操作步骤如下：

（1）执行 MLEDIT 命令后，打开"多线编辑工具"对话框，选择"T 形合并"工具后，单击 确定 按钮，即可返回绘图区中编辑多线。命令行操作如下：

命令: MLEDIT　　　　　　　　　　　　//执行 MLEDIT 命令，在打开的"多线编辑工具"
　　　　　　　　　　　　　　　　　　　　对话框中单击图标，再单击 确定 按钮

选择第一条多线:	//选择第一条多线
选择第二条多线:	//选择另一条多线
选择第一条多线或 [放弃(U)]:	//按 Enter 键结束 MLEDIT 命令

（2）用同样的方法编辑其他多线，完成多线的编辑。

4. 绘制门窗图形

在绘制门窗时，应将"门窗"图层设置为当前图层，通过 LINE、ARC 和 RECTANG 命令绘制平开和推拉两种门和窗，如图 13-9 所示为本例中需要绘制的门窗。由于绘制方法比较简单，这里不再进行详细讲解。绘制门窗时可以在绘图区的空白位置进行绘制，绘制完成后，再使用 COPY 命令将门窗复制到图形中的相应位置。

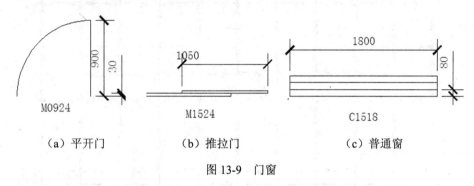

（a）平开门　　　　（b）推拉门　　　　（c）普通窗

图 13-9　门窗

命令行操作如下：

命令: COPY	//执行 COPY 命令
选择对象: 找到 1 个，总计 2 个	//选择图形中的平开门图形
选择对象:	//按 Enter 键确认选择
当前设置: 复制模式 = 多个	//系统自动显示
指定基点或 [位移(D)/模式(O)] <位移>: 指定	
第二个点或 <使用第一个点作为位移>:	//选择直线的端点为基点
指定第二个点或 [退出(E)/放弃(U)] <退出>:	//在需要复制的位置处单击鼠标复制该图形
……	//使用相同的方法将平开门图形复制到其余位置
……	//使用相同的方法复制推拉门和普通窗图形到其余位置

5. 修剪图块与墙线间多余的线条

完成门窗的复制操作后，通过 BREAK 命令修剪多余的线条。在修剪之前，应先使用 EXPLODE 命令分解墙线。

操作步骤如下：

（1）用 EXPLODE 和 BREAK 命令修剪多余的线条。命令行操作如下：

| 命令: EXPLODE | //执行 EXPLODE 命令 |
| 选择对象: | //选择要分解的对象 |

选择对象:	//按 Enter 键确定
命令: BREAK	//执行 BREAK 命令
选择对象:	//选择要打断的墙线
指定第二个打断点 或 [第一点(F)]:	//选择"第一点"选项
指定第一个打断点:	//指定平开门的端点
指定第二个打断点:	//指定圆弧端点
……	//使用相同的方法完成修剪操作

（2）用同样的方法修剪其他多余的墙线，效果如图 13-10 所示。

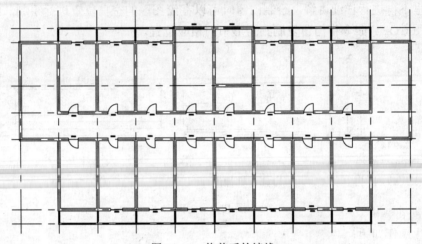

图 13-10　修剪后的墙线

6．绘制并插入楼梯

使用 PECANC、PLINE、LINE 和 ARRAY 等命令绘制如图 13-11 所示的楼梯，并将楼梯复制到图形中的相应位置，如图 13-12 所示。绘制楼梯与绘制门窗的方法类似，这里不再赘述。

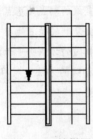

图 13-11　楼梯图

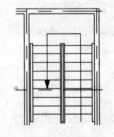

图 13-12　复制楼梯

7．绘制卫生间设备

在建筑平面图中还有卫生间设备，这里可通过插入 AutoCAD 2008 设计中心的图块对平面图中的卫生间设备进行绘制。

操作步骤如下：

（1）单击"标准"工具栏中的 按钮，打开"设计中心"选项板。

（2）在左侧目录中展开\Sample\Blocks and Trables-Imperial.dwg 目录，单击"块"选项，在右侧窗口中将 Toilet 图块拖动到绘图区中，如图 13-13 所示。

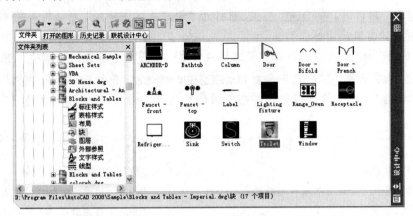

图 13-13 找到图块所在文件

（3）使用 ROTATE 和 COPY 命令旋转并复制其他卫生间设备，效果如图 13-14 所示。

🔔注意：

> 在复制其他卫生间设备时，应先绘制辅助线，用 DIVIDE 命令进行定数等分，以便将复制的卫生设备定位到准确的位置。

（4）用 LINE、DIVIDE 命令绘制卫生间的洗漱台和水龙头，效果如图 13-15 所示。

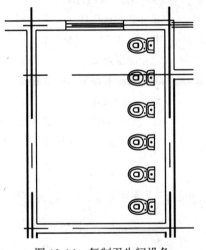

图 13-14 复制卫生间设备

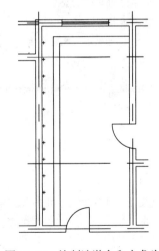

图 13-15 绘制洗漱台和水龙头

📢提示：

> 在许多标准化大型建筑设计绘图过程中，可将卫生间、厨房以及标间做成一个图块，这样以后绘制基本相同的建筑平面图时调入并进行适当修改后即可使用。

8. 尺寸标注

在标注尺寸前应先设置尺寸标注样式，再进行尺寸标注。

操作步骤如下：

（1）在命令行中输入 DIMLINEAR 命令，或选择"格式/标注样式"命令，打开"标注样式管理器"对话框。单击 [新建(N)...] 按钮打开"创建新标注样式"对话框，在"新样式名"文本框中输入"建筑尺寸标注"。

（2）单击 [继续] 按钮，打开"新建标注样式：建筑尺寸标注"对话框，选择"调整"选项卡，在"调整选项"栏中选中 ⊙ 文字始终保持在尺寸界线之间 单选按钮，在"标注特征比例"栏中选中 ⊙ 使用全局比例(S): 单选按钮，并在其后的数值框中输入"100"，其他选项保持默认设置不变。

（3）在命令行中输入 DIMLINEAR 命令，进行线性尺寸标注。命令行操作如下：

命令: DIMLINEAR	//执行 DIMLINEAR 命令
指定第一条尺寸界线原点或 <选择对象>:	//拾取上边最左边轴线的端点
指定第二条尺寸界线原点:	//拾取上边左边第二条轴线的端点
指定尺寸线位置或[多行文字(M)/文字(T)/角度(A)/水平	
(H)/垂直(V)/旋转(R)]:	//拾取一点作为尺寸线位置
标注文字 =3600	//系统自动显示标注效果

（4）在命令行中输入 DIMCONTINUE 命令，在已有的线性标注基础之上进行尺寸标注。命令行操作如下：

命令: DIMCONTINUE	//执行 DIMCONTINUE 命令
选择连续标注:	//选择已有线性标注
指定第二条尺寸界线原点或 [放弃(U)/选择(S)] <选择>:	//指定上边第三条轴线端点
标注文字 =3600	//显示标注效果
指定第二条尺寸界线原点或 [放弃(U)/选择(S)] <选择>:	//指定上边第四条轴线端点
标注文字 =3600	//显示标注效果
……	//使用相同的方法标注其他轴线尺寸，
	完成整个图形的绘制

🔔注意：

在使用标注命令进行尺寸标注时，往往会因为操作不够准确，造成标注线不统一或数据有误差等，这时可根据实际情况用编辑命令进行修改。

13.2 设计机械模型

13.2.1 项目目标

本例将根据拉杆三视图绘制其线框模型图，绘制完成的模型与三视图尺寸如图 13-16 所示。通过本例的操作，应进一步掌握各种绘制图形命令的使用方法与技巧。

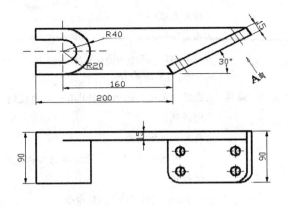
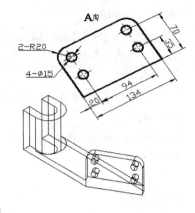

图 13-16　最终效果

13.2.2　项目分析

机械模型可以直观地观察零件的各部分组成,将绘制完成的机械模型组装在一起,然后通过计算机辅助分析,可以节省大量的设计成本。本例的具体制作分析如下:

- ➥ 首先绘制平面部分,然后更改用户坐标系,绘制其 30°倾斜部分。
- ➥ 完成左侧叉槽部分的绘制。
- ➥ 在绘制过程中,为了便于绘制和观察,需要创建并保存一些用户坐标系以及视图。

13.2.3　实现过程

下面将绘制拉杆的线框模型。

操作步骤如下:

(1)将当前图层设为"轮廓线"图层,绘制平面及 30°斜面部分。命令行操作如下:

XLINE 指定点或 [水平(H)/垂直(V)/角度(A)/三等分(B)/偏移(O)]:]40,40	//使用 XLINE 命令在"点划线"层过(40,40)点分别绘制一条水平中心线和垂直中心线
命令: CIRCLE	//执行 CIRCLE 命令
指定圆的圆心或 [三点(3P)/两点(2P)/相切、相切、半径(T)]: 40,40	//指定圆的圆心
指定圆的半径或 [直径(D)] <40.0000>: 20	//指定圆的半径
命令: CIRCLE	//执行 CIRCLE 命令
指定圆的圆心或 [三点(3P)/两点(2P)/相切、相切、半径(T)]: 40,40	//指定圆的圆心
指定圆的半径或 [直径(D)] <20.0000>: 40	//指定圆的半径
命令: LINE	//执行 LINE 命令
指定第一点: FROM	//使用基点捕捉方式
基点:	//捕捉垂直中心线与直径为 40 的圆的下交点为基点

<偏移>: @-40,0	//指定直线起点
指定下一点或 [放弃(U)]: @200,0	//指定下一点
指定下一点或 [放弃(U)]:	//按 Enter 键结束 LINE 命令
命令: XLINE	//执行 XLINE 命令
指定点或 [水平(H)/垂直(V)/角度(A)/二等分(R)/偏移(O)]: A	//选择"角度"选项绘制具有一定角度的构造线
输入构造线角度 (0) 或 [参照(R)]: 30	//指定构造线角度
指定通过点:	//捕捉前面绘制的直线的右端点为构造线通过点
指定通过点:	//按 Enter 键结束 XLINE 命令
命令: LINE	//执行 LINE 命令
指定第一点: 捕捉前面绘制的直线的左端点	//指定直线起点
指定下一点或 [放弃(U)]: @0,80	//指定下一点
指定下一点或 [放弃(U)]:	//捕捉在水平方向上与前面绘制的构造线的交点为下一点
指定下一点或 [闭合(C)/放弃(U)]:	//按 Enter 键结束 LINE 命令
命令: TRIM	//使用 TRIM 命令修剪多余的线条，效果
当前设置: 投影=UCS, 边=无	如图 13-17 所示
选择剪切边……	
选择对象或<全部选择>	

（2）使用 UCS 命令调整 UCS 坐标，如图 13-18 所示。

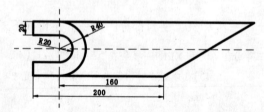

图 13-17　绘制平面及 30°斜面部分　　　　图 13-18　调整 UCS 坐标

命令行操作如下:

命令: UCS	//执行 UCS 命令
当前 UCS 名称: *世界*	//系统显示当前 UCS 名称
输入选项[新建(N)/移动(M)/正交(G)/上一个(P)/恢复(R)/保存(S)/删除(D)/应用(A)/?/世界(W)]<世界>: N	//选择"新建"选项新建坐标系
指定新 UCS 的原点或 [Z 轴(ZA)/三点(3)/对象(OB)/面(F)/视图(V)/X/Y/Z] <0,0,0>: OB	//选择"对象"选项，以所选对象作为坐标原点
选择对齐 UCS 的对象: 选择 30°斜线左下角	//选择对象
命令: UCS	//执行 UCS 命令
当前 UCS 名称: *没有名称*	//系统显示当前 UCS 名称

输入选项[新建(N)/移动(M)/正交(G)/上一个(P)/恢复(R)/保存(S)/删除(D)/应用(A)/?/世界(W)]<世界>: N	//选择"新建"选项新建 UCS
指定新 UCS 的原点或 [Z 轴(ZA)/三点(3)/对象(OB)/面(F)/视图(V)/X/Y/Z] <0,0,0>: X	//选择 X 选项
指定绕 X 轴的旋转角度 <90>: 90	//指定旋转角度
命令: UCS	//执行 UCS 命令
当前 UCS 名称: *没有名称*	//系统显示当前 UCS 名称
输入选项[新建(N)/移动(M)/正交(G)/上一个(P)/恢复(R)/保存(S)/删除(D)/应用(A)/?/世界(W)]<世界>: S	//选择"保存"选项保存当前坐标系
输入保存当前 UCS 的名称或 [?]: "拉杆"	//指定坐标系保存名称
命令: VPOINT	//执行 VPOINT 命令
*** 切换至 WCS ***	
当前视图方向: VIEWDIR=0.0000,0.0000,1.0000	//系统显示当前视图方向
指定视点或 [旋转(R)] <显示坐标球和三轴架>: R	//选择"旋转"选项
输入 XY 平面中与 X 轴的夹角 <270>: 300	//指定旋转角度
输入与 XY 平面的夹角 <90>: 30	//输入与 XY 平面的夹角
*** 返回 UCS ***	
正在重生成模型	//效果如图 13-18 所示
命令: VIEW	//保存当前视图
	//新建视图

（3）使用 LINE、FILLET 和 CIRCLE 等命令绘制 30°斜面，效果如图 13-19 所示。

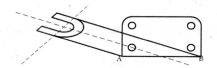

图 13-19　绘制 30°斜面

命令行操作如下：

命令: LINE	//执行 LINE 命令
指定第一点: 点取 A 点，如图 13-19 所示	//指定直线起点
指定下一点或 [放弃(U)]: @0,90	//指定下一点
指定下一点或 [放弃(U)]: FROM	//选择基点捕捉方式
基点:	//捕捉 B 点为基点
<偏移>: @0,90	//指定下一点
指定下一点或 [闭合(C)/放弃(U)]: @0,-90	//指定下一点
指定下一点或 [闭合(C)/放弃(U)]:	//按 Enter 键结束 LINE 命令
命令: FILLET	//执行 FILLET 命令
当前模式: 模式 = 修剪，半径 = 10.0000	//系统显示当前修剪模式
选择第一个对象或 [多段线(P)/半径(R)/修剪(T)]: R	//选择"半径"选项

指定圆角半径 <10.0000>: 20	//指定圆角半径
选择第一个对象或 [多段线(P)/半径(R)/修剪(T)]: 选择	//选择需倒圆角的对象
直线	
选择第二个对象: 选择直线	//选择需倒圆角的对象
命令: FILLET	//使用 FILLET 命令对右端的直角进行圆角
当前设置: 模式=修剪, 半径=0.0000	
命令: CIRCLE	//执行 CIRCLE 命令
指定圆的圆心或[三点(3P)/两点(2P)/相切、相切、半径	//捕捉前面直线圆角后的圆心为需要绘制
(T)]:	的圆的圆心
指定圆的半径或 [直径(D)] <5.0000>: D	//选择"直径"选项
指定圆的直径 <10.0000>: 15	//指定圆的直径

（4）使用 ARRAY 命令矩形阵列前面绘制的圆，从而绘制出其余圆，其参数设置如图 13-20 所示。

（5）使用 COPY 命令复制如图 13-21（a）中所示的两段直线和一段圆弧，复制相对距离为（@0,15），效果如图 13-21（b）所示。命令行操作如下：

命令: COPY	//执行 COPY 命令
选择对象: 找到 1 个	//选择要复制的对象
选择对象:	//按 Enter 键结束对象选择
指定基点或位移, 或者 [重复(M)]:	//指定复制的基点
指定位移的第二点或 <用第一点作位移>: @0,-15	//指定复制距离

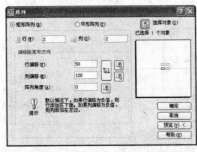
图 13-20 矩形阵列

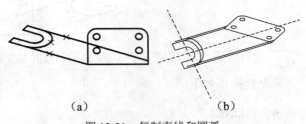
（a）　　　　　　　　　　　　（b）
图 13-21 复制直线和圆弧

（6）使用 VPOINT 命令设置视点，如图 13-22 所示。命令行操作如下：

命令: VPOINT	//执行 VPOINT 命令
*** 切换至 WCS ***	
当前视图方向: VIEWDIR=0.4330,−0.7500,0.5000	//系统显示当前视图方向
指定视点或 [旋转(R)] <显示坐标球和三轴架>: R	//选择"旋转"选项
输入 XY 平面中与 X 轴的夹角 <300>: 270	//指定夹角
输入与 XY 平面的夹角 <30>:	//指定夹角
*** 返回 UCS ***	//系统自动显示
正在重生成模型	//系统自动显示

（7）使用 VIEW 命令新建一个视图，将当前视图命名为 qianmian，然后复制 30° 斜面，相对距离为（@0,0,-15），效果如图 13-23 所示。

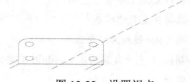

图 13-22　设置视点

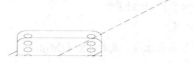

图 13-23　复制 30° 斜面

（8）使用 LINE 命令绘制前面复制的 30° 斜面轮廓线，如图 13-24（a）所示。命令行操作如下：

命令：LINE	//执行 LINE 命令
指定第一点：0,15,0	//指定直线起点
指定下一点或 [放弃(U)]：0,15,-15	//指定下一点
指定下一点或 [放弃(U)]：134.02,15,-15	//指定下一点
命令：TRIM	//用 TRIM 命令剪切掉图 13-24（b）中
当前设置：投影=UCS，边=无	深色线条的多余部分，被剪切部分在
选择剪切边……	图中用×号标出
选择对象或<全部选择>	

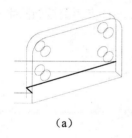

（a）

（b）

图 13-24　绘制轮廓线

（9）接下来绘制左侧叉槽，首先使用 VIEW 命令设置视图方向，再使用 UCS 命令设置当前用户坐标系，效果如图 13-25 所示。命令行操作如下：

命令：UCS	//更改当前用户坐标系
当前 UCS 名称："拉杆"	
输入选项[新建(N)/移动(M)/正交(G)/上一个(P)/恢复(R)/	
保存(S)/删除(D)/应用(A)/?/世界(W)]<世界>：G	//使用预置的正交坐标系
输入选项[俯视(T)/仰视(B)/主视(F)/后视(BA)/左视(L)/右	
视(R)] <俯视>：F	//指定视图方向

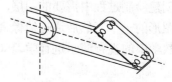

图 13-25　设置当前用户坐标系

（10）使用 COPY 命令复制图 13-26（a）中的深色线条，复制相对距离为（@0,90），效果如图 13-26（b）所示。命令行操作如下：

命令：COPY   //执行 COPY 命令

选择对象：找到 3 个   //选择要复制的对象

选择对象：   //按 Enter 键结束对象选择

指定基点或位移，或者 [重复(M)]: //捕捉 A 点为复制的基点，如图 13-26（a）
            所示

指定位移的第二点或 <用第一点作位移>: @0,90 //指定复制的距离

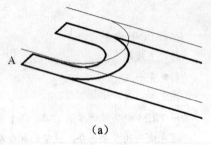
（a）

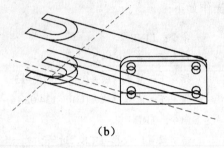
（b）

图 13-26 复制深色线条

（11）使用 TRIM、ERASE 等命令剪切和删除多余线条，需剪切和删除的部分为图 13-27 所示中的深色线段，分别连接 AB 点、CD 点、EF 点、GH 点，最后删除中心线完成绘制。

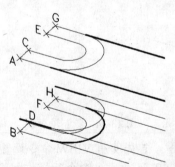

图 13-27 剪切和删除多余线条

13.3 练习与提高

（1）根据所学知识绘制如图 13-28 所示的建筑立面图（立体化教学：\源文件\第 13 章\建筑立面图.dwg）。

提示：在绘制图形前，先创建绘制过程中需要的图层，并尽量不要创建没用的图层。在绘制图形时，可以先绘制出图形的一半，然后通过镜像命令将其镜像到另一边，实现快速绘制。本练习可结合立体化教学中的视频演示进行学习（立体化教学：\视频演示\第 13 章\绘制建筑立面图.swf）。

图 13-28　建筑立面图

（2）根据所学知识绘制如图 13-29 所示的齿轮平面图（立体化教学：\源文件\第 13 章\齿轮平面图.dwg）

提示：本练习主要使用直线命令和偏移命令对图形进行绘制，在修剪图形后，再对图形进行填充操作。本练习可结合立体化教学中的视频演示进行学习（立体化教学：\视频演示\第 13 章\绘制齿轮平面图.swf）。

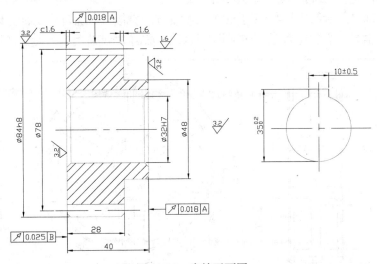

图 13-29　齿轮平面图

（3）参照图 13-30 所示的尺寸绘制一幅轴类零件图（立体化教学：\源文件\第 13 章\轴类零件图.dwg）。

提示：在绘制该图形前，需要先进行图形界限设置，然后通过一般的绘制和编辑命令绘制图形，再使用矩形命令绘制出图形的边框线，最后在边框线的右下角点插入表格，绘制出标题栏。本练习可结合立体化教学中的视频演示进行学习（立体化教学：\视频演示\第 13

章\绘制轴类零件图.swf）。

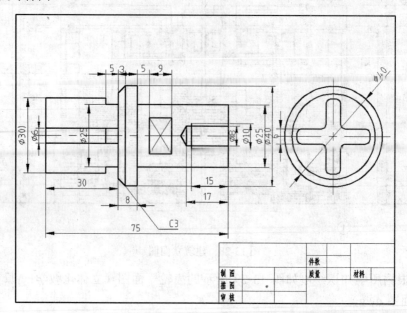

图 13-30　轴类零件图

（4）使用本章和前面学习的知识，参照图 13-31 所示（立体化教学：\源文件\第 13 章\盘盖零件图.dwg）绘制一幅盘盖类零件图。

提示：本练习的绘制方法与练习（3）的绘制方法类似。本练习可结合立体化教学中的视频演示进行学习（立体化教学：\视频演示\第 13 章\绘制盘盖类零件图.swf）。

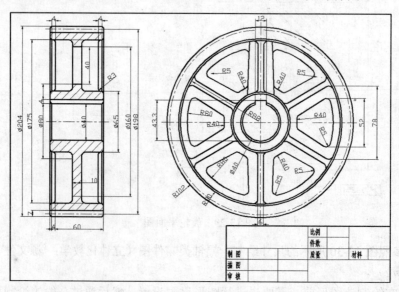

图 13-31　盘盖零件图

（5）使用所学知识绘制如图 13-32 所示的机械零件轴测图（立体化教学：\源文件\第 13 章\轴测图.dwg）。

提示：本练习可结合立体化教学中的视频演示进行学习（立体化教学：\视频演示\第13 章\绘制机械零件轴测图.swf）。

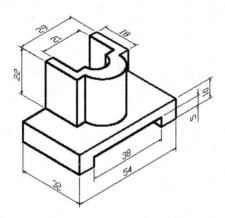

图 13-32   机械零件轴测图

 如何设计出符合人们需要的产品

在实际工作中使用 AutoCAD 绘制图形时，还需要学习和总结一些行业相关知识和技能，才能使设计更符合实际需求。下面总结几点供读者参考：

- 设计前必须对尺寸大小、使用范围、工艺和完成时间等有充分的认识和了解。
- 充分了解客户的企业文化及产品特点，这将有助于进行创意设计。
- 多学习和观察生活中一些好的创意作品，分析其构图，可以有效提高自身的设计水平。